ゼロからはじめる

アイフォーン

iPhone SE

スマー

【au完全対応

リンクアップ 著

au Designing The Future KDDI

技術評論社

CONTENTS

Chapter 1 iPhone SE のキホン

Chapter 2 電話機能を使う

Chapter 3
基本設定を行う

Chapter 4
メール機能を利用する

CONTENTS

Chapter 5
インターネットを楽しむ

Chapter 6
音楽や写真・動画を楽しむ

Chapter 7 アプリを使いこなす

CONTENTS

Chapter 8
iCloud を活用する

Chapter 9
iPhone をもっと使いやすくする

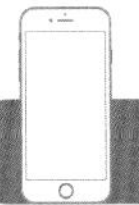

Chapter 10
IPhoneを初期化・再設定する

ご注意：ご購入・ご利用の前に必ずお読みください

●本書に記載した内容は、情報の提供のみを目的としています。したがって、本書を用いた運用は、必ずお客様自身の責任と判断によって行ってください。これらの情報の運用の結果について、技術評論社および著者、アプリの開発者はいかなる責任も負いません。

●ソフトウェアに関する記述は、特に断りのない限り、2020年5月現在での最新バージョンをもとにしています。ソフトウェアはバージョンアップされる場合があり、本書での説明とは機能内容や画面図などが異なってしまうこともあり得ます。あらかじめご了承ください。

●本書は以下の環境で動作を確認しています。ご利用時には、一部内容が異なることがあります。あらかじめご了承ください。また、iOS 13未満をご利用の場合は、P.10以降を参考にしてアップデートを行ってください。
端末 ： iPhone SE（iOS 13.4.1）
パソコンのOS ： Windows 10

●インターネットの情報については、URLや画面などが変更されている可能性があります。ご注意ください。

以上の注意事項をご承諾いただいたうえで、本書をご利用願います。これらの注意事項をお読みいただかずに、お問い合わせいただいても、技術評論社は対処しかねます。あらかじめ、ご承知おきください。

Chapter 1

iPhone SEのキホン

iPhone SE（第2世代）について

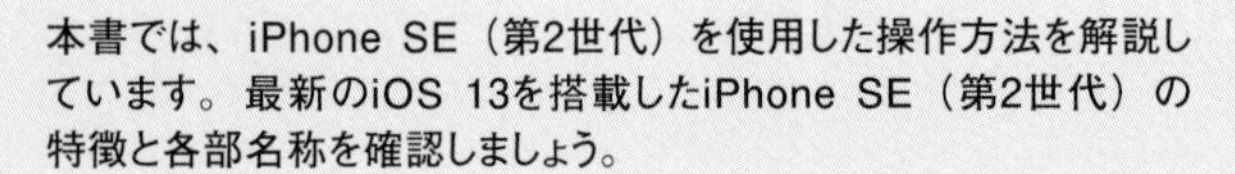

本書では、iPhone SE（第2世代）を使用した操作方法を解説しています。最新のiOS 13を搭載したiPhone SE（第2世代）の特徴と各部名称を確認しましょう。

iPhone SE（第2世代）の機能

●ポートレートモード

ポートレートモードで人物を撮影すると、背景を綺麗にぼかして人物を際立たせることができます。撮影の前でも撮影のあとでも、ポートレートモードで撮影した写真であれば背景のぼかしの強弱を調整（深度コントロール）できるので、より魅力的な写真に仕上げることが可能です。

●HDR（ハイダイナミックレンジ）

iPhone SEでは「スマートHDR」がオンのとき、異なる露出で撮影した写真のよいところを自動で1枚の写真に合成します。これによって、写真の白飛びや黒つぶれを抑えることができます。

●4Kビデオ

1080p HD（フルハイビジョン）ビデオ撮影のほかに、iPhone SEでは4Kビデオ撮影が可能です。4Kビデオは、高解像度のビデオ撮影ができる機能で、1080p HDビデオの4倍の情報を記録し、より鮮明な動画の撮影ができます。

各部名称を覚える

左側面
着信／サイレントスイッチ
音量ボタン
上部
正面
内蔵ステレオスピーカー／マイク
前面側カメラ
マルチタッチ画面
ホームボタン／Touch ID
背面
背面カメラ
LED True Tone フラッシュ
背面側マイク
右側面
サイドボタン
SIMトレイ
底面
内蔵ステレオスピーカー／マイク
Lightning コネクタ

Section 02

ひと目でわかる iPhone SEの操作

iPhone SEは2017年発売のiPhone 8のデザインを継承し、ホームボタンが採用されています。ここでは、ホームボタンやサイドボタンを使った基本的なジェスチャーを覚えておきましょう。

1

基本的なジェスチャー

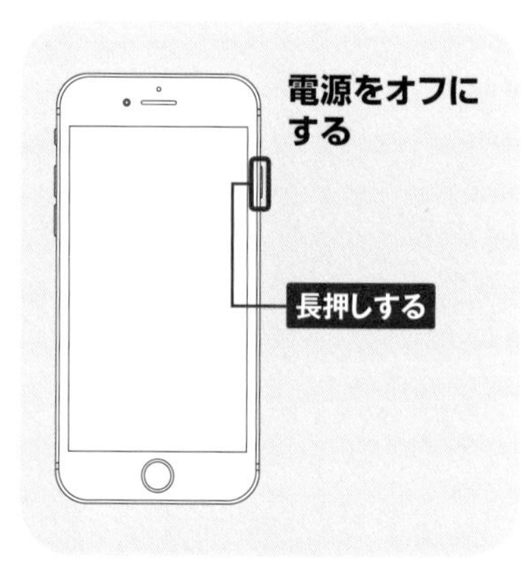

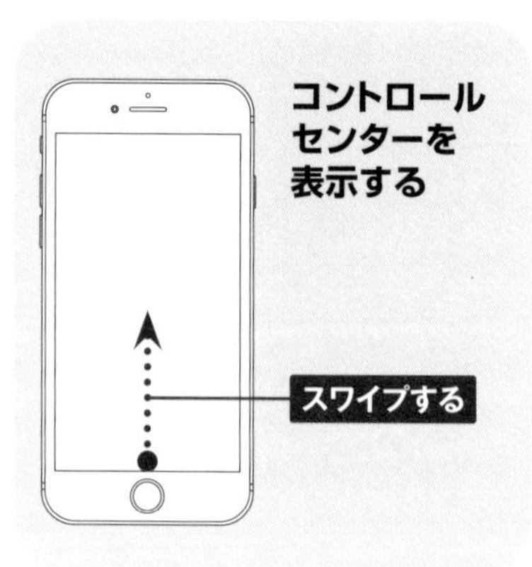

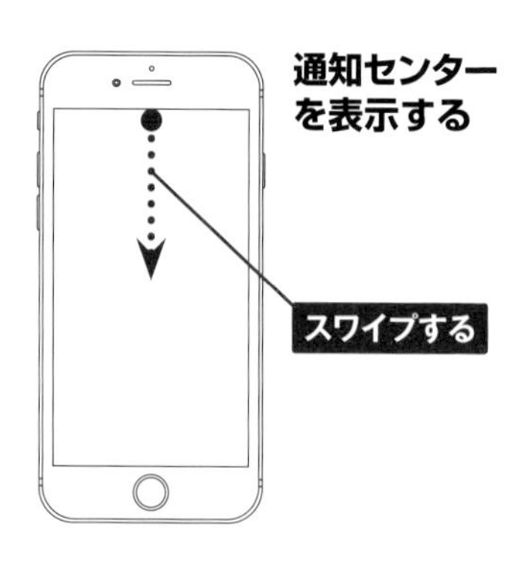

最近使用した
アプリを
表示する
すばやく2回押す

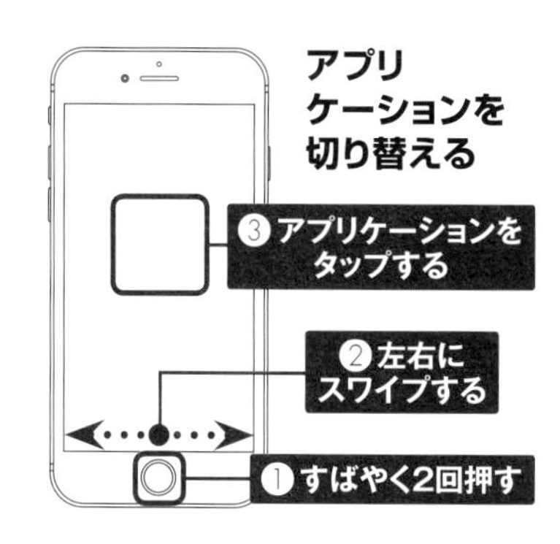
アプリ
ケーションを
切り替える
③アプリケーションを
タップする
②左右に
スワイプする
①すばやく2回押す

1

スクリーン
ショットを
撮る
サイドボタンと
ホームボタンを
同時に押して離す

iPhone内の
情報を
検索する
（検索機能）
ホーム画面で
スワイプする

Siriを
起動する
長押しする

ロック中に
Apple Pay
を利用する
すばやく2回押す

Section 03

電源のオン・オフとスリープモード

iPhoneの電源の状態には、オン、オフ、スリープモードの3種類があり、サイドボタンで切り替えます。また、一定時間操作しないと自動的にスリープモードに移行します。

ロックを解除する

① スリープモードのときに画面を持ち上げて、傾けます。もしくは、本体右側面のサイドボタンを押します。

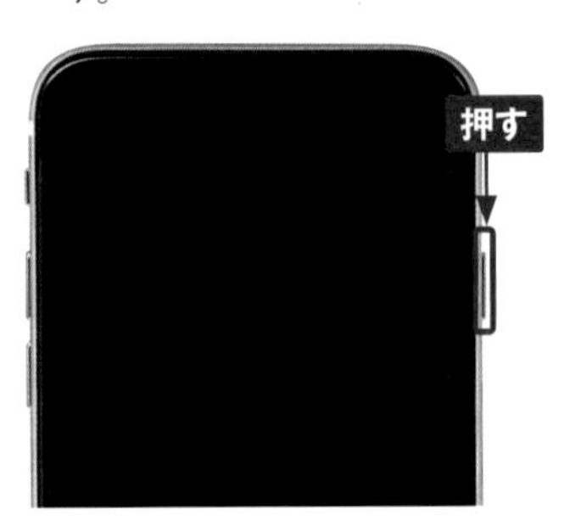

② ロック画面が表示されるので、ホームボタンを押します。パスコード（Sec.71参照）が設定されている場合は、パスコードを入力します。

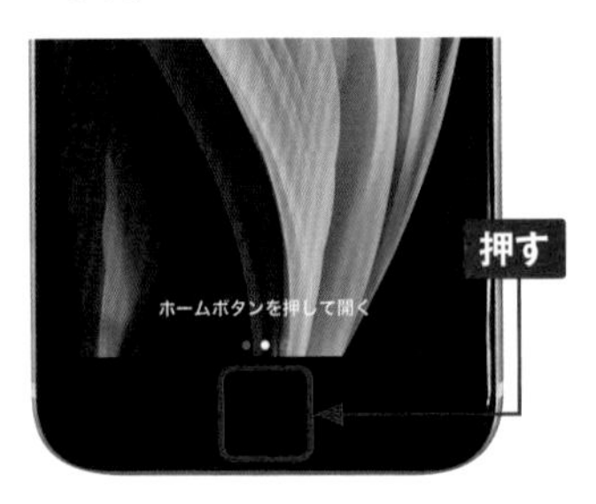

③ ロックが解除されます。サイドボタンを押すと、スリープモードになります。

MEMO 持ち上げて解除をオフにする

初期状態では、iPhoneを持ち上げて手前に傾けるだけでスリープモードが解除されるように設定されています。解除しないようにするには、ホーム画面から<設定>→<画面表示と明るさ>の順にタップし、「手前に傾けてスリープ解除」の をタップして、 にします。

電源をオフにする

1 電源が入っている状態で、サイドボタンを長押しします。

2 ⏻を右方向にドラッグすると、電源がオフになります。

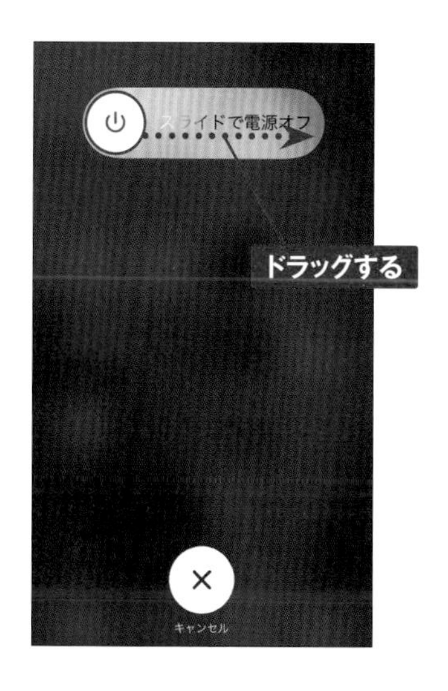

3 電源をオフにしている状態で、サイドボタンを長押しすると、電源がオンになります。

ソフトウェア・アップデート

iPhoneの画面を表示したときに「ソフトウェア・アップデート」の通知が表示されることがあります。その場合は、バッテリーが十分にある状態でWi-Fiに接続し、<今すぐインストール>をタップすることでiOSを更新できます。また、iTunesをインストールしたパソコンにiPhoneを登録し、iTunes画面で<更新>→<更新>→<次へ>→<同意する>の順にクリックすることでも更新可能です。

Section 04

iPhoneの基本操作を覚える

iPhoneは、指で画面にタッチすることで、さまざまな操作が行えます。また、本体の各種ボタンの役割についても、ここで覚えておきましょう。

1

本体の各種ボタンの操作

着信／サイレントスイッチ
着信モードと消音モードを切り替えることができます（P.56参照）。

音量ボタン
音量の調節が可能です。

サイドボタン
スリープモードの解除や、電源のオン・オフに使用します。

ホームボタン
ホームボタンを表示できます。縦向きの状態で2回タップすると、画面が下がり、片手では指が届かなかった画面上部の操作ができるようになります。すばやく2回押すと、最近利用したアプリが一覧表示されます。

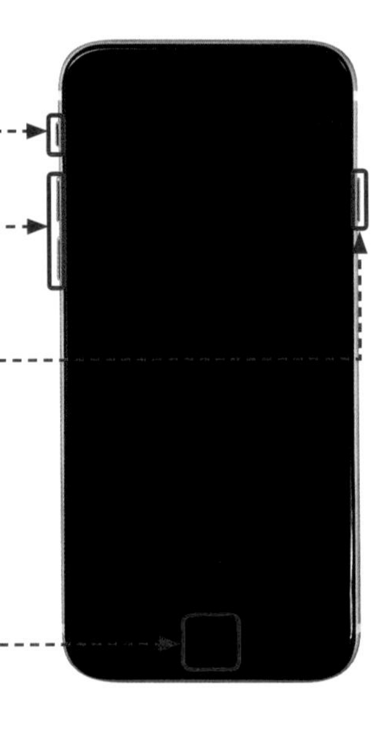

本体を傾けると画面も回転する

iPhoneを横向きにすると、アプリの画面が回転し横長で表示されます。また、iPhoneを縦向きにすると、画面は縦長で表示されます。ただし、アプリによっては画面が回転しないものもあります。

マルチタッチ画面の操作

タップ／ダブルタップ

画面に軽く触れてすぐに離すことを「タップ」、同操作を2回くり返すことを「ダブルタップ」といいます。

タッチ

画面に触れたままの状態を保つことを「タッチ」といいます。

ピンチ

2本の指を画面に触れたまま指を広げることを「ピンチオープン」、指を狭めることを「ピンチクローズ」といいます。

ドラッグ／スライド

アイコンなどに触れたまま、特定の位置までなぞることを「ドラッグ」または「スライド」といいます。

スワイプ

画面の上を指で軽く払うような動作を「スワイプ」といいます。

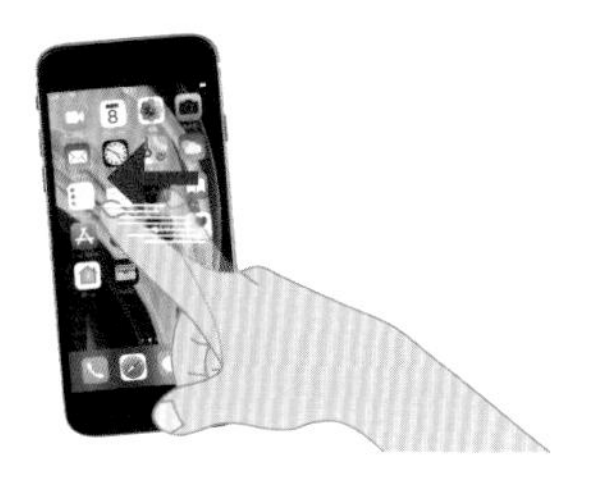

触覚タッチ

iPhone SEでは、アイコンをタッチして押さえたままにすることで、クイックアクションメニューの表示を行うことができます。詳しくはSec.06を参照してください。

1

Section 05

ホーム画面の使い方

iPhoneのホーム画面では、アイコンをタップしてアプリを起動したり、ホーム画面を左右に切り替えたりすることができます。また、ウィジェットで情報を確認することも可能です。

iPhoneのホーム画面

ステータスバー：インターネットへの接続状況や現在の時刻、バッテリー残量などのiPhoneの状況が表示されます。

Appアイコン：インストール済みのアプリのアイコンが表示されます。

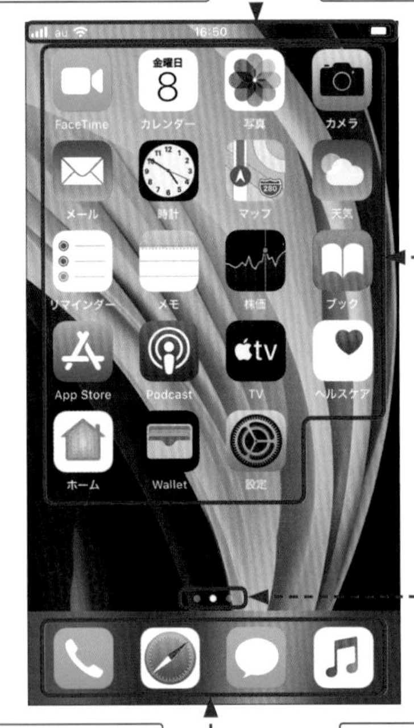

Dock：よく使うアプリのアイコンを最大4個まで設置できます。ホーム画面を切り替えても常時表示されます。

ホーム画面の位置：ホーム画面の数と、現在の位置を表します。

ホーム画面を切り替える

1 ホーム画面を左方向にスワイプします。

2 右隣のホーム画面が表示されます。画面を右方向にスワイプすると、もとのホーム画面に戻ります。

ホーム画面から情報をチェックする

1 ホーム画面を何回か右方向にスワイプします。

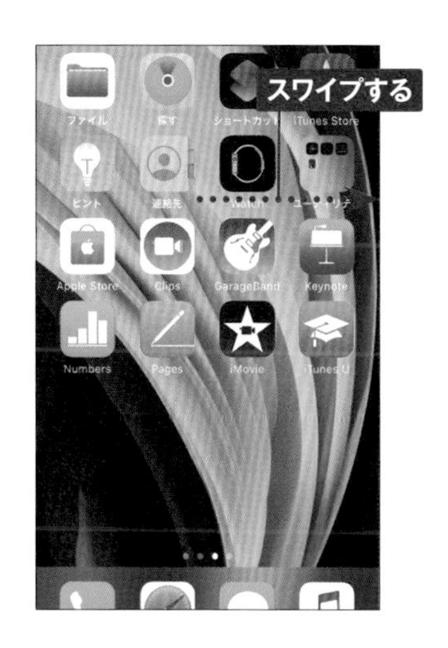

2 ウィジェット（Sec.09参照）が表示され、それぞれの情報をチェックできます。左方向にスワイプする、もしくはホームボタンを押すと、ホーム画面に戻ります。

Section 06

触覚タッチを利用する

iPhoneでは、画面上のアイコンなどをタッチして押したままにすることで、触覚タッチの操作を行うことができます。メッセージをすばやく送ったり、新規連絡先の作成を行ったりすることができます。

1

アイコンタッチの操作

1 ホーム画面でアプリ（ここでは ）のアイコンをタッチして押したままにします（P.17参照）。

2 アプリに応じたクイックアクションメニュー（P.21参照）が表示されます。

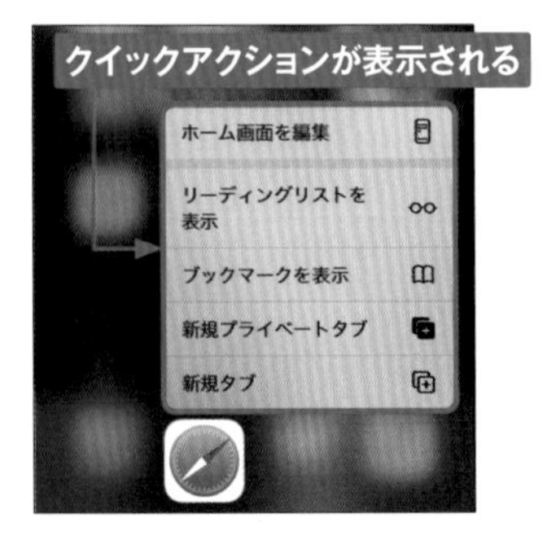

3 メニュー（ここでは<ブックマークを表示>）をタップします。

4 アプリが起動し、選択したメニューに応じた画面が表示されます。

主なアプリのクイックアクションメニュー

メッセージ

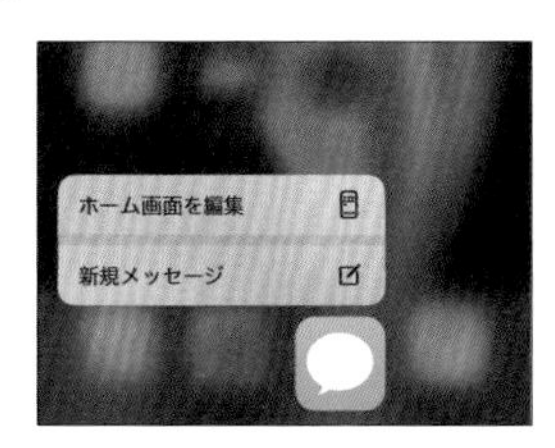

では、新規メッセージの作成や、頻繁にやり取りする相手にすばやくメッセージを送ることができます（Sec.24参照）。

電話

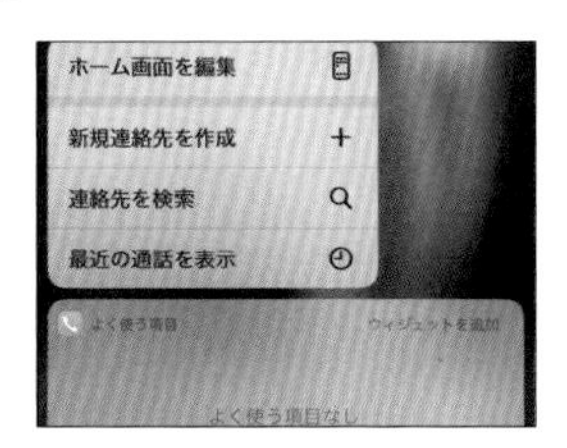

では、頻繁に電話をかける相手への発信や、新規連絡先の作成をすばやく行うことができます（Sec.13～15参照）。

カメラ

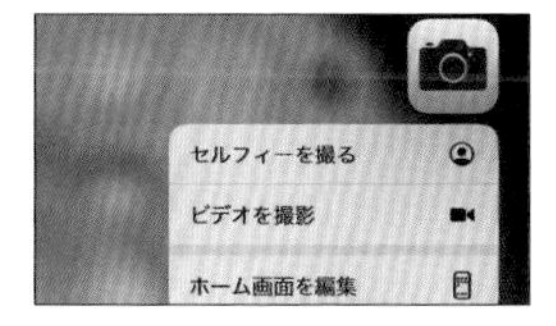

<カメラ>では、セルフィー（自撮り）やビデオモードでカメラを起動し、すばやく撮影を行うことができます（Sec.44～45参照）。

Safari

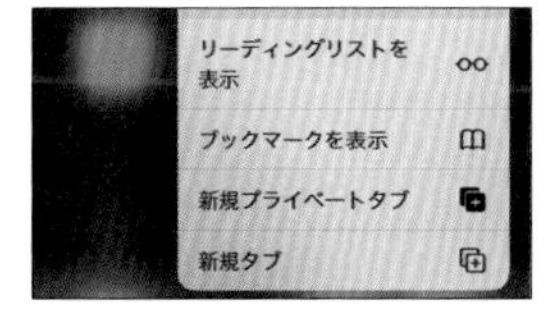

では、リーディングリストやブックマークの画面を、瞬時に表示することができます（Sec.33、Sec.35参照）。

マップ

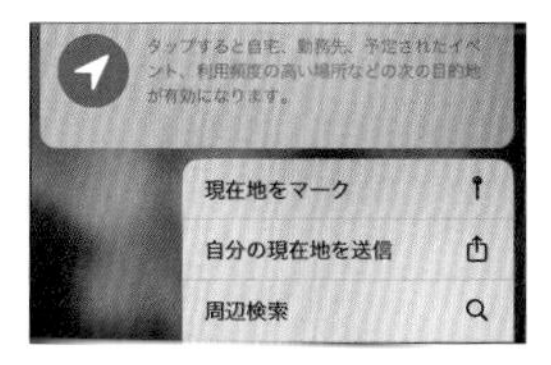

<マップ>では、自分の現在地を送信したり、現在地にピンをドロップしたりすることができます（Sec.55参照）。

メール

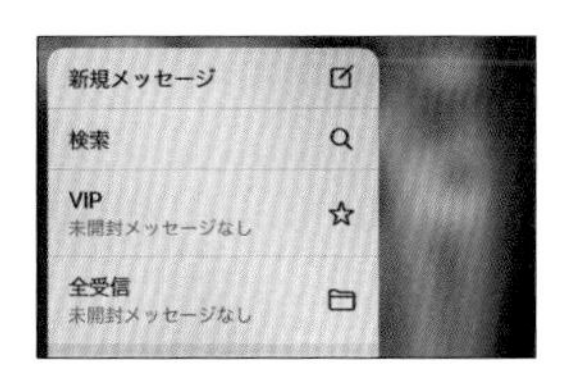

<メール>では、VIPリストの受信ボックスや新規メッセージ作成画面を、すばやく表示することができます（Sec.26～27参照）。

Section 07

通知センターで通知を確認する

iPhoneの画面上部にある、現在時刻やバッテリーの状態を表すステータスバーを下方向にスワイプすると、「通知センター」が表示され、アプリからの通知を一覧で確認できます。

通知センターを表示する

1 ステータスバーを下方向にスワイプします。

2 通知センターが表示されます。

3 通知があると、下のように表示されます。

4 ホームボタンを押すと、通知センターが閉じてもとの画面に戻ります。

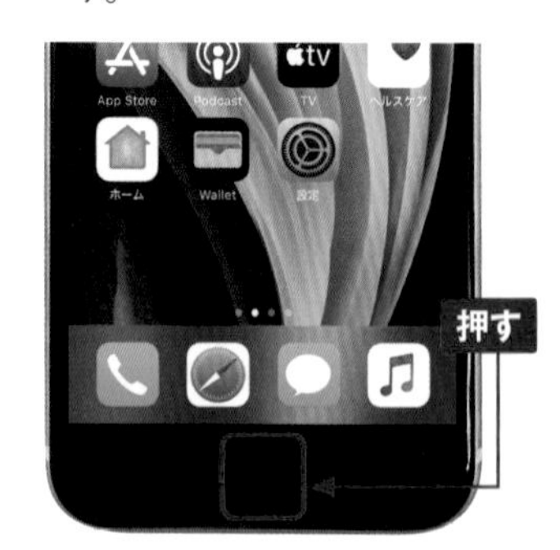

通知センターで通知を確認する

1 P.22手順①を参考に通知センターを表示し、通知を確認したら、通知を左方向にスワイプします。

2 <表示>をタップします。

3 通知の内容を確認したり、メッセージを返信したりできます。ⓧをタップすると、通知が削除されます。

MEMO グループ化された通知を見る

同じアプリからの通知は、グルーピング機能で1つにまとめて表示されます。まとめられた通知を開いて見たい場合は、グループ通知をタップすれば展開して表示されます。展開した通知は、右上の<表示を減らす>をタップすると、再度グループ化されます。

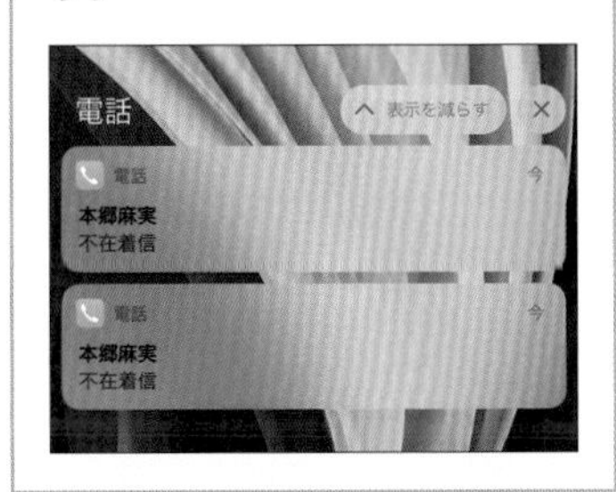

Section 08

コントロールセンターを利用する

iPhoneではコントロールセンターからもさまざまな設定を行えるようになっています。ここでは、コントロールセンターの各機能について解説します。

コントロールセンターで設定を変更する

1 画面の下端を上方向にスワイプします。

2 コントロールセンターが表示されます。上部に配置されているアイコン（ここでは青表示になっているWi-Fiのアイコン）をタップします。

3 アイコンがグレーに表示されてWi-Fiの接続が解除されます。もう一度タップすると、Wi-Fiに接続します。画面を下方向にスワイプすると、コントロールセンターが閉じます。

MEMO **コントロールセンターの触覚タッチ**

コントロールセンターの項目の中には、触覚タッチで操作ができるものがあります。

コントロールセンターの設定項目

❶機内モードのオン／オフを切り替えられます（P.56MEMO参照）。

❷モバイルデータ通信のオン／オフを切り替えられます。

❸Wi-Fiの接続／未接続を切り替えられます。

❹Bluetooth機器との接続／未接続を切り替えられます。

❺音楽の再生、停止、早送り、巻戻しができます。

❻iPhoneの画面を縦向きに固定する機能をオン／オフできます。

❼おやすみモードのオン／オフを切り替えられます。

❽音楽や動画をAirPlay対応機器で再生することができます。

❾上下にドラッグして、画面の明るさを調整できます。

❿上下にドラッグして、音量を調整できます。

⓫True Toneフラッシュを点灯したり消したりできます。触覚タッチで明るさを選択できます。

⓬＜時計＞アプリのタイマーが起動します。触覚タッチで簡易タイマーが起動します。

⓭＜計算機＞アプリが起動します。

⓮＜カメラ＞アプリが起動します。触覚タッチで撮影モードが選択できます。

⓯＜カメラ＞アプリのQRコードカメラが起動します。

MEMO
コントロールセンターのカスタマイズ

コントロールセンターをカスタマイズしたいときは、ホーム画面で＜設定＞→＜コントロールセンター＞→＜コントロールをカスタマイズ＞の順にタップすると、アイコンの追加／削除ができます。

Section 09

ウィジェットを利用する

iPhoneでは、ニュースや天気など、さまざまなカテゴリの情報をウィジェットで確認することができます。ウィジェットの順番は入れ替えることができるので、好みに合わせて設定しましょう。

1

ウィジェットで情報を確認する

① ホーム画面を何回か右方向にスワイプします。

② ウィジェットが一覧表示されます。画面を上方向にスワイプします。

③ 下部のウィジェットが表示されます。画面を左方向にスワイプすると、ホーム画面に戻ります。

MEMO **ロック画面からウィジェットを表示する**

ロック画面を右方向にスワイプすることでも、ウィジェットを表示することができます。

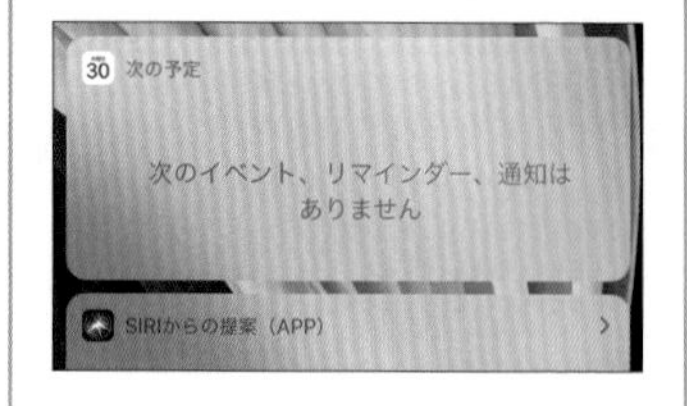

ウィジェットを追加／削除する

1 P.26手順③の画面で、下部の<編集>をタップします。

2 「ウィジェットを追加」で追加したいウィジェットの⊕をタップします。

3 ウィジェットが追加されます。削除したいウィジェットの⊖をタップします。

4 <削除>をタップします。

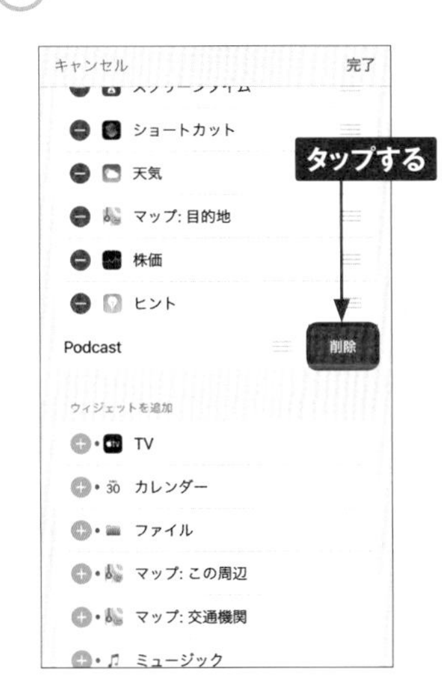

5 順番を入れ替えたい場合は、ウィジェットの ☰ をドラッグします。<完了>をタップします。

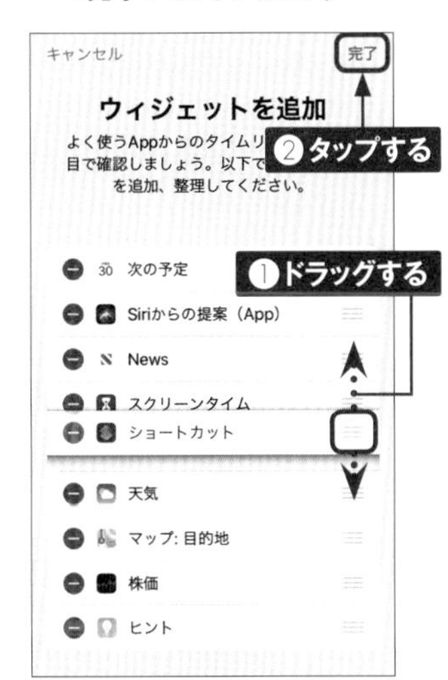

Section 10

アプリの起動と終了

iPhoneでは、ホーム画面のアイコンをタップすることでアプリを起動します。また、ホームボタンをすばやく2回押すことで、アプリを終了したり、切り替えたりすることが可能です。

アプリを起動する

① ホーム画面で をタップします。

② <Safari>アプリが起動しました。ホームボタンを押します。

③ ホーム画面に戻ります。

MEMO **アプリの利用を再開する**

手順③でホーム画面に戻っても、アプリは終了しません。複数のアプリが同時に起動した状態にできるため、再度同じアイコンをタップすると、手順②の続きの状態から操作を再開することができます。

アプリを終了する

1 ホームボタンをすばやく2回押します。

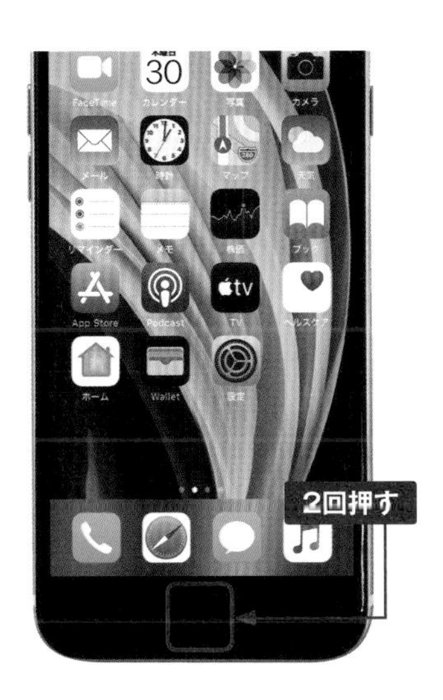

2 最近利用したアプリの画面が表示されます。画面を上方向にスワイプします。

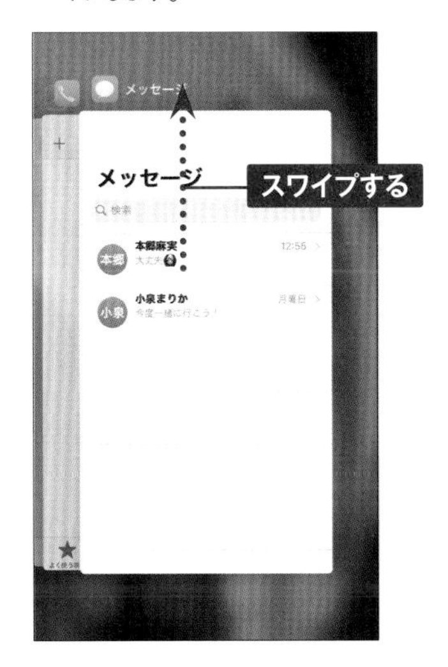

3 起動中のアプリ画面が消え、アプリが終了します。

MEMO

アプリを切り替える

手順②の際、アプリの画面をタップすることで、そのアプリにすばやく切り替えることができます。

Section 11

文字を入力する

iPhoneでは、オンスクリーンキーボードを使用して文字を入力します。一般的な携帯電話と同じ「テンキー」やパソコンのキーボード風の「フルキー」などを切り替えて使用します。

iPhoneのキーボード

テンキー

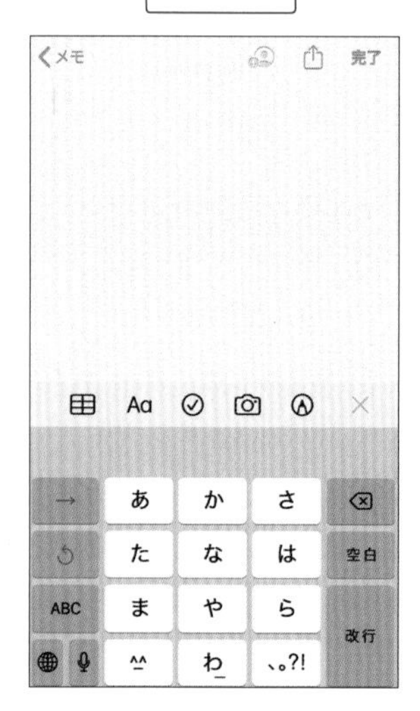

フルキー

MEMO

2種類のキーボードと4種類の入力方法

iPhoneのオンスクリーンキーボードは主に、テンキー、フルキーの2種類を利用します。標準の状態では、「日本語かな」「絵文字」「English (Japan)」「音声入力」の4つの入力方法があります。「日本語ローマ字」や外国語のキーボードを別途追加することもできます。なおATOKやSimejiなどサードパーティ製のキーボードアプリをインストールして利用することも可能です。

キーボードを切り替える

① キー入力が可能な画面（ここでは「メモ」の画面）になると、オンスクリーンキーボードが表示されます。初期状態では、テンキーの「日本語かな」が表示されています。キーボードを切り替えたいときは、🌐をタップします。

② 「絵文字」が表示されます。ABCまたはあいうをタップします。

③ フルキーの「English(Japan)」が表示されます。🌐をタップすると、手順①の画面に戻ります。

MEMO キーボード一覧を表示して切り替える

オンスクリーンキーボードで🌐をタッチすると、現在利用できるキーボードが一覧表示されます。その中から目的のキーボードをタップすると、使用するキーボードが切り替わります。

テンキーの「日本語かな」で日本語を入力する

1 テンキーは、一般的な携帯電話と同じ要領で入力が可能です。たとえば、ま を4回タップすると、「め」が入力できます。

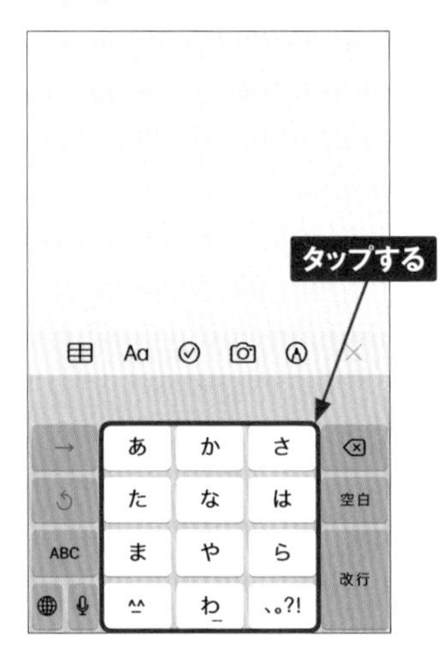

2 入力時に ﾞﾟ小 をタップすると、その文字に濁点や半濁点を付けたり、小文字にしたりすることができます。

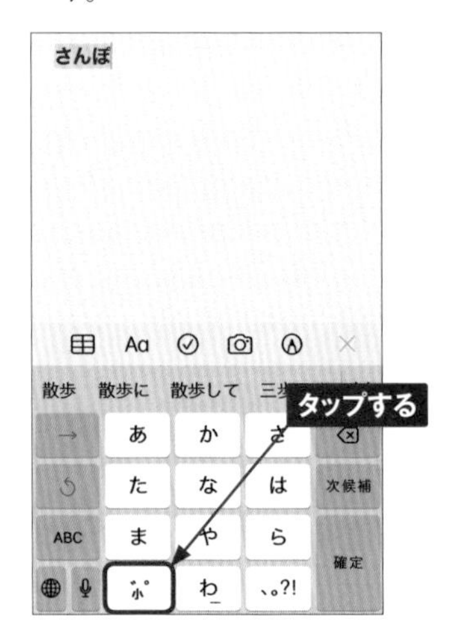

3 単語を入力すると、変換候補が表示されます。候補の中から変換したい単語をタップすると、変換が確定します。

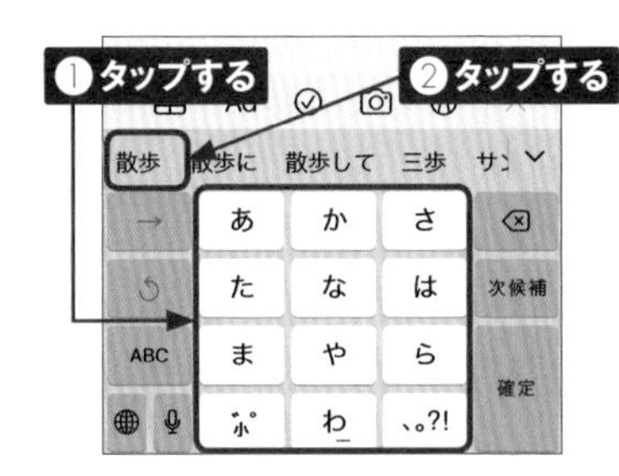

4 文字を入力し、変換候補の中に変換したい単語がないときは、変換候補の欄に表示されている ∨ をタップします。

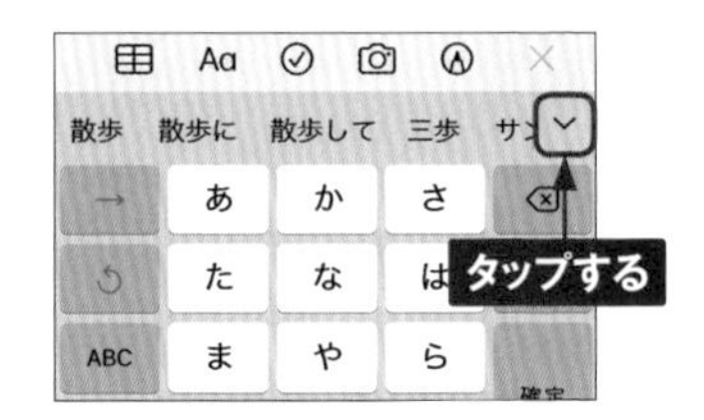

5 変換候補の欄を上下にスワイプして文字を探します。もし表示されない場合は、∧ をタップして入力画面に戻ります。

6 変換したい単語のうしろをタップして、変換の位置を調整し、変換候補を左右にドラッグして探し、タップします。変換したい単語が候補にないときは、P.32手順④～⑤の操作をします。

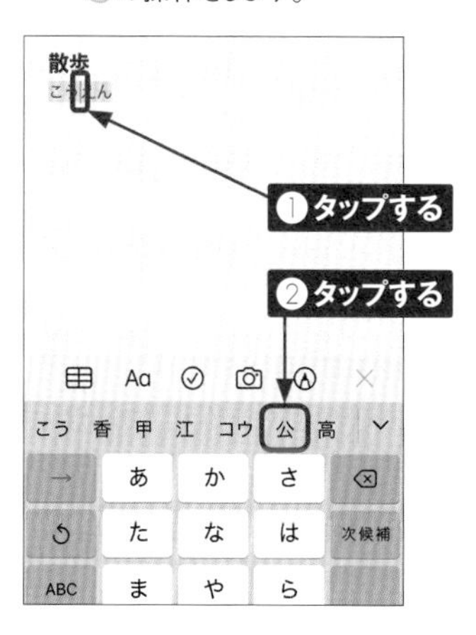

7 手順⑥で調整した位置の単語だけが変換されました。

8 顔文字を入力するときは、^_^をタップします。

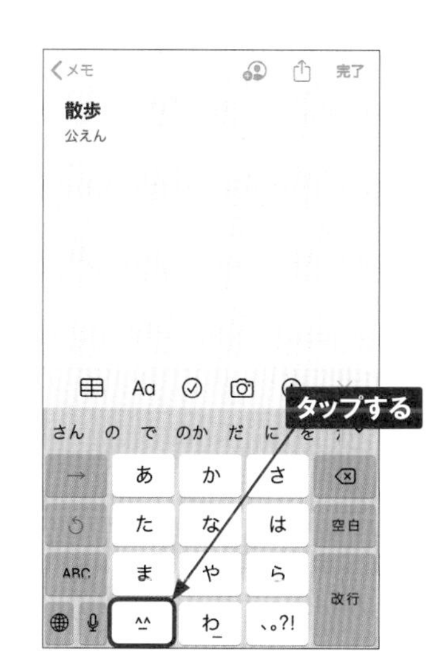

9 顔文字の候補が表示されます。希望の顔文字をタップします。

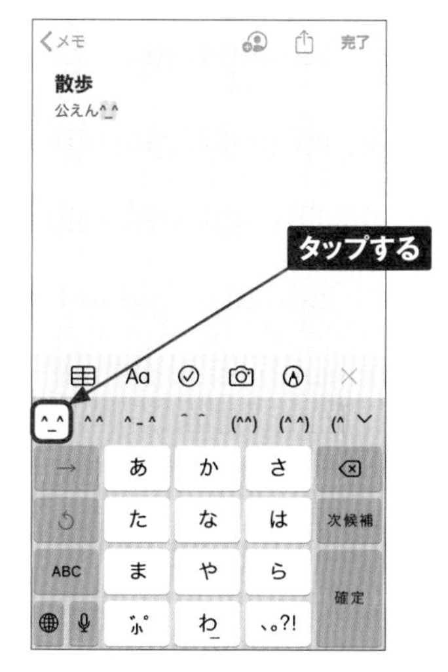

1

テンキーで英字・数字・記号を入力する

1 ABC をタップすると、英字のテンキーに切り替わります。

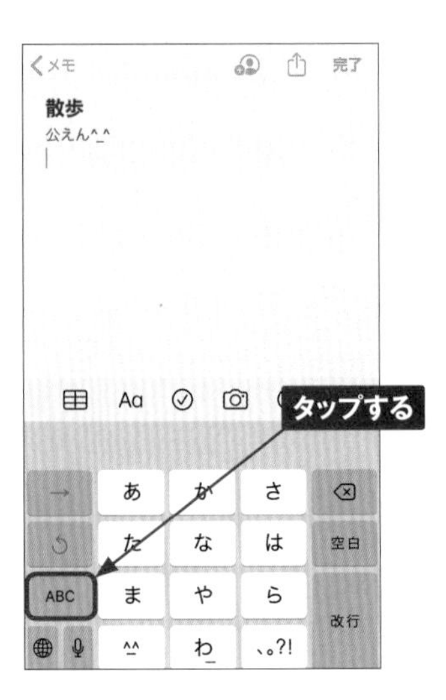

2 日本語入力と同様に、キーを何度かタップして文字を入力します。入力時に a/A をタップすると、入力中の文字が大文字に切り替わり、＜確定＞をタップすると入力が確定されます。

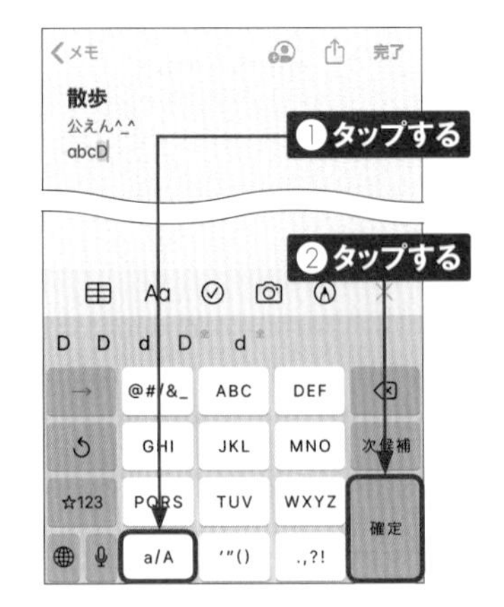

3 数字・記号のテンキーに切り替えるときは、☆123 をタップします。

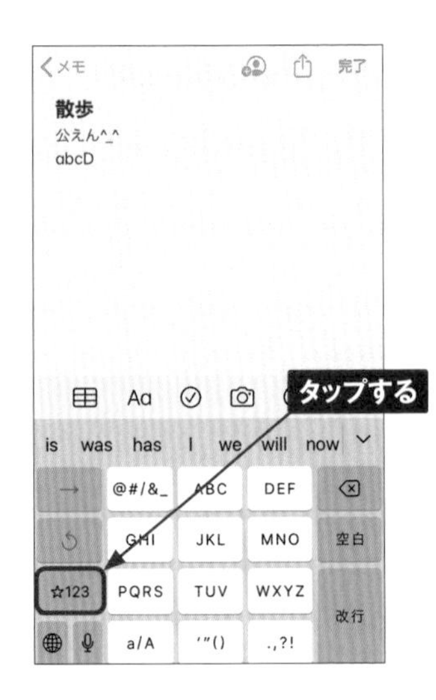

4 キーをタップすると数字を入力できます。キーを複数回タップすると、記号を入力できます。

そのほかの入力方法

1 テンキーでは、キーを上下左右にスライドすることで文字を入力できます。入力したい文字のキーをタッチします。

2 キーをタッチしたまま、入力したい文字の方向へスライドします。タッチしなくても、すばやくスワイプすることで対応する文字が入力されます。

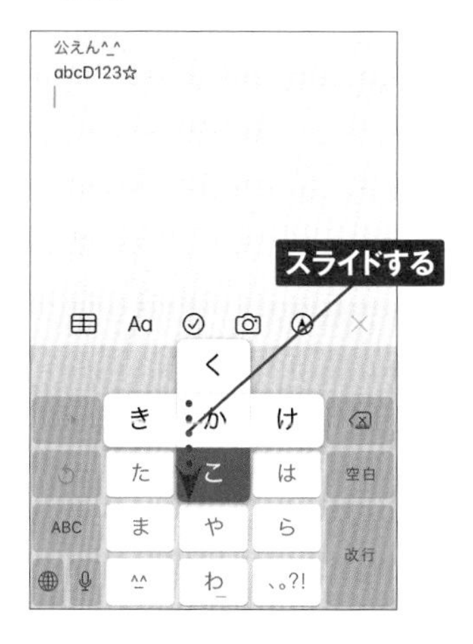

3 スライドした方向の文字が入力されます。ここでは下方向にスライドしたので、「こ」が入力されました。

MEMO 音声入力を行う

音声入力を行うには、キーボードの🎙をタップします。初めて利用するときは、＜音声入力を有効にする＞をタップすと、iPhoneに向かって入力したい言葉を話すと、話した言葉が入力されます。

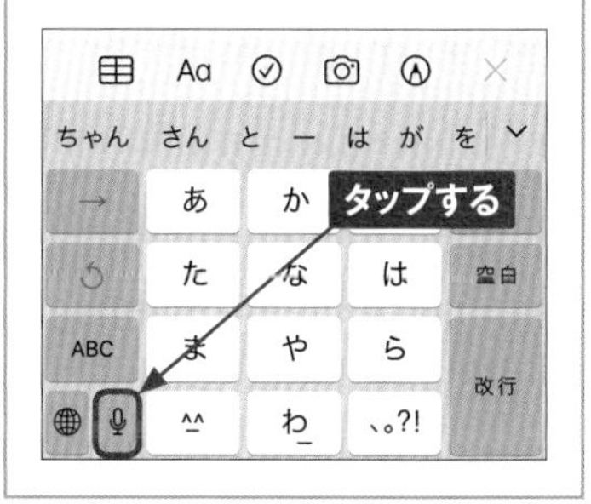

1

「English（Japan）」で英字・数字・記号を入力する

1 P.31を参考に、「English(Japan)」を表示します。そのあと、キーをタップして英字を入力します。行頭の1文字目は大文字で入力されます。⬆をタップしてから入力すると、1文字目を小文字にできます。

2 入力した文字によって、単語の候補が表示されます。表示された候補をタップすると、単語が入力されます。

3 数字を入力するには、123をタップします。

4 数字や記号が入力できるようになりました。そのほかの記号を入力するときは、#+=をタップします。🌐をタップすると、「日本語かな」キーボードに戻ります。

片手入力に切り替える

1 テンキーの状態で、🌐をタッチします。

2 ⌨をタップします。

3 キーボードが左寄りに配置され、片手入力に切り替わります。

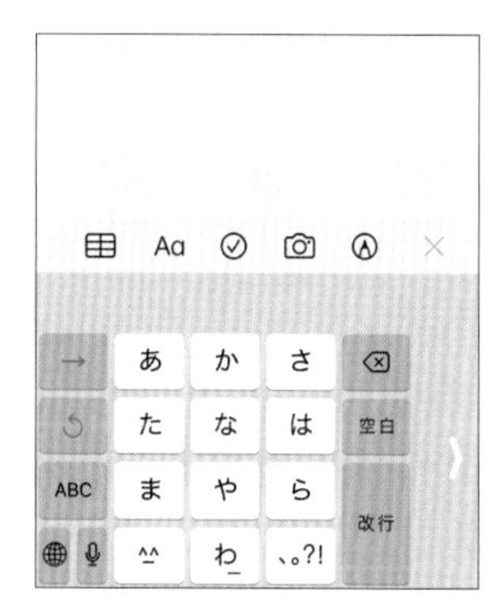

4 手順②の画面で⌨をタップすると、キーボードが右寄りになります。

MEMO そのほかのキーボードから切り替える

片手入力への切り替えは、キーボードによって異なります。「絵文字」は ABC または あいう、「English (Japan)」は🌐をタッチすると、片手入力に切り替えられます。

Section 12

文字を編集する

iPhoneでは、入力した文字の編集や、コピー&ペーストといった操作がかんたんに行えます。メールやメモを書く際には欠かせない機能なので、使い方をしっかり覚えておきましょう。

文字を削除する

① 文字を削除したいときは、削除したい文字のうしろをタップします。

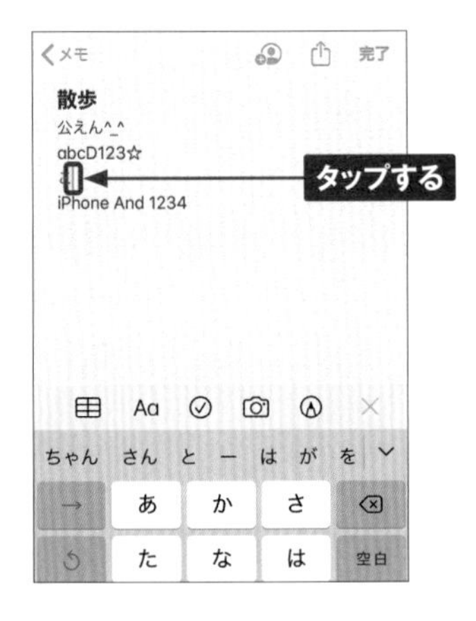

② ⌫を消したい文字の数だけタップすると、文字が削除されます。

MEMO 触覚タッチでテキストを選択する

「Safari」では、文字列をタッチすると、単語を選択状態にすることができます。「メモ」で入力した文章は、タッチやタップで単語選択、ダブルタップで段落を選択することができます。選択した状態では、テキストをコピーしたり削除したりできます。

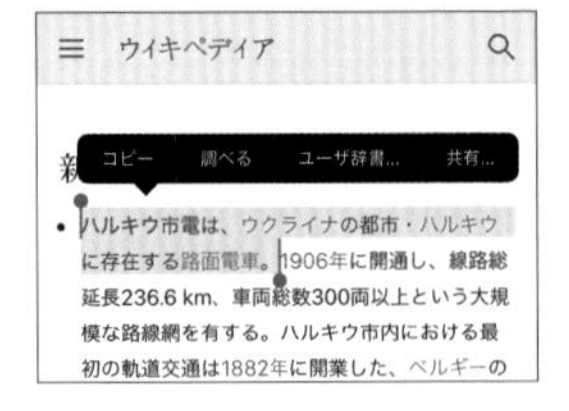

文字をコピー&ペーストする

① コピーしたい文字列をタッチします。指を離すと、メニューが表示されるので、<選択>をタップします。

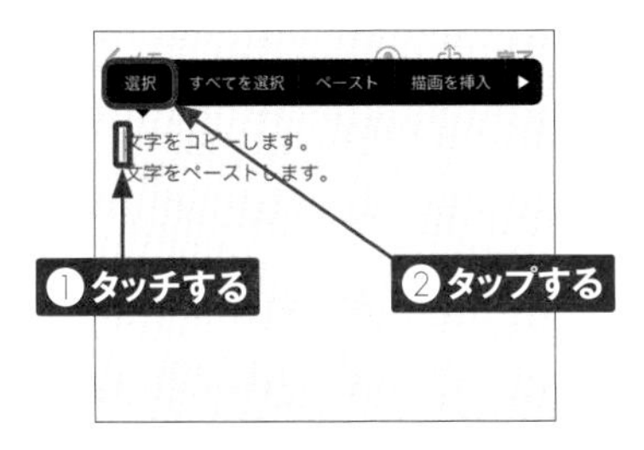

② 単語が選択された状態になります。選択範囲は、 と をドラッグして変更します。

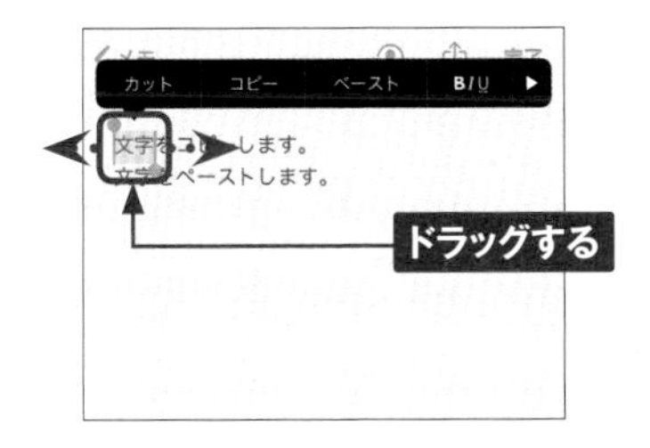

③ 選択範囲を調整し、指を離すとメニューが表示されるので、<コピー>をタップします。

④ コピーした文字列を貼り付けたい場所をタッチします。指を離すと、メニューが表示されるので、<ペースト>をタップします。

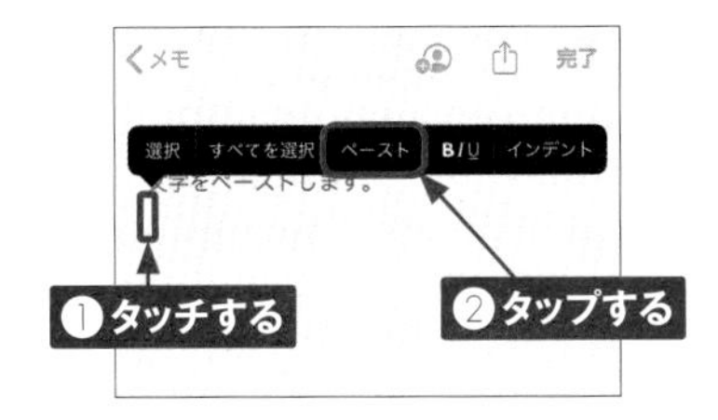

⑤ 手順③でコピーした文字列がペーストされました。

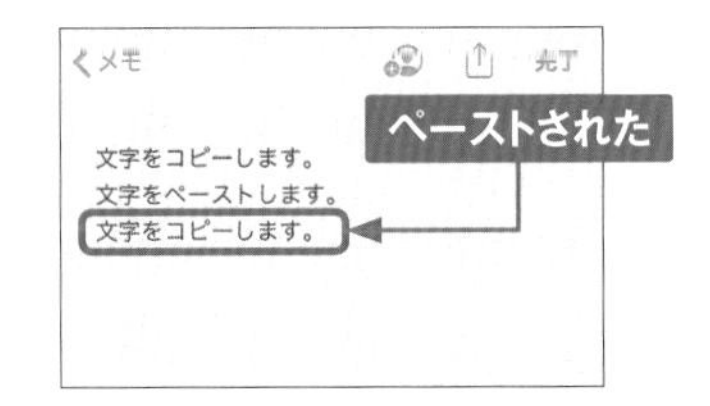

MEMO 3本指のジェスチャー操作

iOS 13では、3本指を使う「ジェスチャー」が利用できます。下の表を参考にしてください。

コピー	3本指でピンチクローズ
カット	3本指でダブルピンチクローズ（すばやく2回ピンチクローズ）
ペースト	3本指でピンチオープン
取り消し	3本指で左方向にスワイプ
もとに戻す	3本指で右方向にスワイプ
メニュー呼び出し	3本指でタップ

トラックパッド機能を使う

① 文字入力中に、<空白>をタッチします。

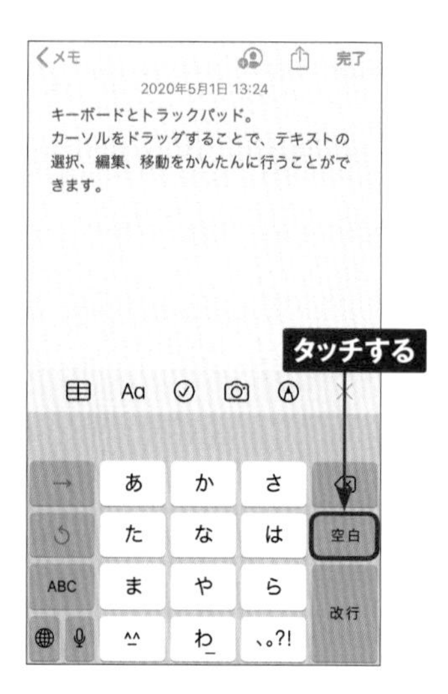

② キーボードがライトグレーになり、カーソルが表示されます。指を離さずにドラッグすると、カーソルが連動して動きます。

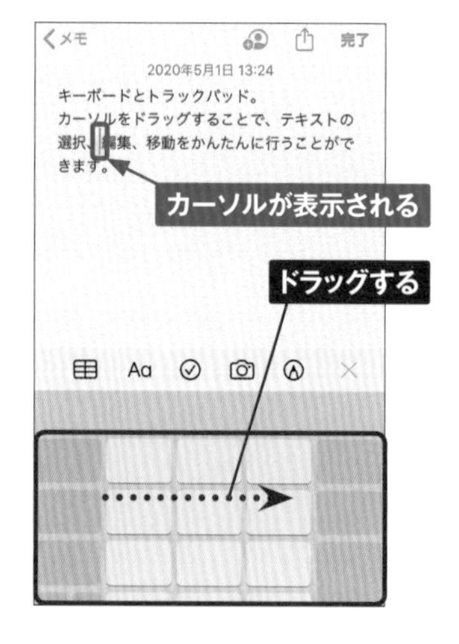

③ カーソルを選択したい箇所まで移動させたら、そのまま指を離さずに、別の指でタップします。

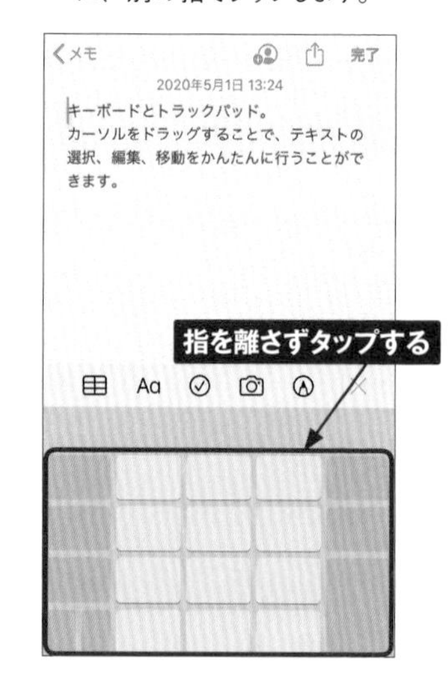

④ 指を離さずにドラッグすると、選択できます。選択範囲をタップすると、P.39手順①の編集メニューが表示されます。

Chapter 2

電話機能を使う

Section 13

電話をかける・受ける

iPhoneで電話機能を使ってみましょう。通常の携帯電話と同じ感覚でキーパッドに電話番号を入力すると、電話の発信が可能です。着信時の操作は、1手順でかんたんに通話が開始できます。

キーパッドを使って電話をかける

1 ホーム画面で をタップします。

2 <キーパッド>をタップします。

3 キーパッドの数字をタップして、電話番号を入力し、 をタップします。

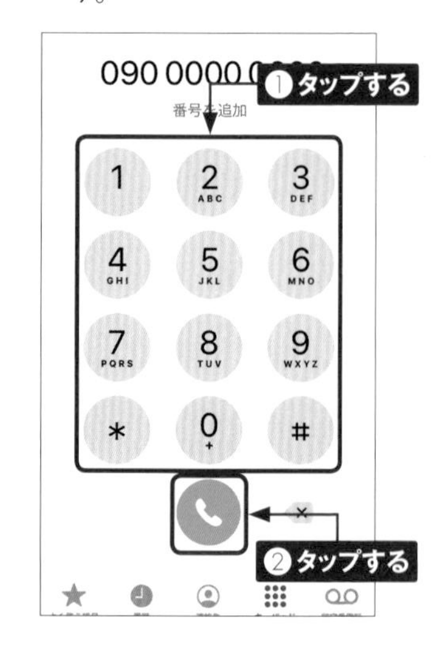

4 相手が応答すると通話開始です。 をタップすると、通話を終了します。

電話を受ける

① iPhoneの操作中に着信画面が表示されたら、<応答>をタップします（MEMO参照）。

② 通話が開始されます。通話を終えるには、をタップします。

③ 手順①で<拒否>をタップすると、通話を拒否できます。

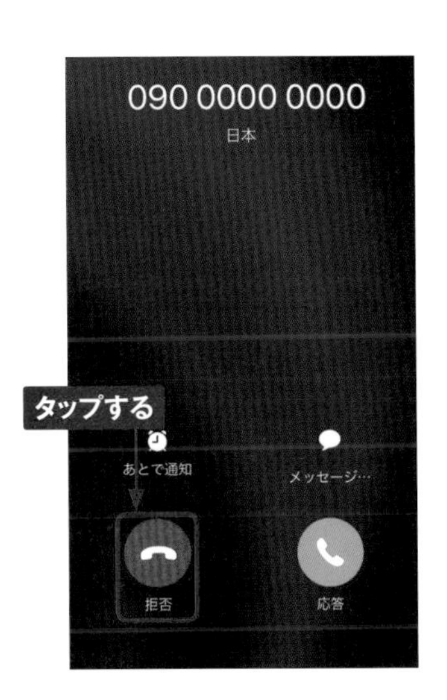

MEMO **ロック中に着信があった場合**

iPhoneのロック中に着信があった場合、画面にスライダーが表示されます。を右方向にスライドすると、着信に応答できます。また、サイドボタンをすばやく2回押すと、通話を拒否できます。

Section 14

発着信履歴を確認する

電話をかけ直すときは、発着信履歴から行うと手間をかけずに発信できます。また、発着信履歴の件数が多くなり過ぎた場合は、履歴を消去して整理しましょう。

発着信履歴を確認する

① ホーム画面で をタップします。

② ＜履歴＞をタップします。

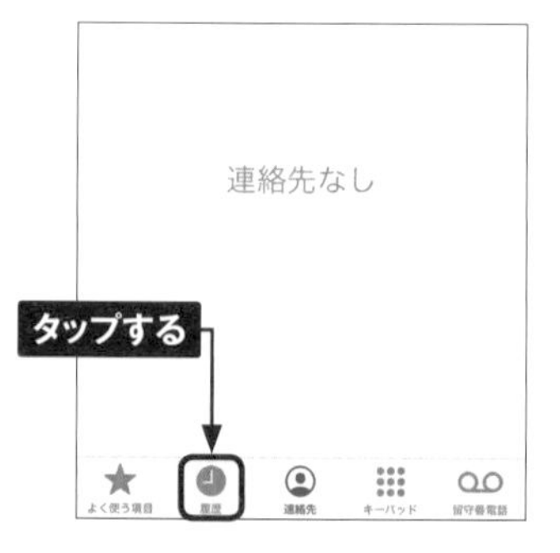

③ 発着信履歴の一覧が表示されます。＜不在着信＞をタップします。

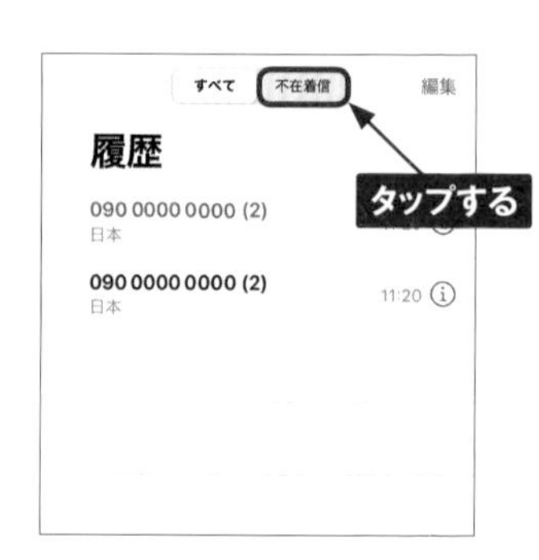

④ 発着信履歴のうち不在着信の履歴のみが表示されます。＜すべて＞をタップすると、手順③の画面に戻ります。

発着信履歴から発信する

① P.44手順③で通話したい相手をタップします。

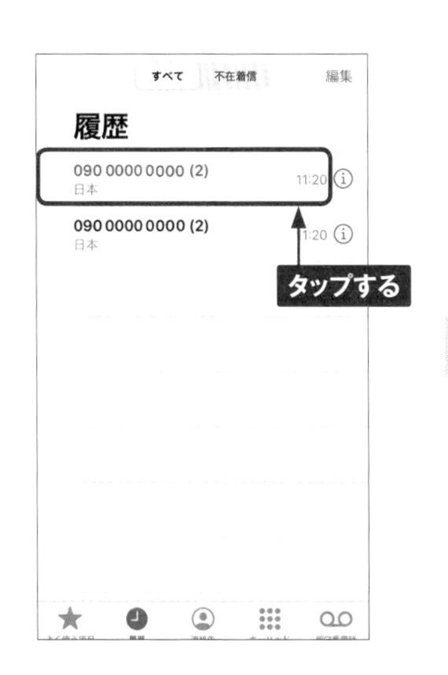

② 画面が切り替わり、発信が開始されます。

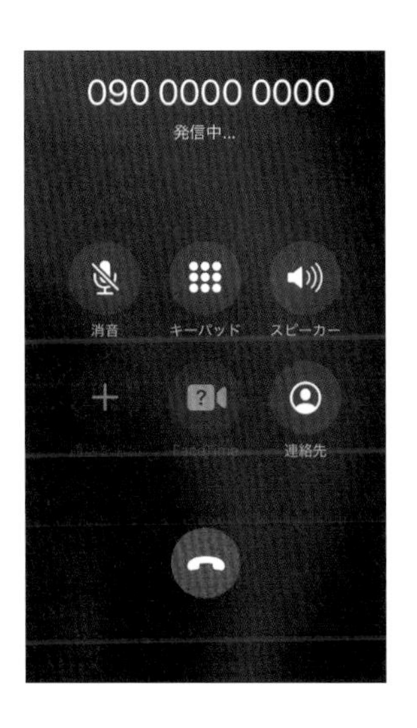

MEMO 発着信履歴を削除する

発着信履歴を削除するには、P.44手順③の画面を表示し、画面右上の<編集>をタップします。削除したい履歴の左側にある●をタップすると、<削除>が表示されるので、<削除>をタップして、<完了>をタップすると削除されます。また、すべての発着信履歴を削除するには、画面左上の<消去>をタップして、<すべての履歴を消去>をタップします。

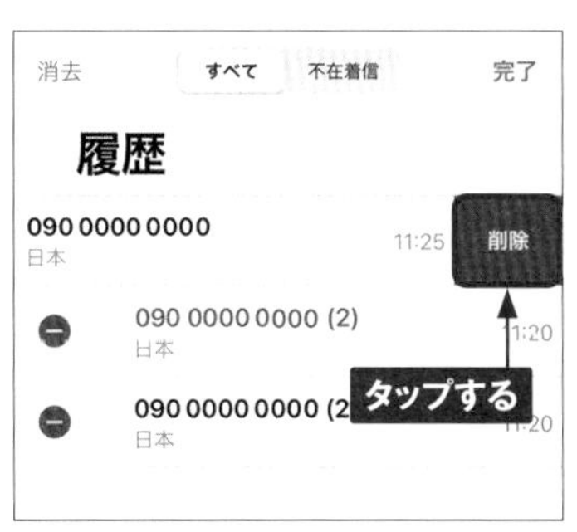

Section 15

連絡先を作成する

電話番号やメールアドレスなどの連絡先の情報を登録するには、<電話>アプリの「連絡先」を利用します。また、発着信履歴の電話番号をもとにして、連絡先を作成することも可能です。

連絡先を新規作成する

① ホーム画面で📞をタップし、<連絡先>をタップしたら、＋をタップします。

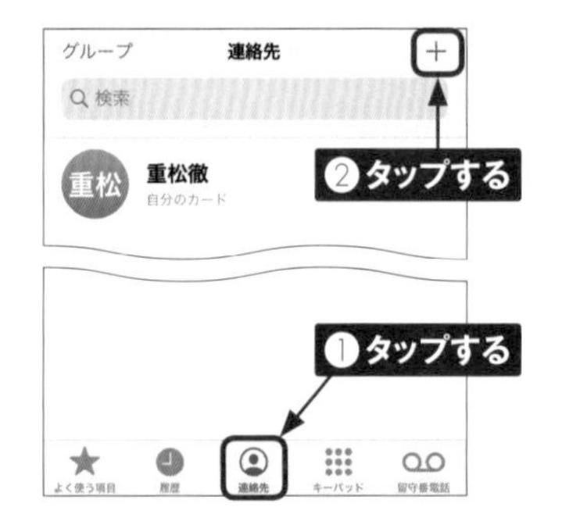

② <姓>をタップします。

③ 登録したい相手の氏名やふりがなを入力し、<電話を追加>をタップします。

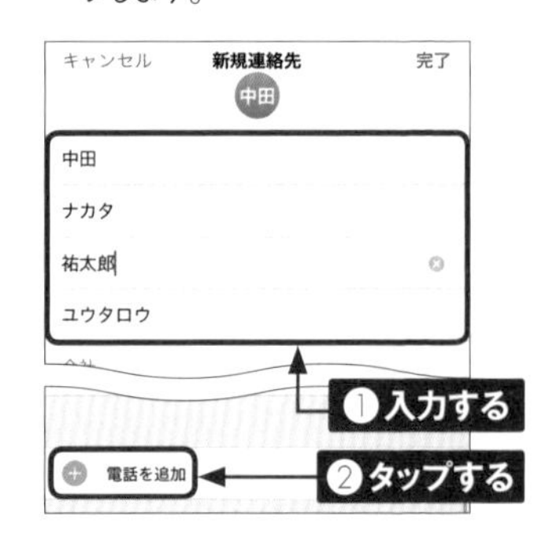

④ 電話番号を入力します。電話番号のラベルを変更したい場合は、<自宅>をタップします。

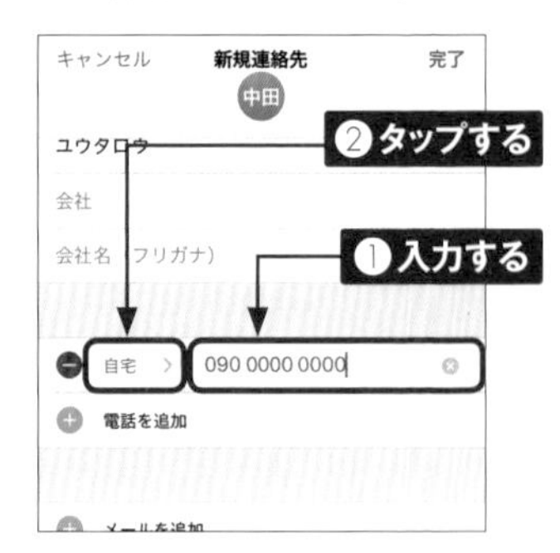

⑤ 変更したいラベル名をタップして選択します。

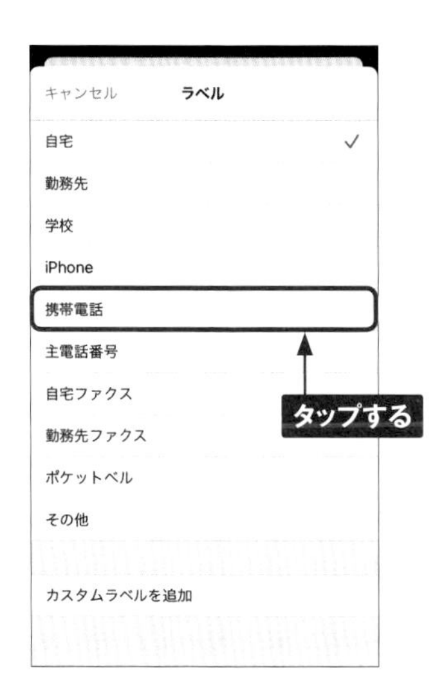

⑥ ラベルが変更されました。メールアドレスを登録するには、<メールを追加>をタップして、メールアドレスを入力します。

⑦ 情報の入力が終わったら、<完了>をタップします。

MEMO 登録した連絡先に電話を発信する

登録した連絡先をタッチすることで、すばやく発信することが可能です。P.46手順①を参考に「連絡先」画面を表示し、発信したい連絡先をタッチして、<電話>をタップすると、電話を発信できます。

2

着信履歴から連絡先を作成する

① P.44手順①～②を参考に「履歴」画面を表示し、連絡先を作成したい電話番号の右にあるⓘをタップします。

② ＜新規連絡先を作成＞をタップします。

③ 電話番号が入力された状態で「新規連絡先」画面が表示されます。P.46手順②～P.47手順⑦を参考にして、連絡先を作成します。

MEMO 連絡先を編集する

P.46手順①を参考に「連絡先」画面を表示し、編集したい連絡先をタップすると、連絡先の詳細画面が表示されます。画面右上の＜編集＞をタップして、編集したい項目をタップして情報を入力し、＜完了＞をタップすると編集完了です。

よく電話をかける連絡先を登録する

1 P.48MEMOを参考に連絡先の詳細画面を表示し、<よく使う項目に追加>をタップします。

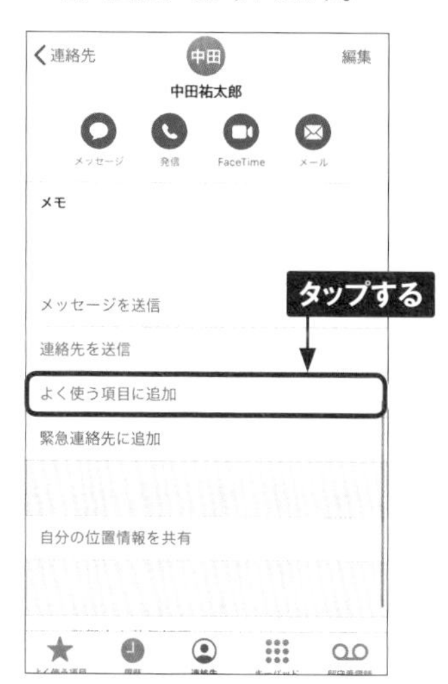

2 登録したいアクションをタップします。

3 ホーム画面で📞→<よく使う項目>の順にタップし、目的の連絡先をタップするだけで、電話の発信ができるようになります。

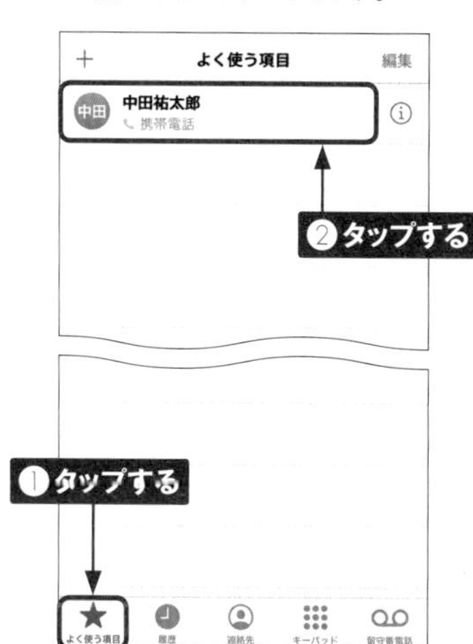

MEMO 連絡先を削除する

P.48MEMOを参考に連絡先の編集画面を表示して、画面を上方向にスワイプし、<連絡先を削除>をタップします。確認画面で<連絡先を削除>をタップすると、連絡先が削除されます。

Section 16

留守番電話を確認する

留守番電話は、ロック画面や<電話>アプリで確認できます。留守番電話を利用するには、「留守番電話サービスEX」（有料）に加入しておく必要があります。

留守番電話を聞く

① ホーム画面を表示し、📞をタップします。

② <留守番電話>をタップします。

③ 留守番電話を聞きたい相手の連絡先をタップします。

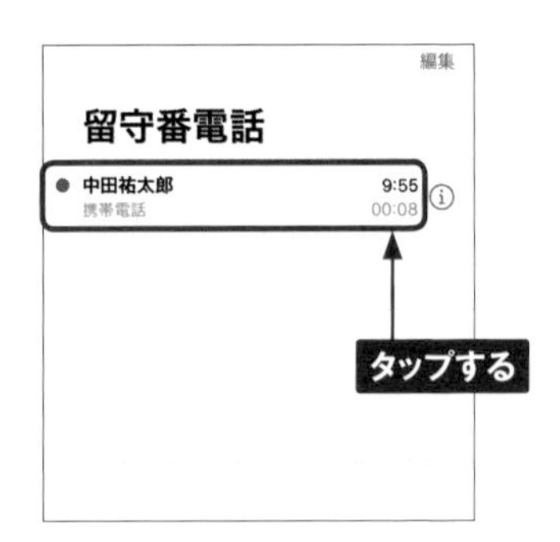

④ ▶をタップすると、保存されたメッセージを聞くことができます。

留守番電話の呼び出し時間を設定する

1. P.42手順①～②を参考に＜電話＞アプリの「キーパッド」画面を表示し、「1418」と入力し、さらに留守番電話の呼び出し秒数（5 ～ 55秒。ここでは「30」）を入力して、 をタップします。

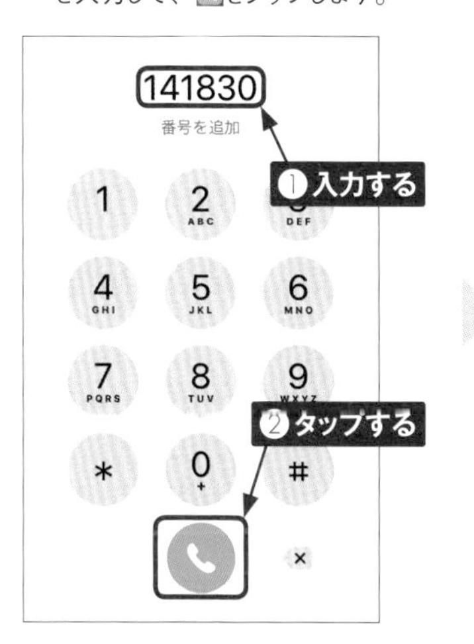

2. 設定が完了すると、音声案内で「設定を承りました」とアナウンスされ、通話が終了します。なお、初期状態では24秒に設定されています。

電話きほんパックで便利に利用する

auのiPhoneで留守番電話を利用するには、オプションサービスの「お留守番サービスEX」（有料）への加入が必須となります。auではこのサービスのほか、「迷惑電話撃退サービス」（有料）、「三者通話サービス」（有料）、「待ちうた」（有料）の4つのサービスをセットとしている「電話きほんパック」を有料で用意しています。「お留守番サービスEX」へ加入するのであれば、こちらを検討してみるのもよいでしょう。

Section 17

着信拒否を設定する

iPhoneでは、着信拒否機能が利用できます。なお、着信拒否が設定できるのは、発着信履歴のある相手か、「連絡先」に登録済みの相手です。

履歴から着信拒否に登録・解除する

① P.44手順①～②を参考に「履歴」画面を表示し、着信を拒否したい電話番号のⓘをタップします。

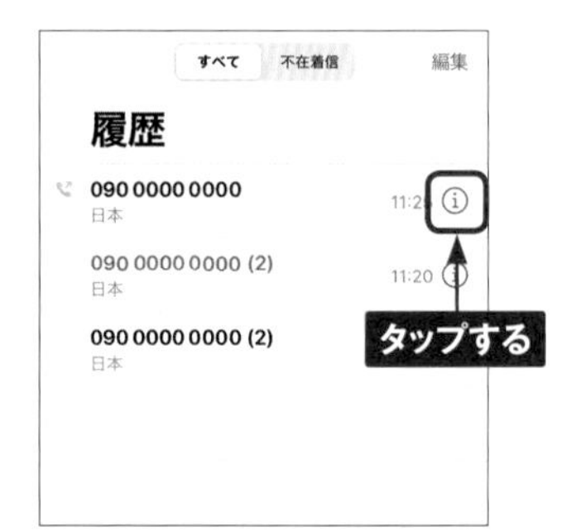

② ＜この発信者を着信拒否＞をタップします。

③ ＜連絡先を着信拒否＞をタップします。

④ 着信拒否設定が完了します。＜この発信者の着信拒否設定を解除＞をタップすると、着信拒否設定が解除されます。

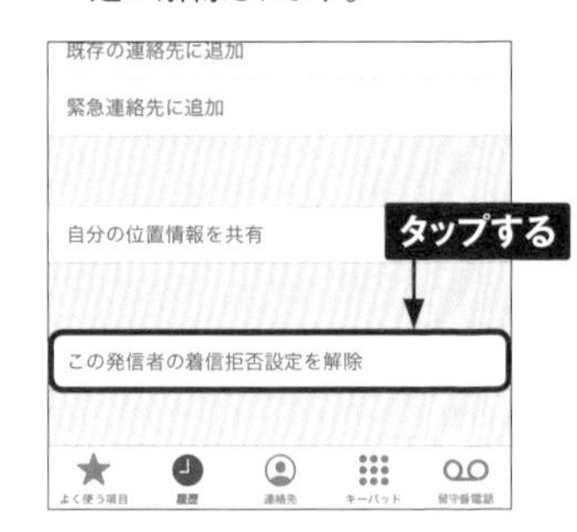

連絡先から着信を拒否する

1. ホーム画面で をタップし、＜連絡先＞をタップします。着信を拒否したい連絡先をタップします。

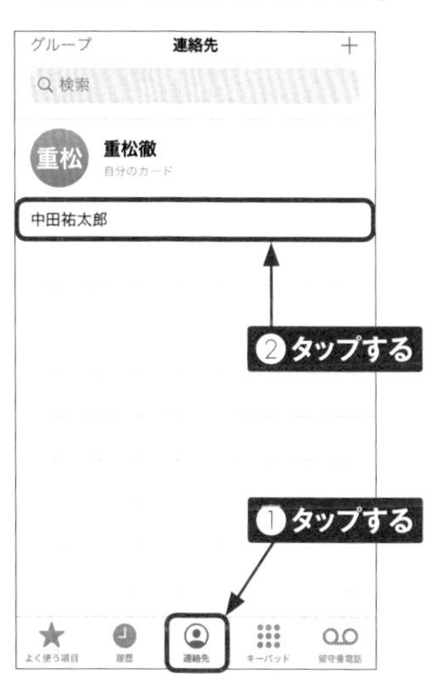

2. ＜この発信者を着信拒否＞をタップします。

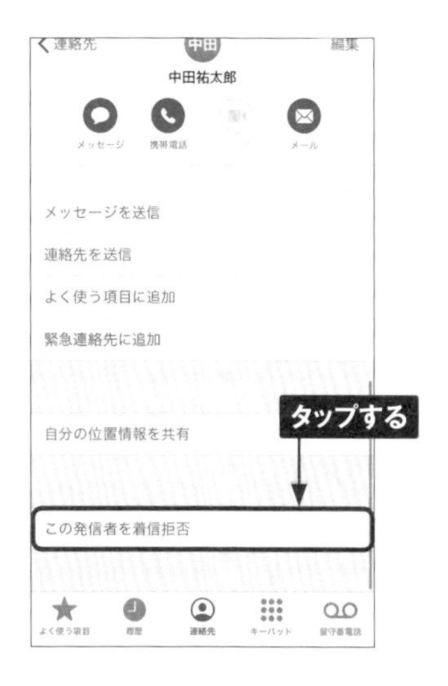

3. ＜連絡先を着信拒否＞をタップします。

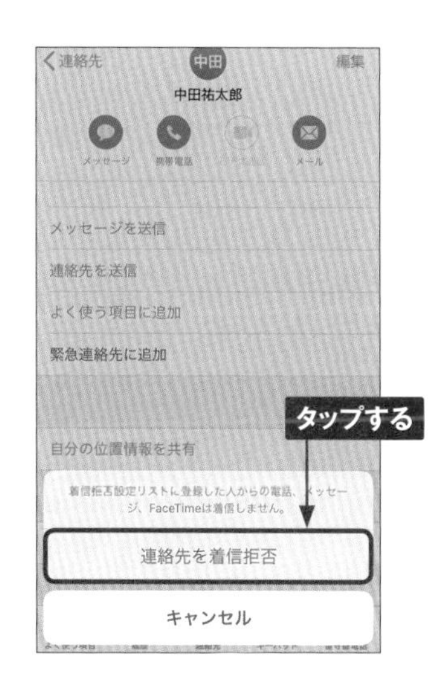

4. 着信拒否設定が完了します。＜この発信者の着信拒否設定を解除＞をタップすると、着信拒否設定が解除されます。

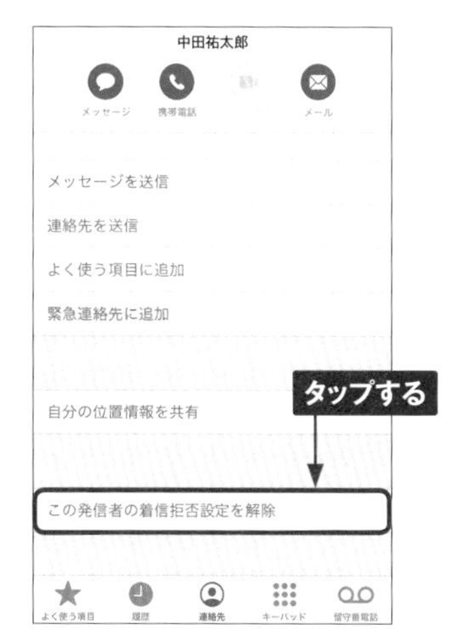

Section 18

音量・着信音を変更する

着信音量と着信音は、＜設定＞アプリで変更できます。標準の着信音に飽きてきたら、＜設定＞アプリの「サウンドと触覚」画面から、新しい着信音を設定してみましょう。

着信音量を調節する

① ホーム画面で＜設定＞をタップします。

② ＜サウンドと触覚＞をタップします。

③ 「着信音と通知音」の◯を左右にドラッグし、音量を設定します。

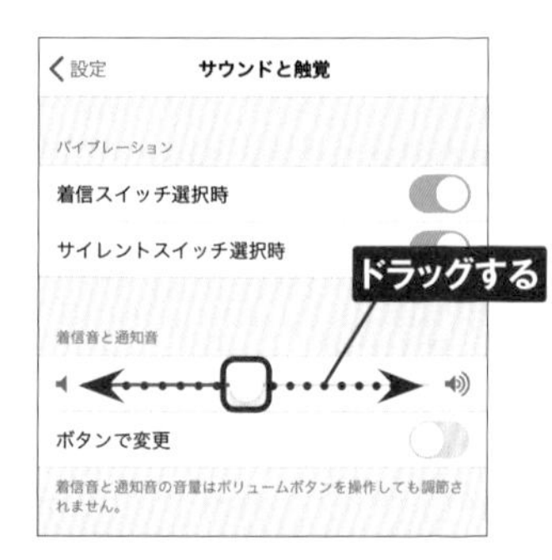

MEMO 通話音量を変更する

通話音量を変更したいときは、通話中に本体左側面の音量ボタンを押します。

好きな着信音に変更する

① P.54手順①〜②を参考に「サウンドと触覚」画面を表示し、<着信音>をタップします。

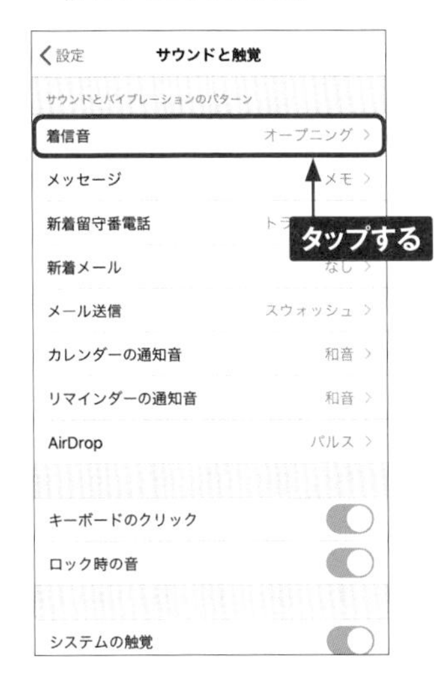

② 任意の項目をタップすると、着信音の再生が始まり、選択した項目が着信音に設定されます。<サウンドと触覚>をタップして、もとの画面に戻ります。

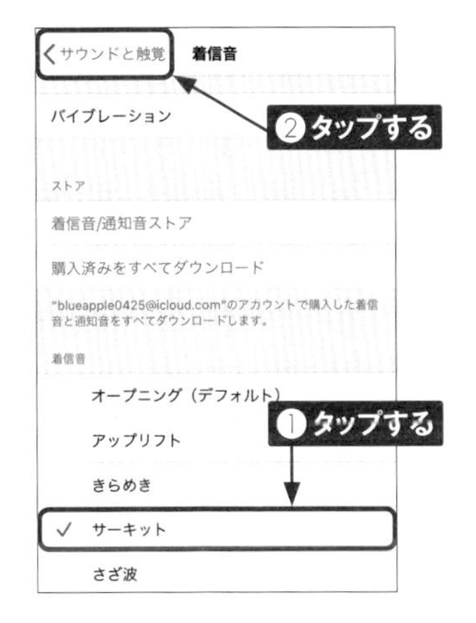

③ <メッセージ>をタップすると、メッセージ着信時の通知音を変更することができます。

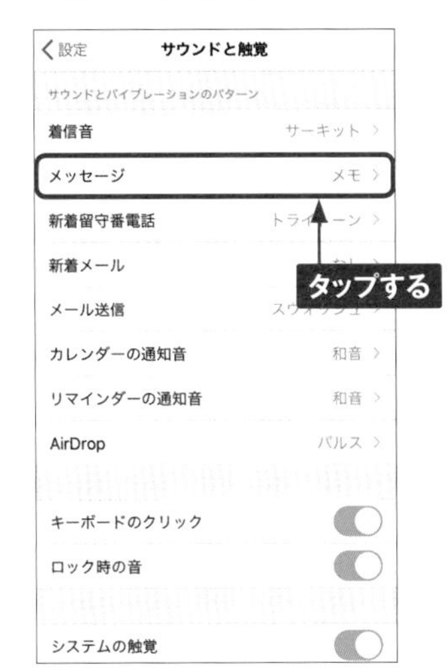

MEMO 着信音を購入する

着信音は購入することもできます。手順②の画面で<着信音/通知音ストア>をタップすると、<iTunes Store>アプリが起動し、着信音の項目に移動します。なお、着信音の購入にはApple ID（Sec.19参照）が必要です。

2

消音モードに変更する

1 本体左側面の着信／サイレントスイッチを切り替えて、赤い帯が見える状態にします。

2 消音モードがオンになり、着信音と通知音、そのほかのサウンド効果が鳴らなくなります。

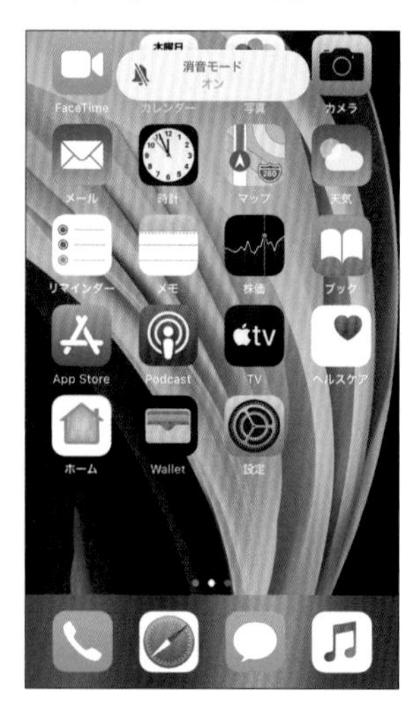

3 着信／サイレントスイッチを切り替え、赤い帯が見えない状態にすると、消音モードがオフになります。

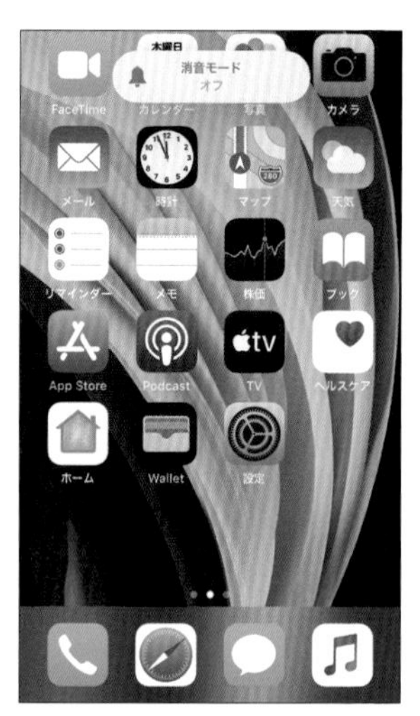

MEMO コントロールセンターから設定を切り替える

画面を下端から上方向へスワイプしてコントロールセンターを表示し、✈をタップすると「機内モード」、☾をタップすると「おやすみモード」がオンになります。機内モード利用中は電話やインターネットなどのネットワーク機能がすべてオフになり、おやすみモード利用中は電話やメールの着信や通知がされなくなります。

2

Chapter 3

基本設定を行う

Section 19

Apple IDを作成する

Apple IDを作成すると、App StoreやiCloudといったAppleが提供するさまざまなサービスが利用できます。ここでは、iCloudの初期設定を行いながら、Apple IDを作成する手順を紹介します。

Apple IDを作成する

① ホーム画面で＜設定＞をタップします。

② 「設定」画面が表示されるので、＜iPhoneにサインイン＞をタップします。「設定」画面が表示されない場合は、画面左上の＜を何度かタップします。

③ ＜Apple IDをお持ちでないか忘れた場合＞→＜Apple IDを作成＞の順にタップします。

iPhoneから機種変更した場合など、すでにApple IDを持っている場合は、手順③の画面で「Apple ID」と「パスワード」を入力して＜サインイン＞をタップし、P.61手順⑮以降へ進んでください。

4 「姓」と「名」を入力します。

5 生年月日を上下にスワイプして設定し、<次へ>をタップします。

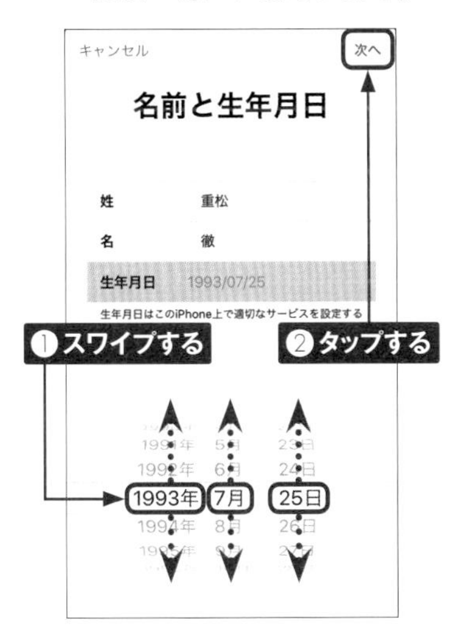

6 <メールアドレスを持っていない場合>をタップします。

7 <iCloudメールアドレスを取得する>をタップします。

8 「メールアドレス」に希望するメールアドレスを入力し、<次へ>をタップします。なお、Appleから製品やサービスに関するメールが不要な場合は、「Appleからのニュースとお知らせ」のをタップしてにしておきます。

9 <メールアドレスを作成>をタップします。

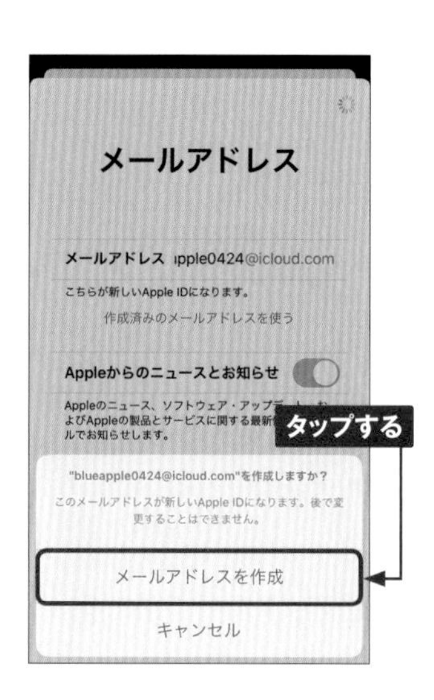

10 「パスワード」と「確認」に同じパスワードを入力し、<次へ>をタップします。なお、入力したパスワードは、絶対に忘れないようにしましょう。

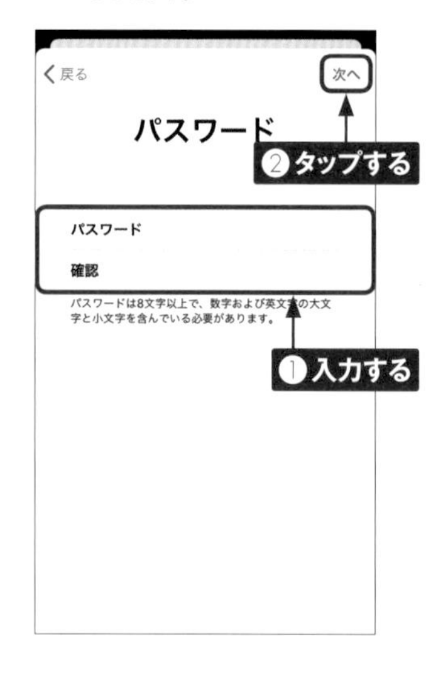

11 本人確認のコードを受け取る電話番号を確認して、確認方法をタップし（ここでは<SMS>）、<次へ>をタップします。

12 手順⑪で入力した電話番号に、SMSか電話で確認コードが届きます。確認コードを入力すると（SMSは自動入力）、自動的に次の画面が表示されます。

13 「利用規約」画面が表示されるので、内容をよく読みます。同意できたら<同意する>をタップします。

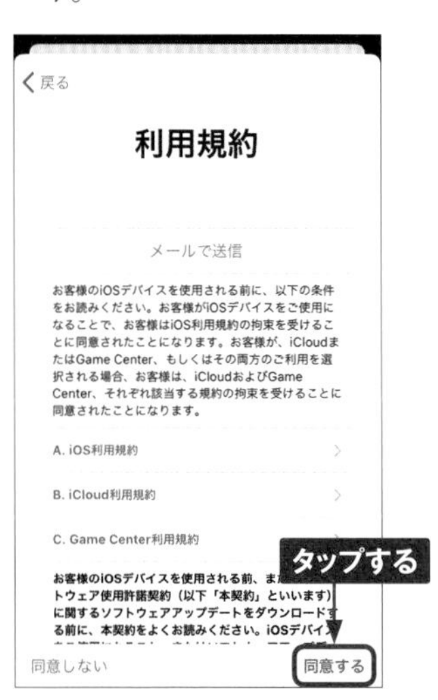

14 「利用規約」画面が表示されるので、<同意する>をタップします。

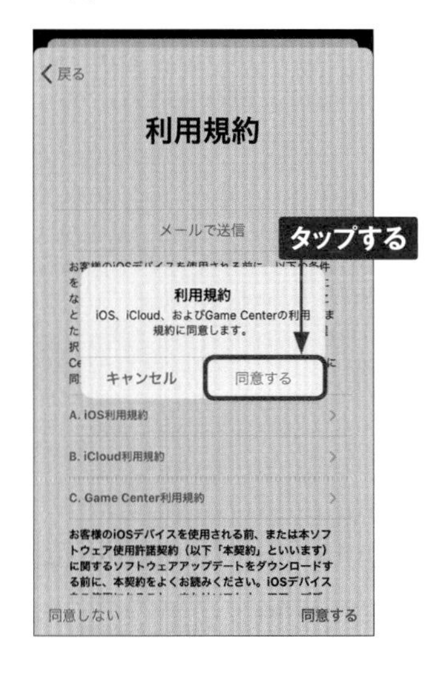

15 Apple IDが作成されます。パスコードを設定している場合は、パスコードを入力します。

16 設定が完了します。

Section 20

Apple IDに支払い情報を登録する

iPhoneでアプリや音楽・動画を購入するには、Apple IDに支払い情報を設定します。支払い方法は、クレジットカード、キャリア決済から選べます。

クレジットカードを登録する

① P.58手順①を参考に「設定」画面を表示し、<iTunes StoreとApp Store>をタップします。

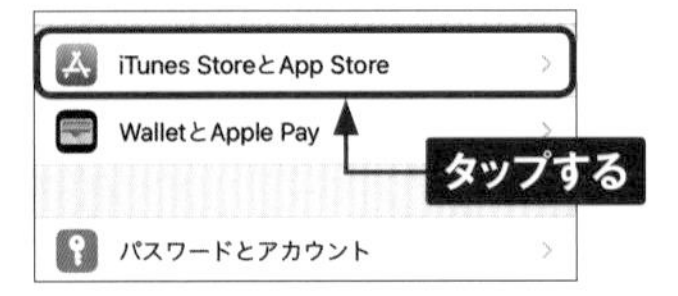

② <サインイン>をタップします。Sec.19で設定したApple IDとパスワードを入力し、<サインイン>をタップします。

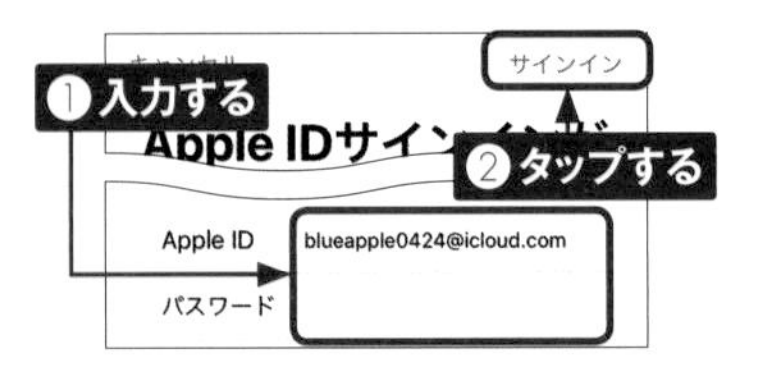

③ <設定>→自分の名前の順にタップします。

④ <支払いと配送先>→<お支払い方法を追加>の順にタップします。

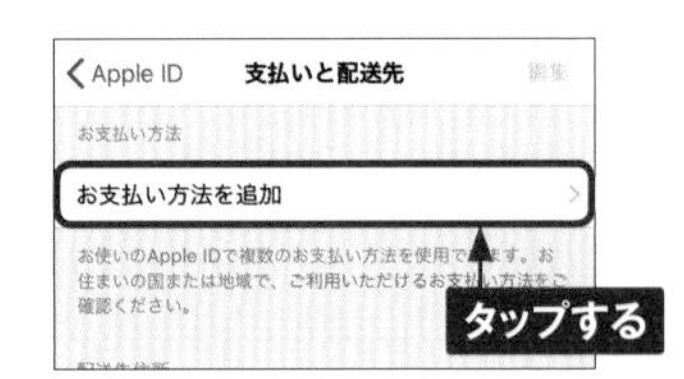

支払い用のApple IDを登録する

すでにiPadなどのApple製品を使っていて、支払いにApple IDを登録している場合は、手順②でそのApple IDを登録すると、支払いを一本化できて便利です。「iTunes StoreとApp Store」に登録するApple IDは、Sec.19で設定したApple IDと違っていても問題ありません。

5 <クレジット／デビットカード>をタップします。

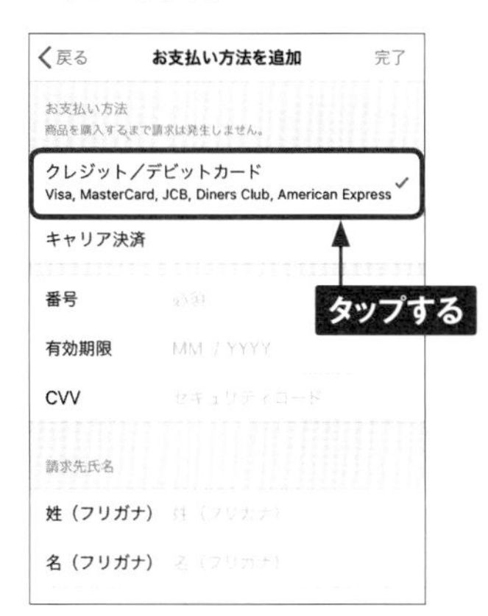

6 カード番号、有効期限、セキュリティコードを入力したら、画面を上方向にスワイプします。

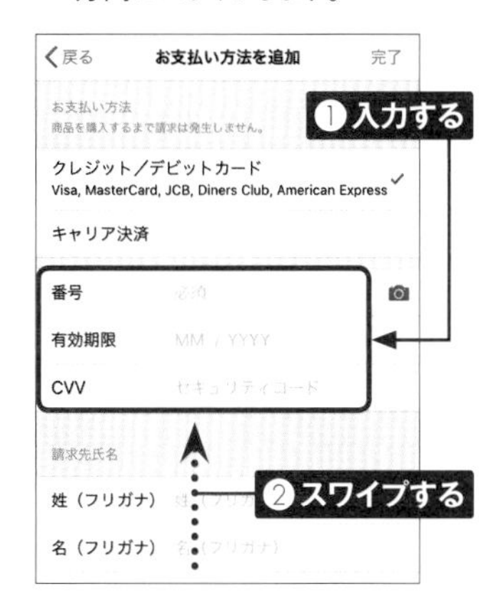

7 個人情報を入力します。

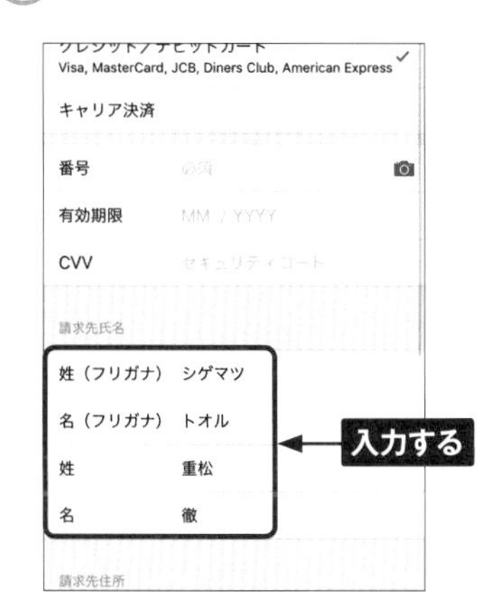

8 請求先住所を入力し、<完了>をタップします。

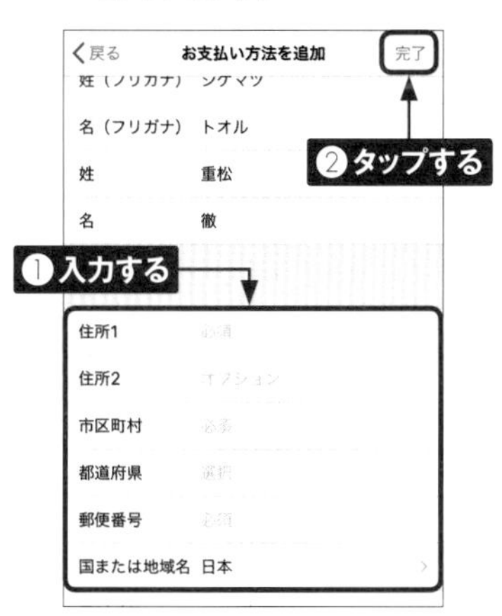

App Store & iTunesギフトカードを利用するには

支払いにクレジットカードではなく、App Store & iTunesギフトカードを利用する場合は、ホーム画面で<App Store>をタップし、◎→<ギフトカードまたはコードを使う>の順にタップします。すると、カードのコードをカメラで読み取ってチャージすることができます。

Section 21

メールを設定する

iPhoneではテキストでの連絡用に、＜メール＞と＜メッセージ＞の2つのアプリが用意されています。まずはWi-Fiをオフにしたあと、設定を行いましょう。

＜メール＞アプリと＜メッセージ＞アプリ

iPhoneでは、＜メール＞と＜メッセージ＞というアプリを使って、相手とテキストで連絡を取り合えます。＜メール＞アプリでは、パソコンのメールソフトのように、「iCloudメール」や「Gmail」など複数のメールアカウントを設定して、それぞれ使い分けることができます。会社やプロバイダーのメールアカウント、また各キャリアで用意されているメールアカウントも登録可能です（Sec.26 ～ 29参照）。一方＜メッセージ＞アプリは、SMSとMMS、iMessageの3つのサービスが利用できます（Sec.24 ～ 25参照）。送受信した内容が吹き出しのように画面の左右に一覧表示され、これまでの履歴をすぐ確認できるのが特徴です。
auのiPhoneでは、1つのメールアカウント（キャリアメール）に対して連絡用のアプリが2つ用意されていることから、相手から連絡が来た場合、どのように受信するか事前に決めておく必要があります。＜メッセージ＞アプリで自動受信した内容を＜メール＞アプリでも手動で受信するか、＜メッセージ＞アプリは使用せず＜メール＞アプリだけで相手からの連絡をすべて送受信するかのどちらかを選べます。
本書では＜メール＞アプリで受信する方法を解説しています。＜メッセージ＞アプリで受信する方法はP.73MEMOを参照しましょう。

＜メール＞アプリは、携帯電話と同じようにキャリアメールを利用できます。

＜メッセージ＞アプリは、やり取りした内容をすぐに確認できます。

3

初期設定を行う

1 Sec.51を参考に、<My au>をインストールしておきます。ホーム画面で<My au>をタップします。

2 初回起動時は通知の送信についての確認が表示されるので、<許可>をタップします。

3 <au IDでログインする>をタップします。

4 <空メール送信画面へ>をタップします。

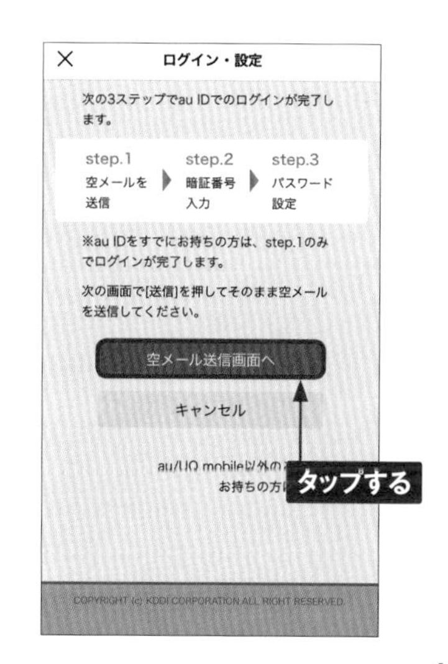

5 メール作成画面が表示されたら、そのまま↑をタップします。

6 ＜OK＞をタップします。

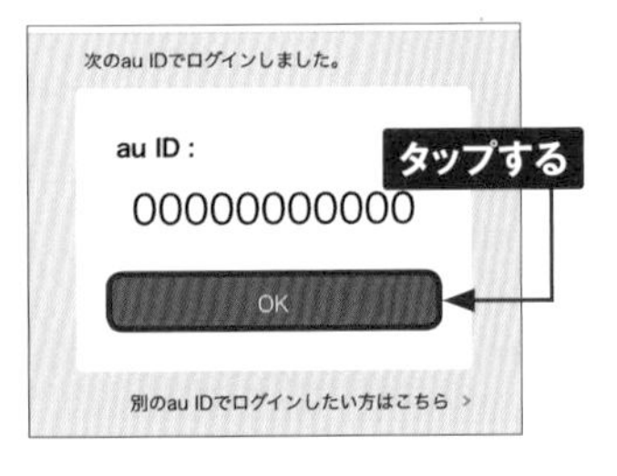

7 「ようこそMy auアプリへ!」画面が表示されます。＜NEXT＞を3回タップします。

8 画面を上方向にスワイプして、＜同意する＞をタップします。

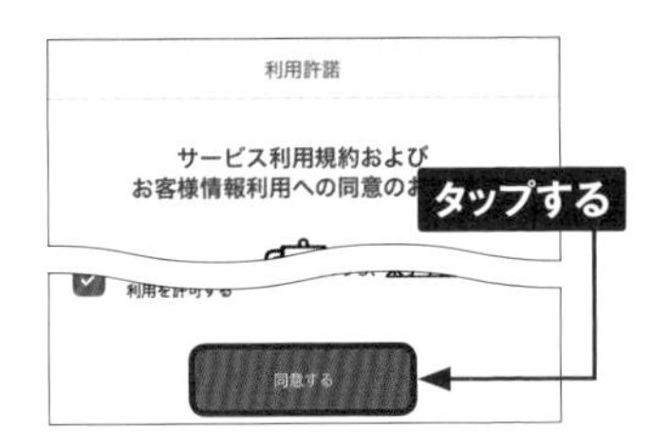

9 画面を上方向にスワイプして、＜同意する＞をタップします。

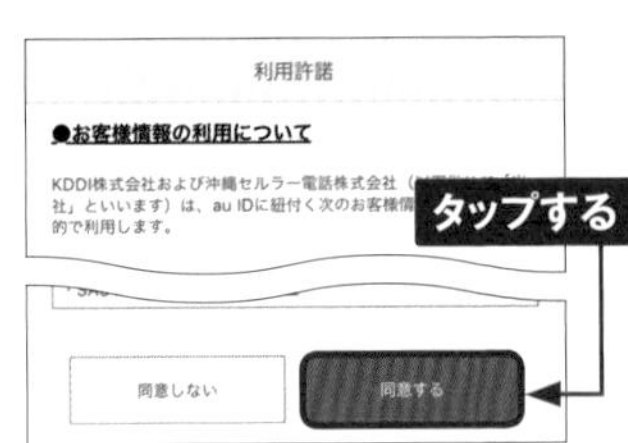

10 ＜同意する＞をタップします。

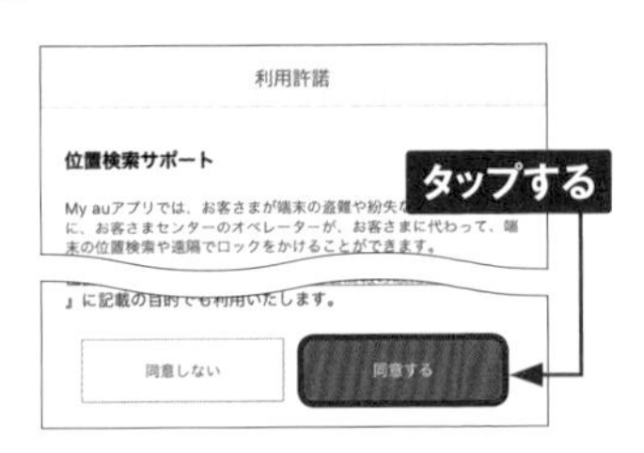

11 ＜Appの使用中は許可＞をタップして、アプリを終了します。

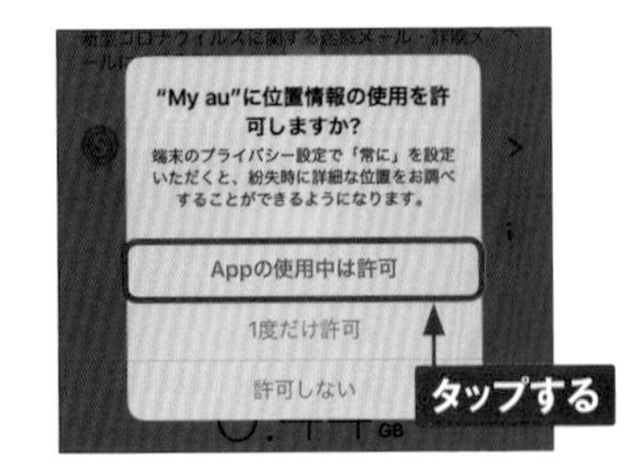

3

メールアドレスの利用設定を行う

① ホーム画面で🧭をタップします。

② 画面下部の📖をタップします。

③ <auサポート>をタップします。

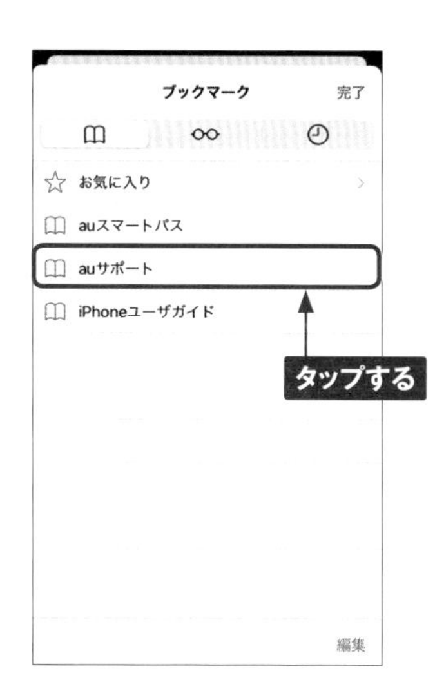

MEMO **Wi-Fiがオンになっていたら**

iPhoneがWi-Fiに接続している状態だと、メールの設定を行うことができません。もしWi-Fiに接続されていたら、P.74手順②の画面で、「Wi-Fi」を○に切り替えましょう。

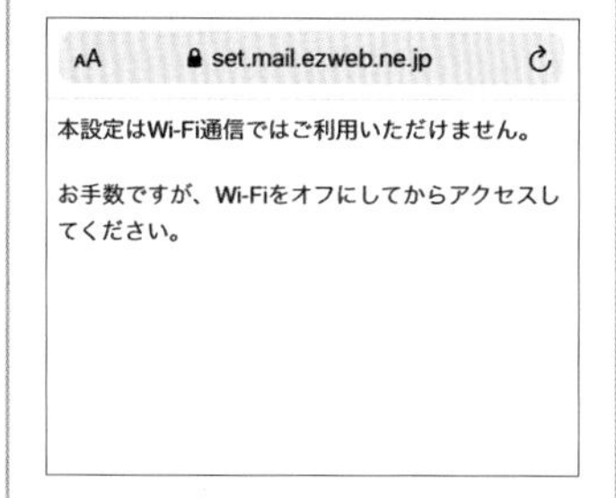

3

4 画面を上方向にスワイプし、「iPhone設定ガイド」の<メールなどの初期設定・その他の設定はこちら>をタップします。

5 <メール初期設定>をタップします。

6 <メール初期設定へ>をタップします。

7 電話番号を入力し、<次へ>をタップします。

8 <次へ>をタップします。

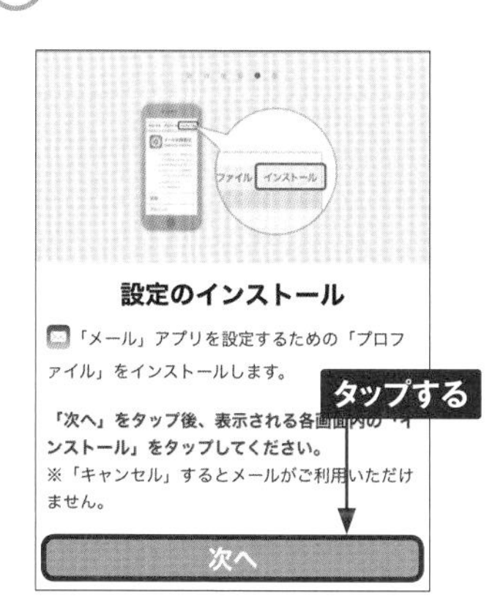

9 <許可>をタップします。

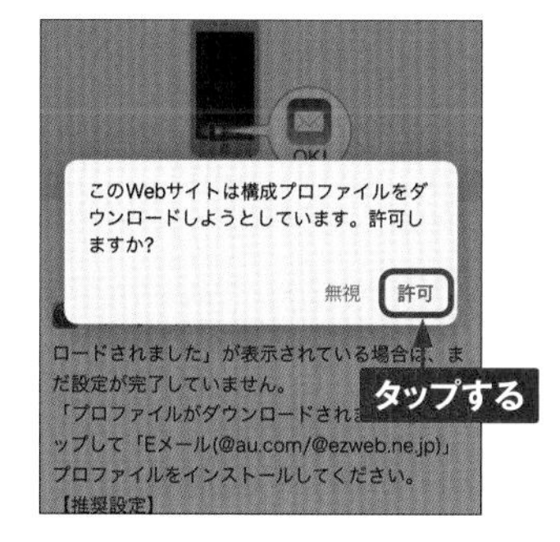

10 <閉じる>をタップします。

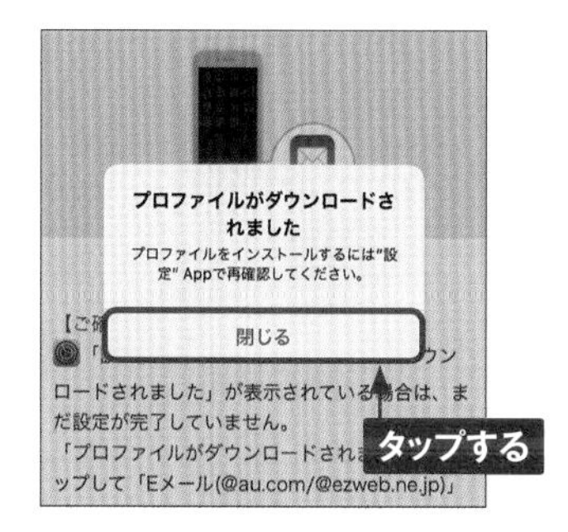

11 <設定>アプリを開き、<一般>→<プロファイル>→<Eメール>の順にタップします。

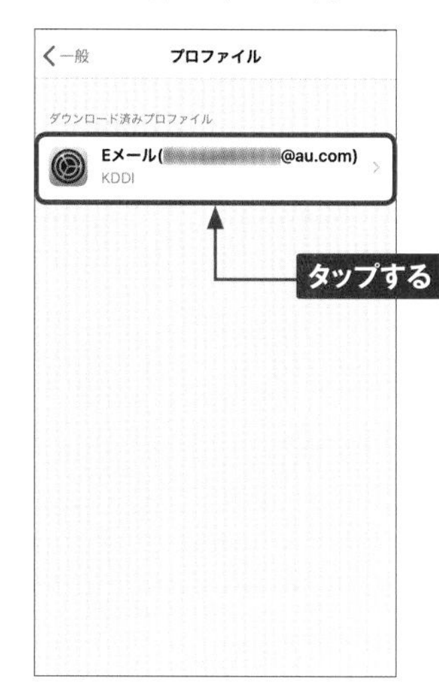

12 <インストール>をタップします。

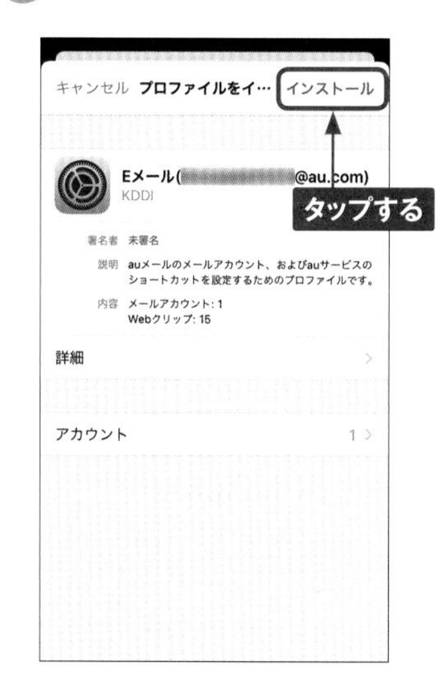

3

13 パスコードを設定している場合は、パスコードの入力画面が表示されます。パスコードを入力します。

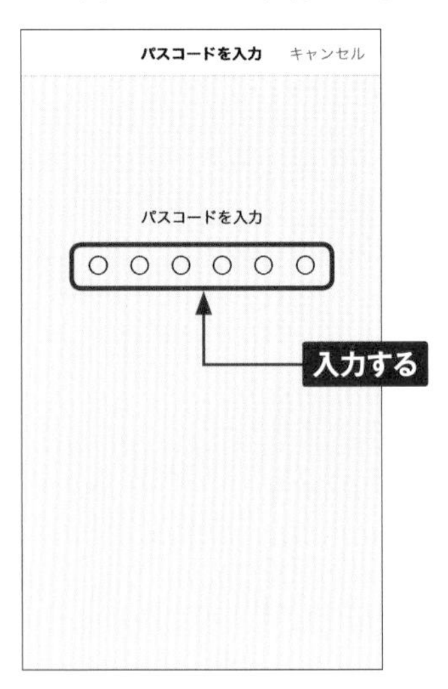

14 「警告」画面が表示されたら、＜インストール＞をタップします。

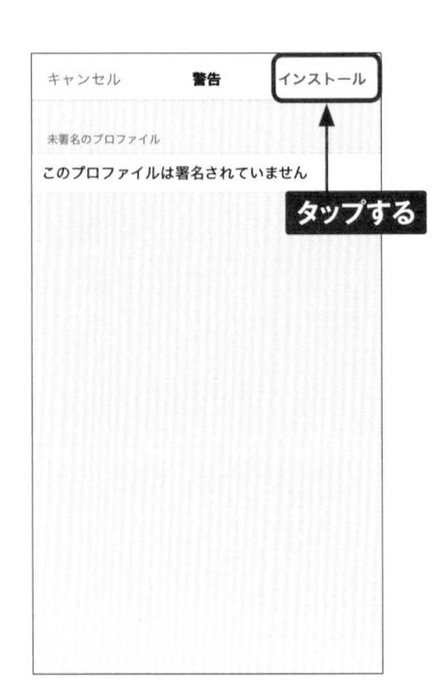

15 ＜インストール＞をタップします。

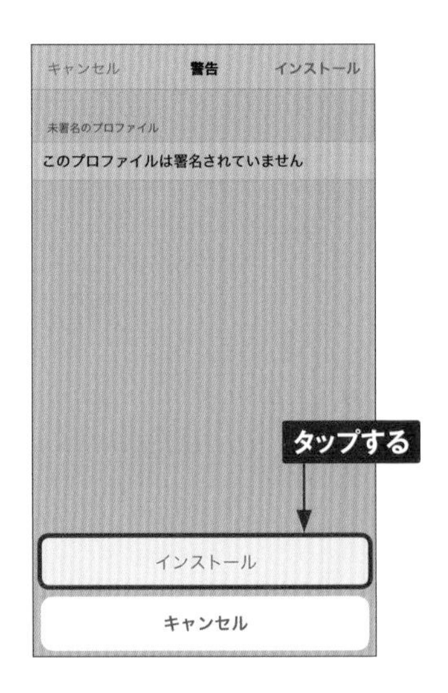

16 ＜完了＞をタップすると設定が完了します。

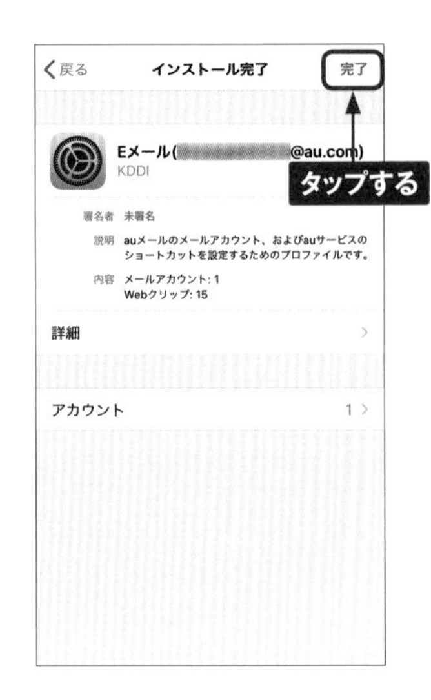

3

メールアドレスを変更する

① P.68手順⑥の画面で上方向にスワイプし、＜メール関連のその他の設定はこちら＞をタップします。

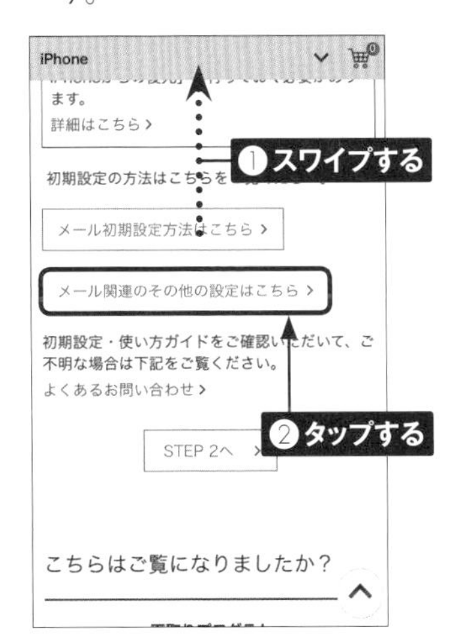

② ＜メール設定画面へ＞をタップします。au IDのログイン画面が表示された場合は、ログインしてください。

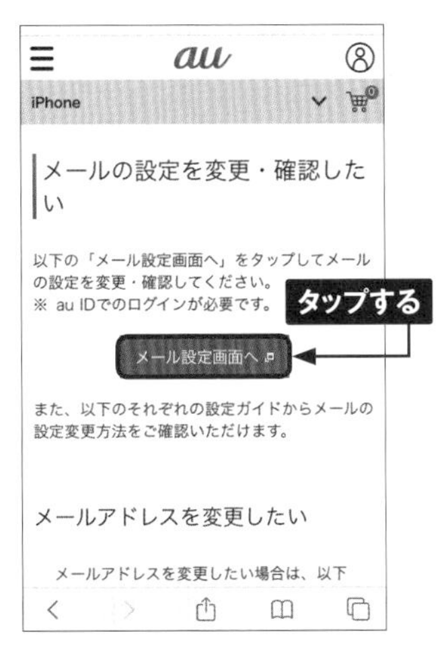

③ ＜メールアドレス変更・迷惑メールフィルター・自動転送＞をタップします。

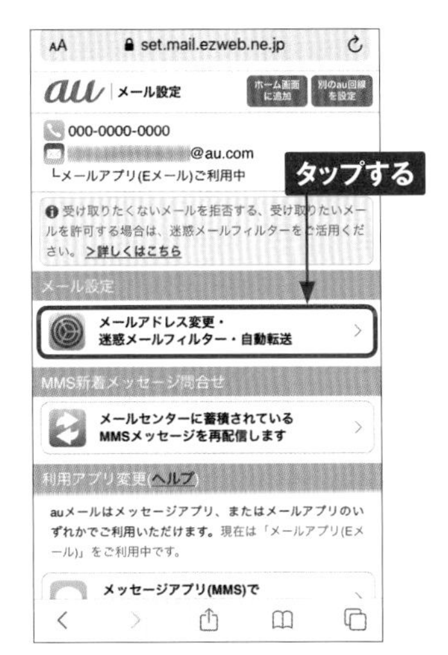

④ ＜メールアドレスの変更へ＞をタップします。

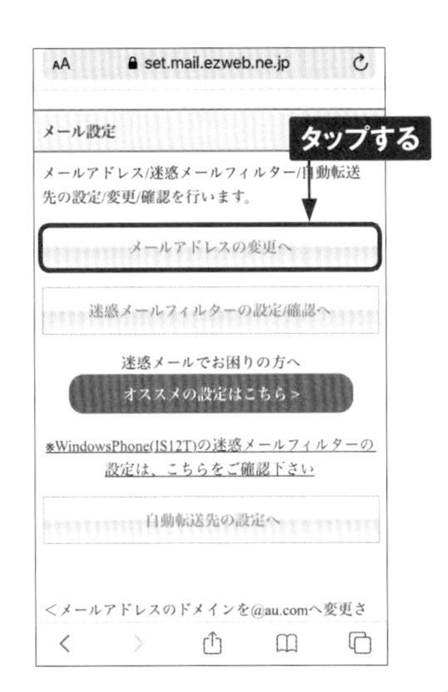

3

5 契約時に設定した4桁の暗証番号を入力し、<送信>をタップします。

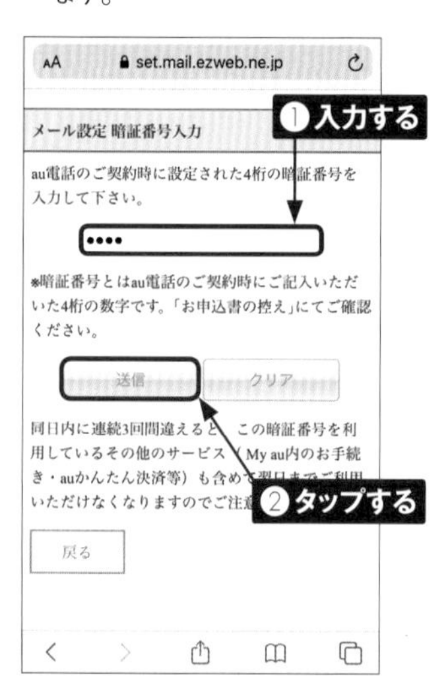

6 <承諾する>をタップします。

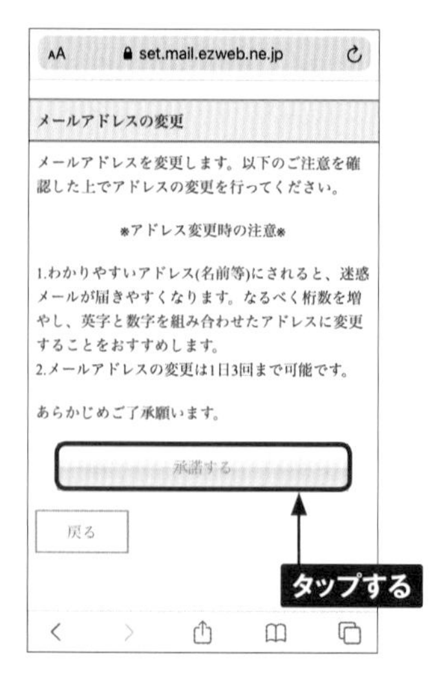

7 希望するメールアドレスの「@au.com」以前の部分を半角英数字30文字以内で入力します。入力が完了したら<送信>をタップします。

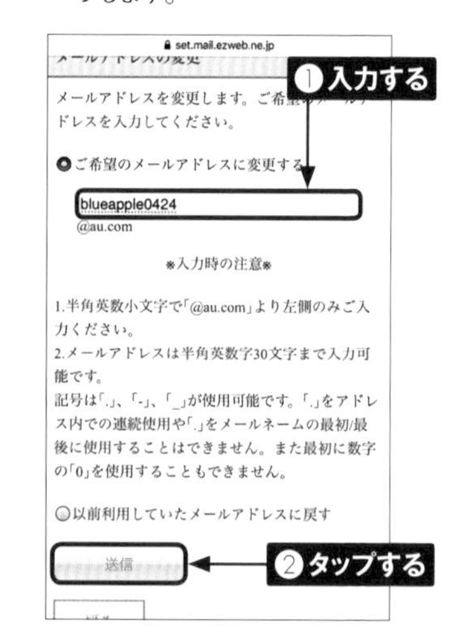

8 入力したメールアドレスを確認し、<OK>をタップします。

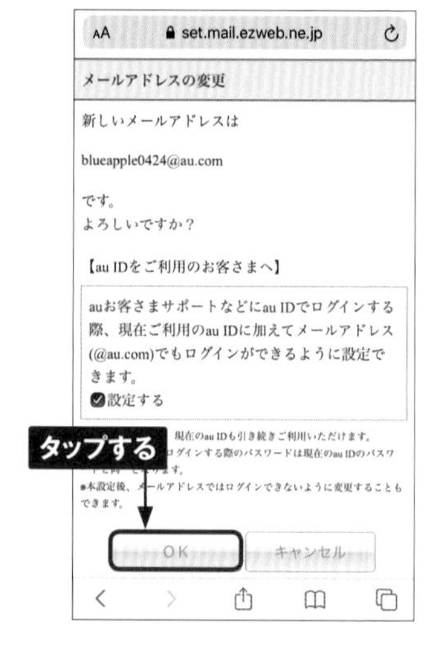

9 メールアドレスの変更が完了し、変更後のメールアドレスを記載したSMSが届きます。ホームボタンを押してホーム画面に戻ります。

10 ホーム画面で をタップします。設定が必要な旨が表示されたら、<キャンセル>をタップします。受信したメッセージを表示し、本文中のURLをタップします。

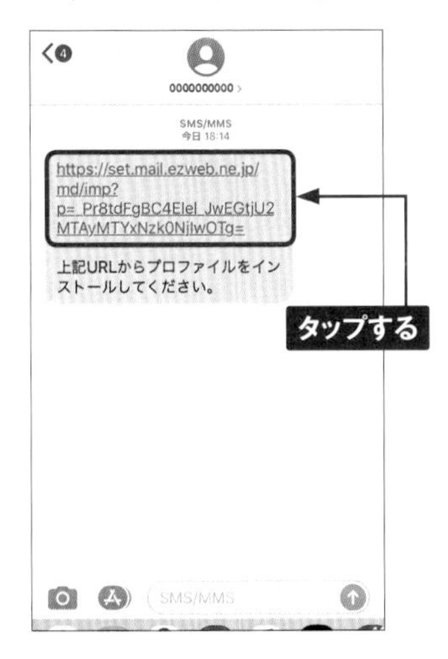

11 <許可>をタップします。

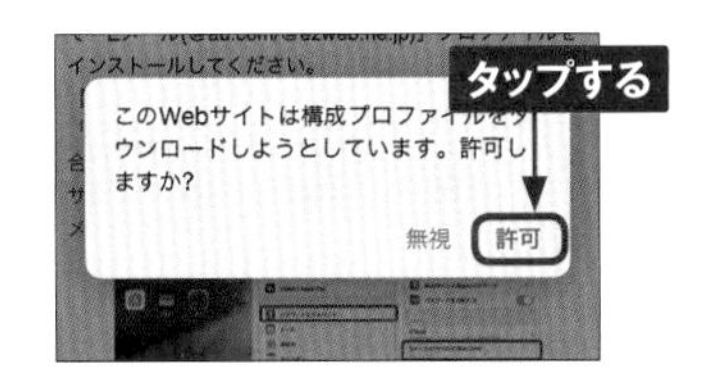

12 <閉じる>をタップし、P.69手順⑪以降を参考に「Eメール」プロファイルをインストールします。

<メッセージ>アプリでメールを受信する

<メッセージ>アプリでauメール宛のメールを受信するには、P.71手順③の画面で<メッセージアプリ(MMS)でauメールを利用する>をタップし、次の画面で<メッセージアプリ(MMS)利用設定>をタップして設定します。

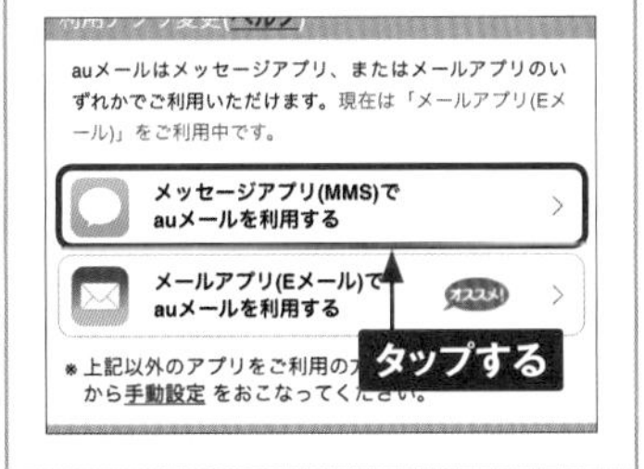

Section 22

Wi-Fiを利用する

Wi-Fi（無線LAN）を利用してインターネットに接続しましょう。ほとんどのWi-Fiにはパスワードが設定されているので、Wi-Fi接続前に必要な情報を用意しておきましょう。

Wi-Fiに接続する

1 ホーム画面で＜設定＞→＜Wi-Fi＞の順にタップします。

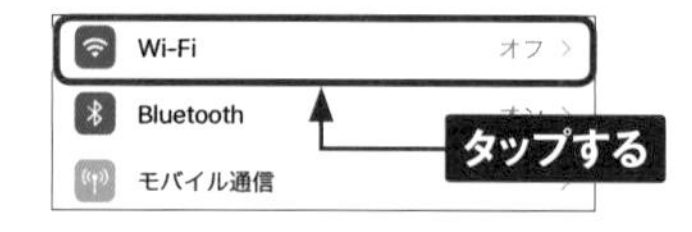

2 「Wi-Fi」をオンにし、利用するネットワークをタップします。

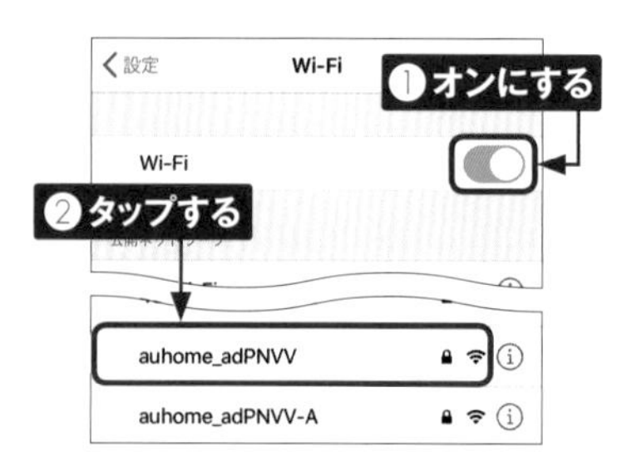

3 接続に必要なパスワードを入力し、＜接続＞をタップします。

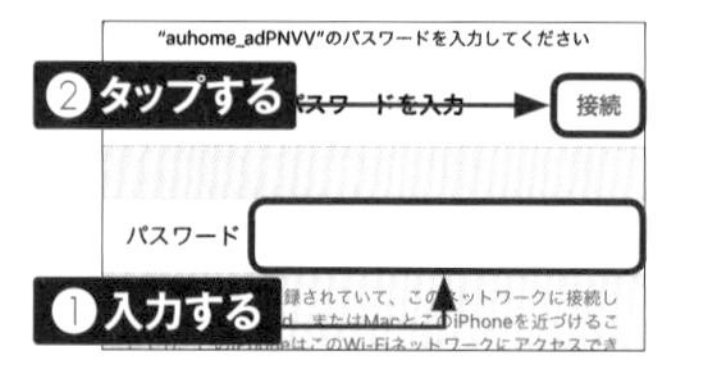

4 接続に成功すると右上に📶が表示され、接続したネットワーク名に✓が表示されます。

MEMO au Wi-Fi SPOTに接続する

au Wi-Fi SPOTのサービスエリアでは、手順②の「Wi-Fi」が ◯ であれば、auが提供する公衆Wi-Fiサービスに自動的に接続できます。詳細は「https://www.au.com/mobile/service/wifi/wifi-spot/」を参考にしてください。

手動でWi-Fiを設定する

1 P.74手順②で一覧に接続するネットワーク名が表示されないときは、<その他>をタップします。

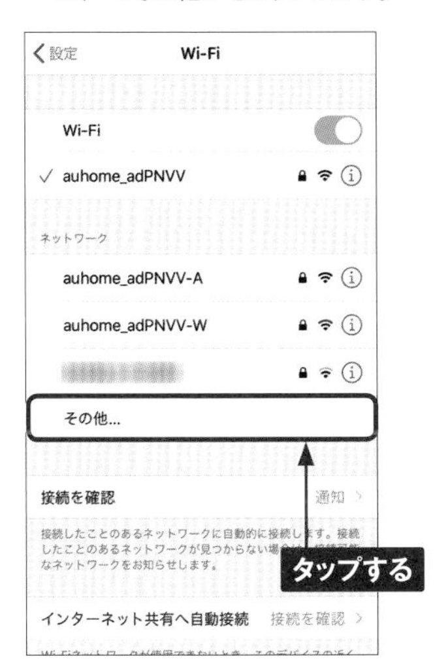

2 ネットワーク名（SSID）を入力し、<セキュリティ>をタップします。

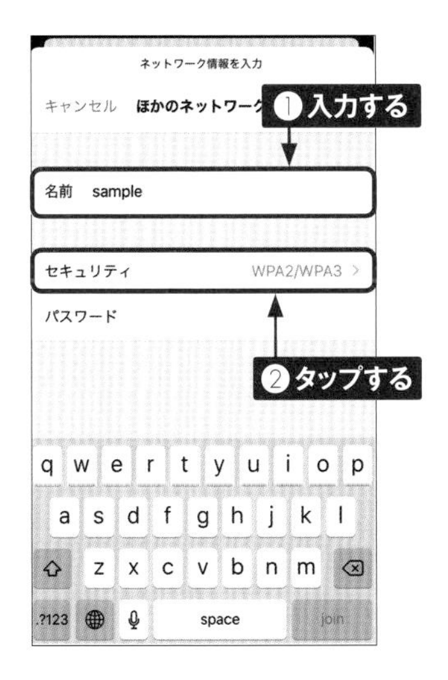

3 設定されているセキュリティの種類をタップして、<戻る>をタップします。

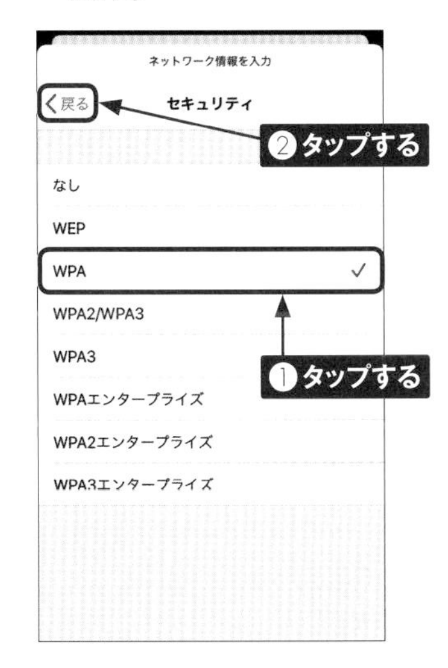

4 パスワードを入力し、<接続>をタップすると、Wi-Fiに接続されます。

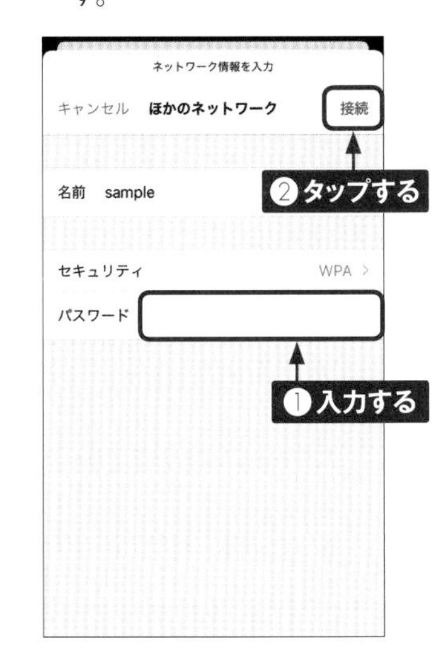

アプリの位置情報

iPhoneでは、GPSやWi-Fiスポット、携帯電話の基地局などを利用して現在地の位置情報を取得することができます。その位置情報をアプリ内で利用するには、アプリごとに許可が必要です。iPhoneのロック解除時や、アプリの起動時や使用中に位置情報の利用を許可するかどうかの画面が表示された場合、＜Appの使用中は許可＞または＜1度だけ許可＞をタップすることで、そのアプリ内での位置情報の利用が可能となります。
位置情報を利用することで、Twitterで自分の現在地を知らせたり、Facebookで現在地のスポットを表示したりと、便利に活用することができますが、うっかり自宅の位置を送信してしまったり、知られたくない相手に自分の居場所が知られてしまったりすることもあります。注意して利用しましょう。
なお、アプリの位置情報の利用許可はあとから変更することもできます。ホーム画面から＜設定＞→＜プライバシー＞→＜位置情報サービス＞の順にタップするとアプリごとに設定を変更できるので、一度設定を見直しておくとよいでしょう。

アプリ内で位置情報を求められた例です。＜Appの使用中は許可＞または＜1度だけ許可＞をタップすると、アプリ内で位置情報が利用できるようになります。

＜Twitter＞アプリの位置情報を許可した場合、新規ツイートを投稿する際に、位置情報がタグ付けできるようになります。

ホーム画面から＜設定＞→＜プライバシー＞→＜位置情報サービス＞の順にタップして、変更したいアプリをタップし、＜なし＞をタップすると、位置情報の利用をオフにできます。

Chapter 4

メール機能を利用する

Section 23

iPhoneで利用できるメールの種類

iPhoneは、キャリアメール（au.com）や、携帯電話番号などで送受信するSMS ／ MMSが利用できます。また、パソコンのメールやGmailなども使えます。

iPhoneで使える5種類のメール

SMS ／ MMS

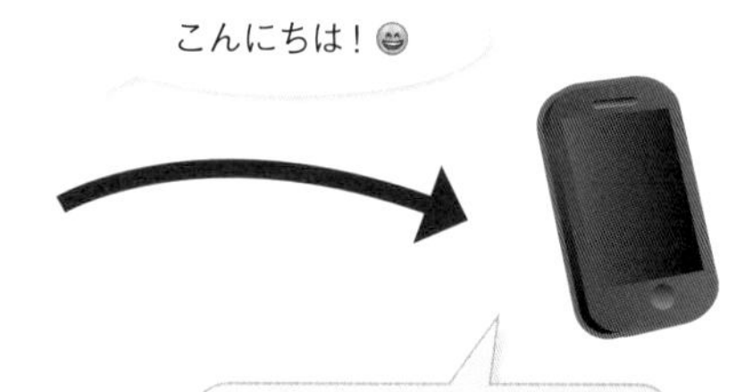

電話番号と「@au.com」のメールアドレスが利用できるメールです。他社携帯と送受信できるほか、絵文字も利用可能です。

From: 08000000000
sample@au.com

to: 09000000000
xxx@xxx.xxx

iMessage

こんにちは～

Apple IDとして設定したメールアドレスや電話番号にメールを送信できます。Apple製品同士でのみ送受信可能です。

From: Apple ID

to: Apple ID

キャリアメール（Eメール）

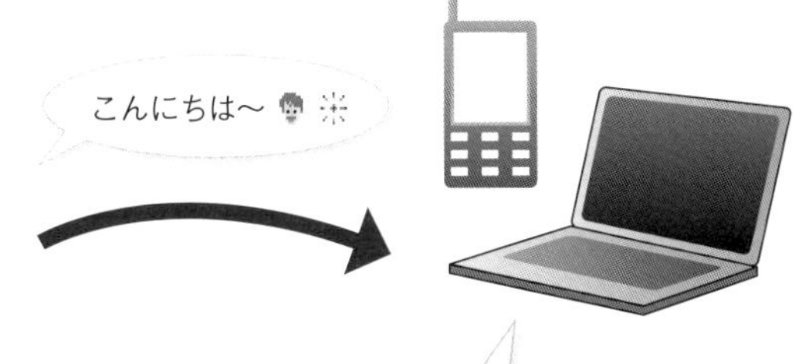

「@au.com」のメールアドレスが利用できるメールです。写真を送ることもできます。2 つのアプリのどちらかを使って送受信します（Sec.21 参照）。

From: sample@au.com
to: xxxx@xxx.xxx

PCメール

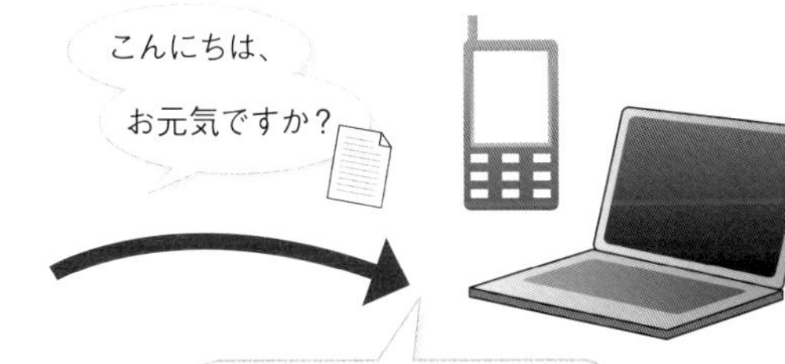

パソコンで使用しているメールです。複数のメールアカウントの登録も可能です。

From: sample@linkup.jp
to: xxxx@xxx.xxx

Webメール

iCloud メールや Gmail といった Apple や Google などが提供する、Web メールサービスです。

From: sample@gmail.com
to: xxxx@xxx.xxx

Section 24

メッセージを利用する

<メッセージ>アプリでは、SMS / MMS、iMessageというメールを使えます（キャリアメールをMMSとして使うにはP.73MEMOの設定が必要）。ここでは、メールアドレスの設定を行います。

メッセージの種類

SMS（Short Message Service）は、電話番号宛にメッセージ送受信できるサービスです。1回の送信には別途通信料がかかります。またMMS（Multimedia Messaging Service）はSMSの拡張版で、電話番号だけでなく、メールアドレス宛にメッセージを送信できます。最大3MBまで送信できるので、写真や動画を添付して送信することも可能です。
iMessageは、iPhoneの電話番号や、Apple IDとして設定したメールアドレス宛にメッセージを送受信できます。一見SMS / MMSと似ていますが、iMessageはiPhoneやiPad、iPod touchなどのApple製品との間でテキストのほか写真や動画などもやり取りすることができます。また、パケット料金は発生しますが（定額コースは無料）、それ以外の料金はかかりません。Wi-Fi経由でも利用できます。
<メッセージ>アプリは、両者を切り替えて使う必要はなく、連絡先に登録した内容によって、自動的にSMS / MMSとiMessageを使い分けてくれます。

4

●SMS / MMS

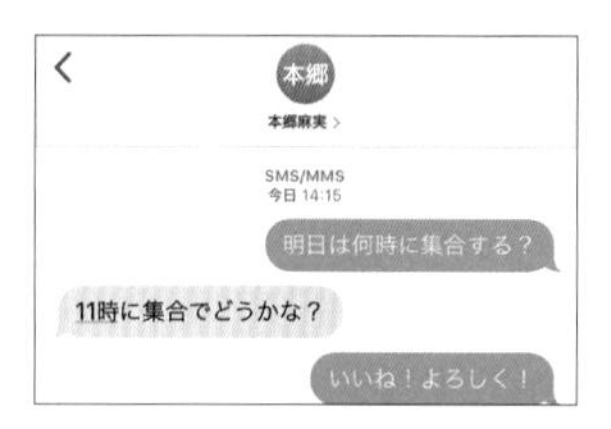

「宛先」に電話番号を入力するとSMSに、メールアドレスを入力するとMMSになります。両者とも絵文字が使え、ドコモやソフトバンクといった他キャリアの携帯電話とも送受信ができます。なおSMSの利用には別途料金がかかりますが、MMSの送信料はパケット定額に含まれています。

●iMessage

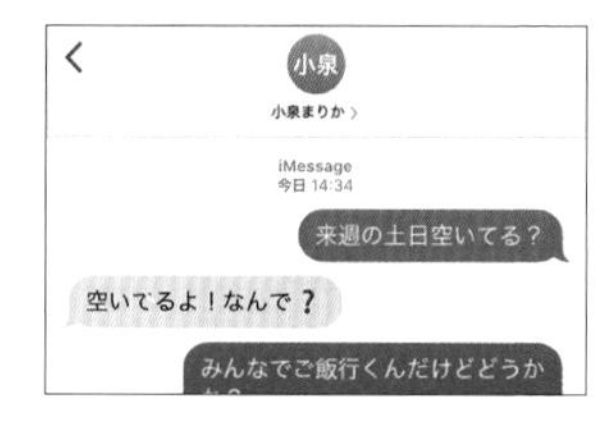

iMessageではiPhoneの電話番号もしくはApple IDとして設定したアドレスを使って連絡を取り合います。SMSなどと区別がつくよう画面上部には「iMessage」の文字が表示され、吹き出しも青く表示されます。また、写真や動画、音声なども送信することが可能です。

「SMS ／ MMS」と「iMessage」の使い分け

iPhoneの＜メッセージ＞アプリでは、宛先に入力した電話番号やメールアドレスを自動判別して、「SMS ／ MMS」と「iMessage」を使い分けています。
＜メッセージ＞アプリの新規作成画面で宛先に電話番号を入力すると、相手がiMessageを利用可能にしている場合（P.87参照）は、自動的にiMessageの入力画面になります。それ以外ではSMS ／ MMSの入力画面になり、テキストだけならSMSが、写真やビデオを添付するとMMSが送信されます。なお、電話番号宛にMMSを送信できるのは、相手がauのiPhoneのときだけです。
一方、宛先にメールアドレスを入力した場合は、アドレスがiMessageの着信用メールアドレス（P.86参照）なら、iMessageの入力画面になります。それ以外ではMMSの入力画面になります（P.73MEMOの設定をした場合）。

●送信されるメッセージの種類と適用条件（上から優先的に適用される）

メッセージの種類	宛先	相手の端末	相手のiMessage
iMessage	電話番号	iPhone	有効
	メールアドレス（iMessage着信用）	iPhone ／ iPad ／ iPod touch Mac（OS X Mountain Lion以降）	有効
SMS	電話番号 ※1	すべての携帯電話	ー
MMS ※2	電話番号 ※3	auのiPhone ※4	無効
	メールアドレス	携帯電話、パソコンなどメールを受信できる端末	ー

※1　全角70文字以内のテキストだけのメッセージの場合、SMSになる
※2　MMSを利用するには、P.73MEMOを参考に設定を行う必要がある
※3　全角670文字（他キャリア宛では70文字）より多いテキストメッセージや、写真・動画を添付したメッセージの場合、MMSになる
※4　auのiPhone以外に送信すると、送信に失敗する

「SMS ／ MMS」と「iMessage」のそのほかの違い

＜メッセージ＞アプリで利用できる、「SMS」、「MMS」、「iMessage」は、上記で解説した以外にもさまざまな違いがあります。たとえば、料金面ではSMSだと送信料がパケット定額の適用外ですが、同じキャリア同士だと無料になります。MMSになると、パケット定額が適用され、料金はメッセージのデータ量によって変わります。一方で、iMessageはWi-Fi環境があれば無料で利用することができ、Wi-Fi環境でない場合は通信料がかかります。料金のほかにも、メッセージ開封を確認する機能や、メッセージの同期設定などにそれぞれ違いがあるので、利用する際は確認しておくとよいでしょう。

MMSのメールアドレスを設定する

① ホーム画面で<設定>をタップします。

② <メッセージ>をタップします。

③ 「MMSメールアドレス」にP.71～73で設定したメールアドレスを入力します。

④ 入力が終わったら左上の<設定>をタップします。

MEMO キャリアメールとMMS

新規契約した際のキャリアメールのアドレスは、ランダムな文字列が設定されている場合があります。その場合は、P.71～73を参考に、MMSで利用するアドレスを変更しましょう。また、キャリアメールをMMSとして利用するには、P.73MEMOの設定を行う必要があります。

SMS / MMSのメッセージを送信する

① ホーム画面で をタップします。

② <メッセージ>アプリが起動するので、 をタップします。

③ 宛先に送信先の携帯電話番号を入力し、本文入力フィールドに本文を入力します。最後に をタップすると、SMSのメッセージが送信されます。

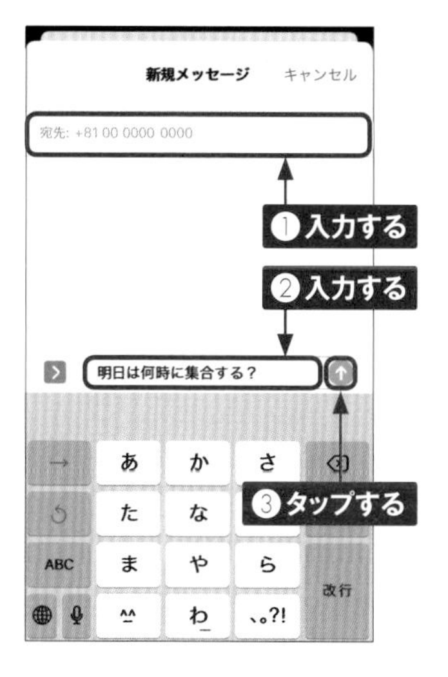

④ 画面左上の＜をタップします。

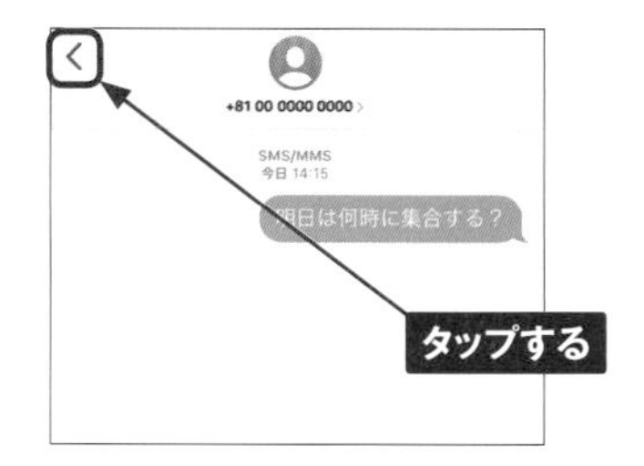

⑤ やり取りがメッセージや電話番号ごとに分かれて表示されています。

MEMO SMSとiMessageの見分け方

相手がApple製品以外の場合は、手順③の入力フィールドに「SMS/MMS」と表示されますが、Apple製品の場合は、「iMessage」と表示されます。

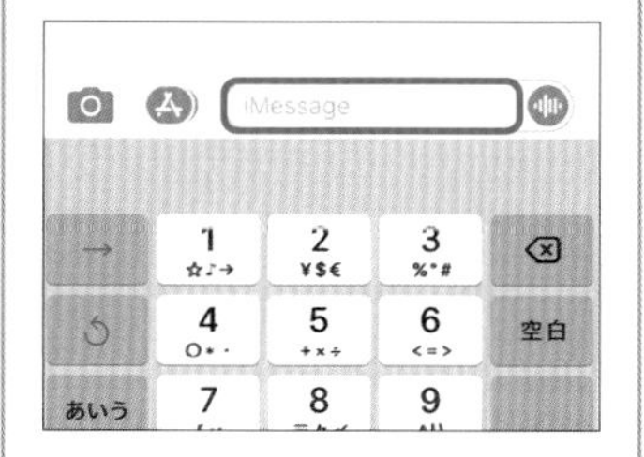

4

SMS／MMSのメッセージを受信する

1 画面にSMSの通知のバナーが表示されたら（通知設定による）、バナーをタップします。

2 SMSのメッセージが表示されます。

3 本文入力フィールドに返信内容を入力して、をタップすると、すぐに返信できます。

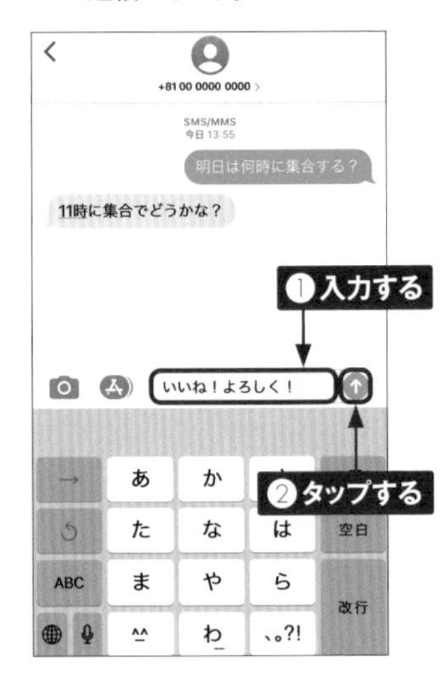

MEMO 画面ロック中に受信したとき

iPhoneがスリープ中にSMSのメッセージを受信すると、ロック画面に通知が表示されます。通知をタップし、<開く>をタップすると、ロック画面からSMSメッセージの表示や返信ができます。

iMessageを設定する

1 ホーム画面で＜設定＞をタップします。

2 ＜設定＞アプリが起動するので、＜メッセージ＞をタップします。

3 「iMessage」がであることを確認したら、＜送受信＞をタップします。

4 ＜iMessageにApple IDを使用＞をタップします。

⑤ ＜サインイン＞をタップします。

⑥ iMessage着信用の連絡先情報欄で、利用したい電話番号やメールアドレスをタップしてチェックを付けます。

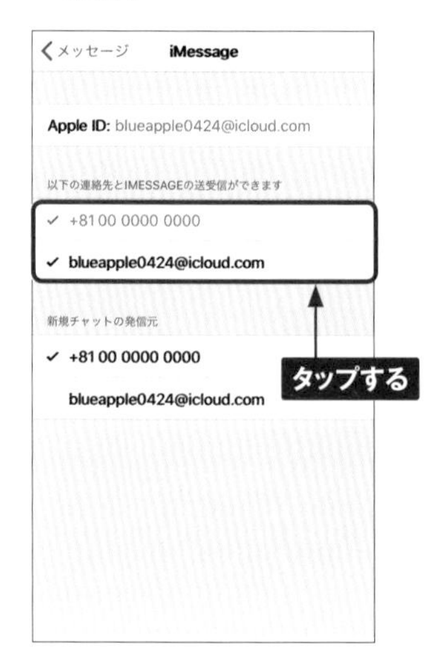

⑦ 「新規チャットの発信元」内の連絡先（電話番号かメールアドレス）をタップしてチェックを付けると、その連絡先がiMessageの発信元になります。

MEMO 別のメールアドレスを追加する

iMessageの着信用連絡先に別のメールアドレスを追加したい場合は、P.85手順②の画面で上部の＜自分の名前＞→＜名前、電話番号、メール＞→＜編集＞→＜メールまたは電話番号を追加＞→＜メールアドレスを追加＞の順にタップします。追加したいメールアドレスを入力し、キーボードの＜return＞をタップすれば、メールアドレスが追加されます。

iMessageを利用する

① ホーム画面で をタップし、 をタップします。

② 宛先に相手のiMessage受信用の電話番号やメールアドレスを入力し、本文入力フィールドをタップします。このときiMessageのやり取りが可能な相手の場合、本文入力フィールドに「iMessage」と表示されます。

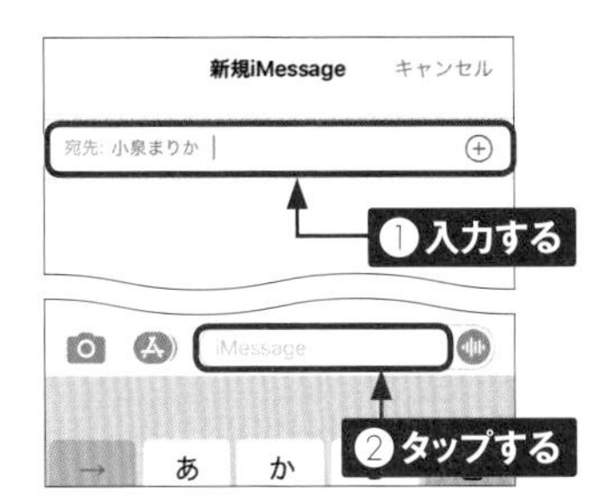

③ 本文を入力し、 をタップします。

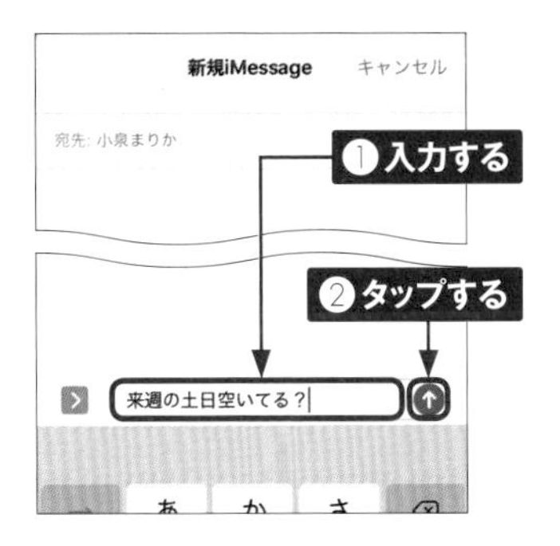

④ iMessageで送信されると、吹き出しが青く表示されます。また、相手がメッセージの入力をしていると、 が表示されます。

⑤ 相手からの返信があると、同様に吹き出しで表示されます。

4

メッセージを削除する

① P.83手順①を参考に<メッセージ>アプリを起動し、メッセージ一覧から、削除したい会話をタップします。

② メッセージをタッチして、<その他...>をタップします。

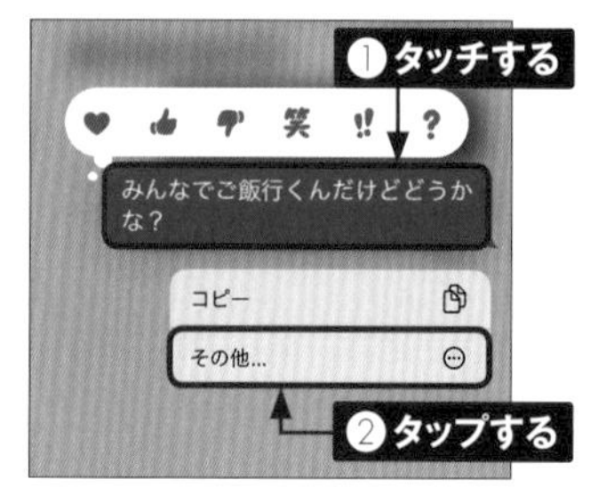

③ 削除したいメッセージの○をタップして✓にし、🗑をタップします。

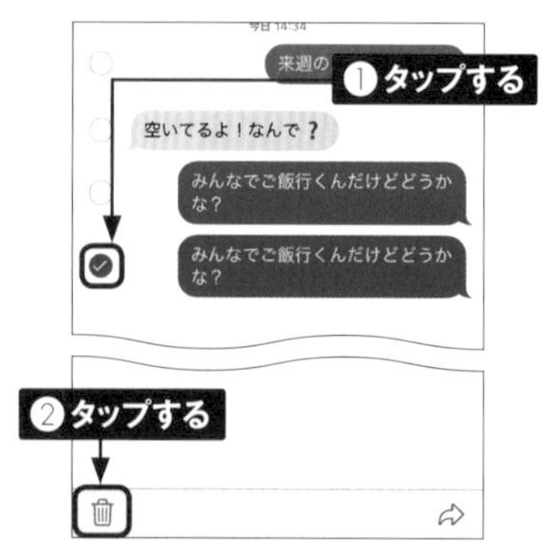

④ <メッセージを削除>をタップします。

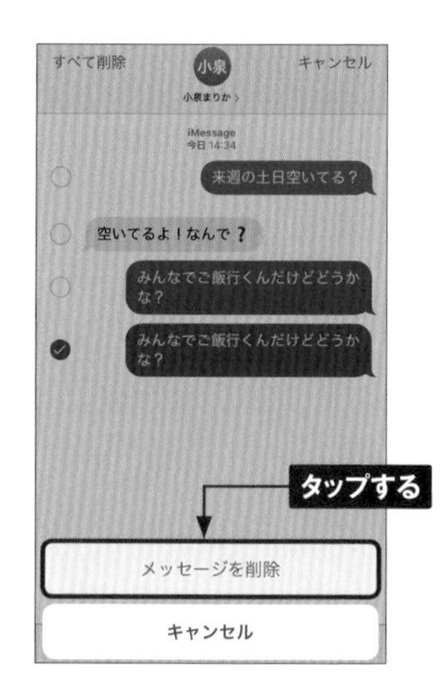

⑤ メッセージが削除されました。なお、この操作は自分のメッセージウィンドウから削除するだけで、相手には影響がありません。

メッセージを転送する

① P.88手順①を参考に転送したいメッセージがある会話をタップし、メッセージ画面を表示します。

② 転送したいメッセージをタッチして、<その他...>をタップします。

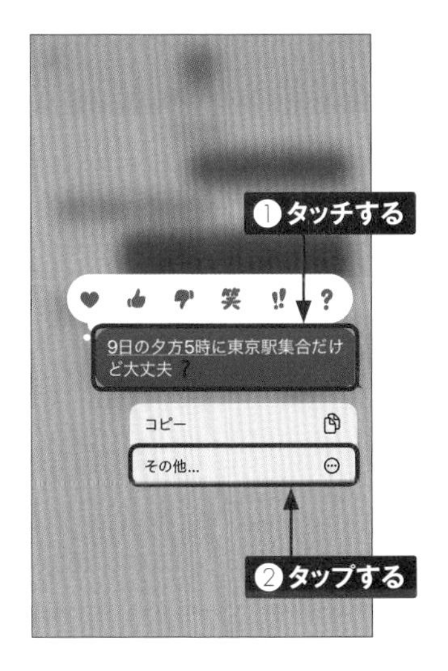

③ 転送したいメッセージの○をタップして✔にし、⇨をタップします。

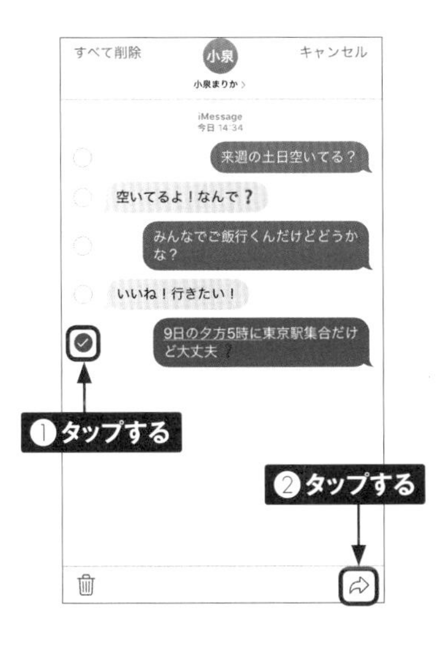

④ 宛先に転送先の電話番号やメールアドレスを入力します。さらに追加したいメッセージがあれば、本文入力フィールドに入力することもできます。最後に⬆をタップすると、転送されます。

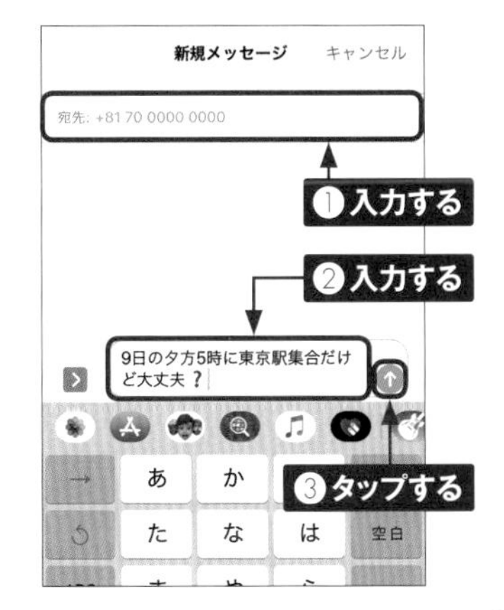

受信したメッセージから連絡先を新規作成する

1 メッセージ一覧から、連絡先に登録したいやり取りをタップします。

2 をタップして、<情報>をタップします。

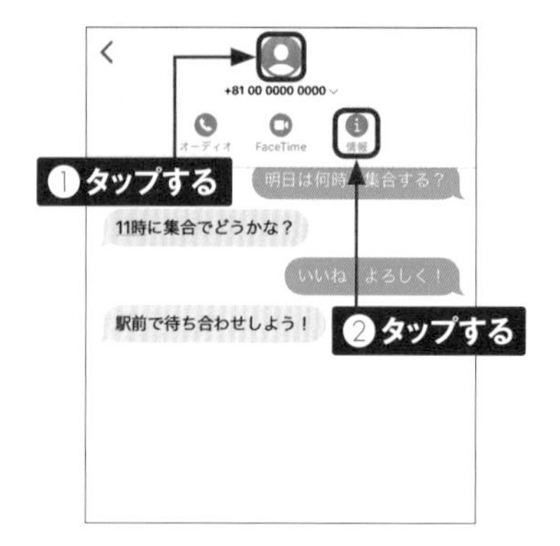

3 メニューが表示されるので、>をタップします。

4 <新規連絡先を作成>をタップします。

5 電話番号かメールアドレスがあらかじめ入力された状態で「新規連絡先」画面が表示されます。連絡先情報を入力し、<完了>をタップすると登録完了です。

メッセージを検索する

1 P.83手順①を参考に<メッセージ>アプリを起動し、画面を下方向にスワイプして、検索フィールドをタップします。

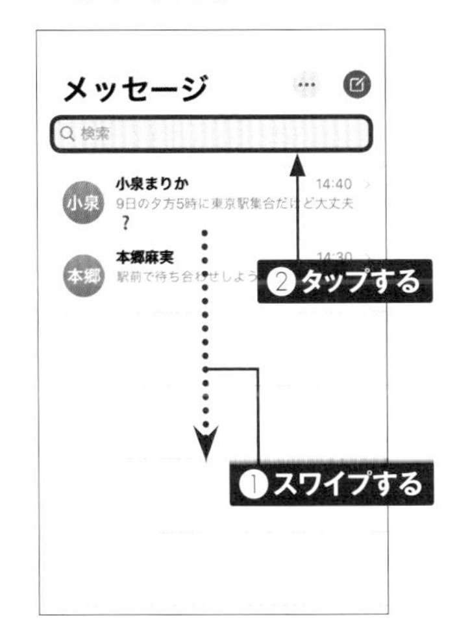

2 検索したい文字を入力して、<検索>をタップし、検索結果をタップします。

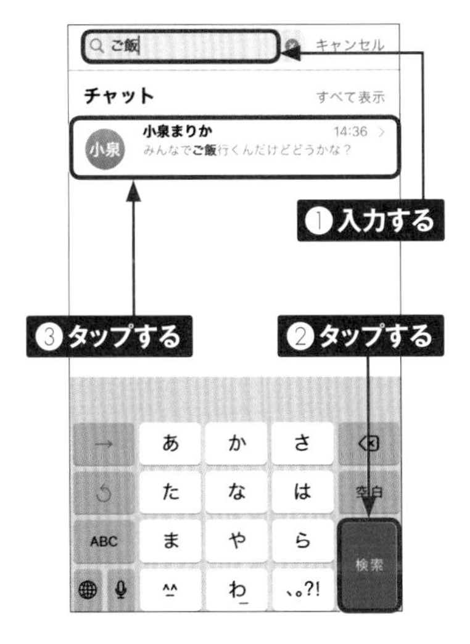

3 検索した文字を含むメッセージが表示されます。

MEMO

メッセージから予定を作成する

メッセージの中に時間や月日に関する言葉があるとき、下線が引かれることがあります。下線の引かれた言葉をタッチし、<イベントを作成>をタップすると、カレンダーに予定を追加することができます。

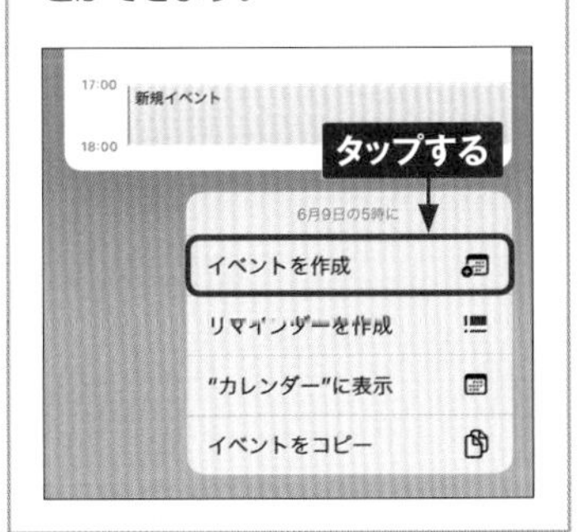

4

Section 25

iMessageの便利な機能を使う

<メッセージ>アプリでは、音声や位置情報をスムーズに送信できる便利な機能が利用できます。なお、それらの機能を利用できるのは、iMessageが利用可能な相手のみとなります。

音声をメッセージで送信する

1 <メッセージ>アプリでiMessageを利用中に、をタッチします。

2 音声の録音が開始されます。画面をタッチしている間、録音されます。録音が完了したら指を離します。

3 音声をそのまま送信する場合は、をタップします。をタップすると、録音したメッセージが再生されます。をタップすると、キャンセルできます。

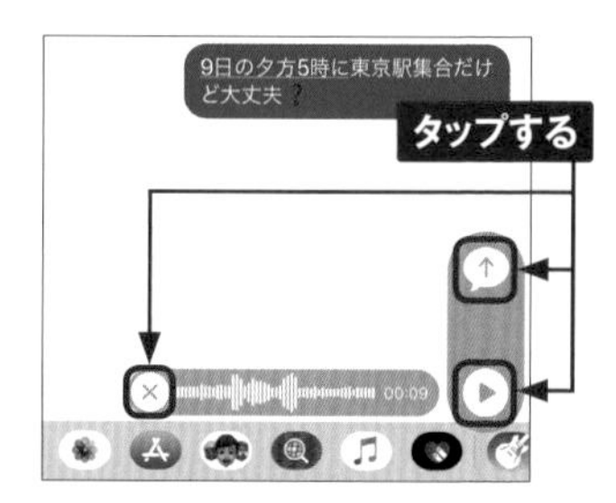

4 音声が送信されます。

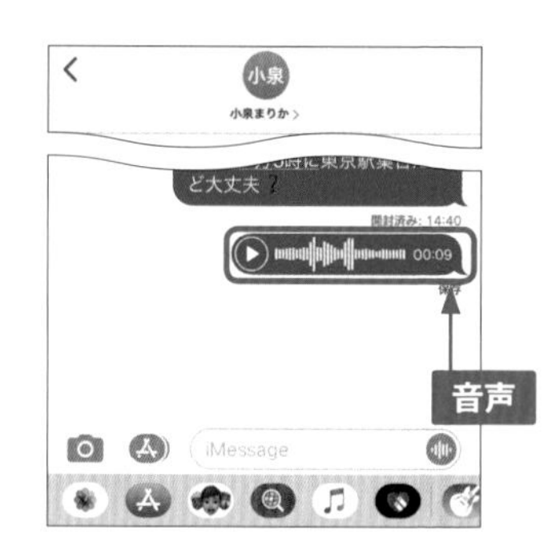

位置情報をメッセージで送信する

① <メッセージ>アプリでiMessageを利用中に、相手の名前をタップし、<情報>をタップします。

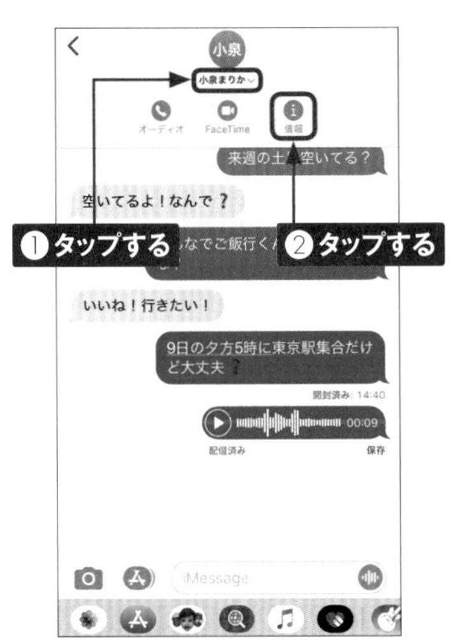

② <現在地を送信>をタップします。位置情報に関する項目が表示されたら<Appの使用中は許可>をタップして、<メッセージ>アプリの使用許可をします。

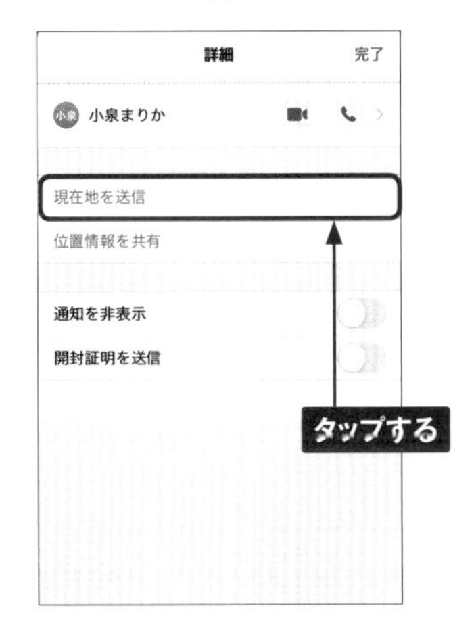

③ 位置情報が送信されます。タップすると、「現在地」画面が表示され、そこで地図をタップすると、全画面で地図が表示され、より詳細に周辺の地図を確認することができます。

<メッセージ>アプリで使える機能

P.92手順①の画面で、画面下部の をタップすると、メッセージ内で使えるステッカーを探すことができます。 をタップすると、スケッチやタップ、ハートビートなどを送信できます。 をタップすると、GIF画像が表示され、メッセージに追加して送信できます。 をタップすると、<ミュージック>アプリ内の曲を共有できます。なお、 をタップすると、項目の並び替えや削除ができます。

4

送信メッセージに視覚効果を加える

① P.87を参考にiMessageで送信するメッセージを作成します。入力が終わったら、⬆をタッチします。

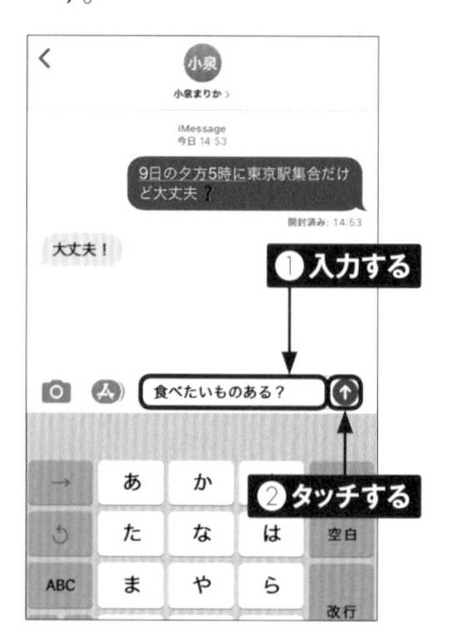

② 「エフェクトをつけて送信」が表示され、4種類のエフェクトが選べるようになります。

③ 各エフェクトをタップすると、どんな視覚効果が発生するかを確認することができます。ここでは、「ラウド」をタップして選択し、⬆をタップします。

④ 手順③で確認したエフェクトとともに相手にメッセージが送られます。

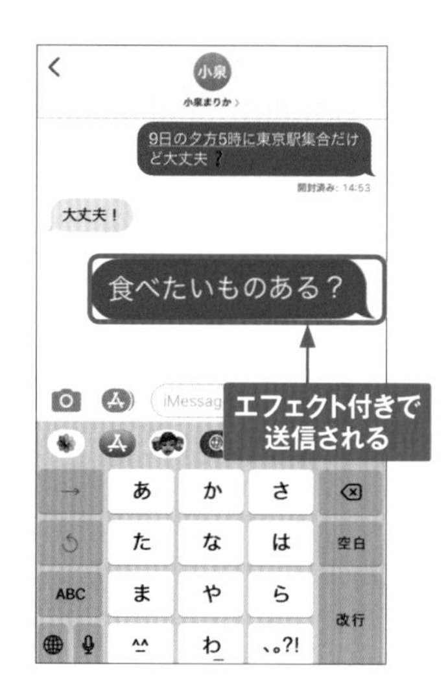

相手のメッセージにリアクションを送る

① iMessageの受信画面を表示して、相手からのメッセージをダブルタップします。

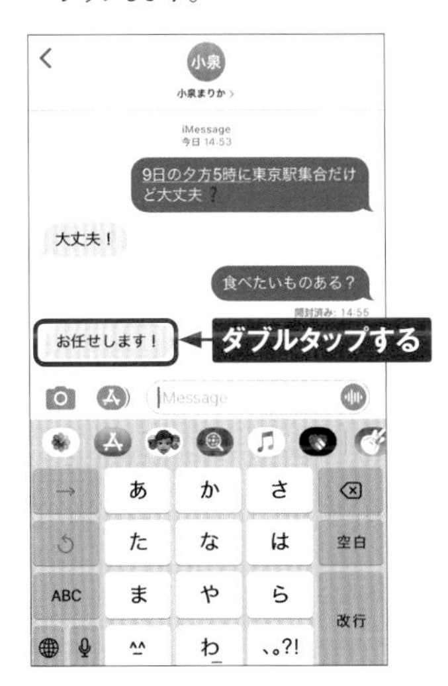

② 上部にTapbackが現れます。ここでは👍をタップします。

③ 選択したTapbackのアイコンが表示されます。再度同じメッセージをダブルタップすると、選択したTapbackのキャンセルや変更を行うこともできます。

④ 受信した相手側でも、同じようにリアクションのアイコンが表示されます。

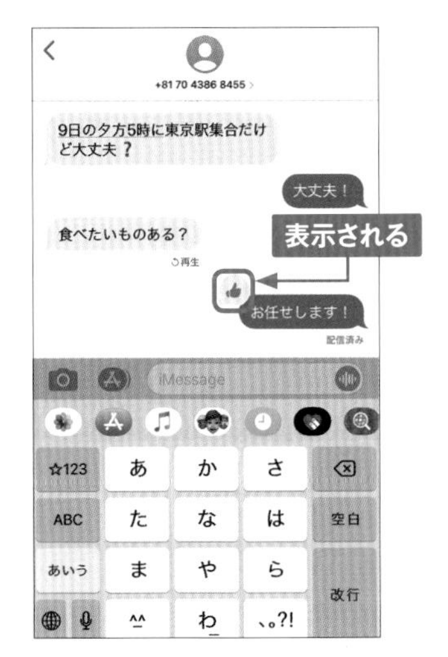

手書き文字を送る

1 iPhoneを横向きにし、iMessageの本文入力フィールドをタップし、〔手書き〕をタップします。

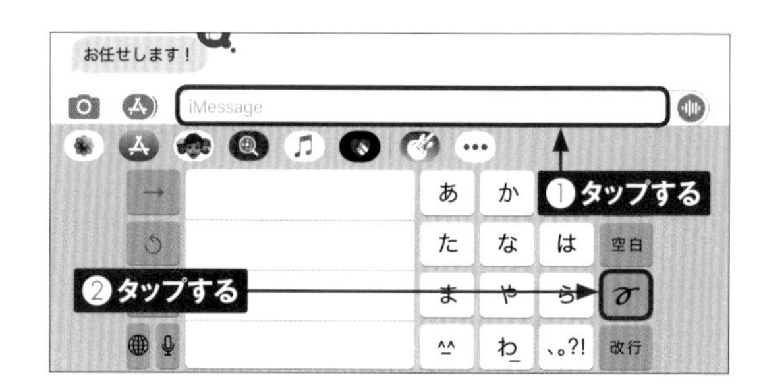

2 手書き文字の入力画面になります。画面をなぞって文字を手書き、またはあらかじめ用意された手書き文字をタップして、＜完了＞をタップします。

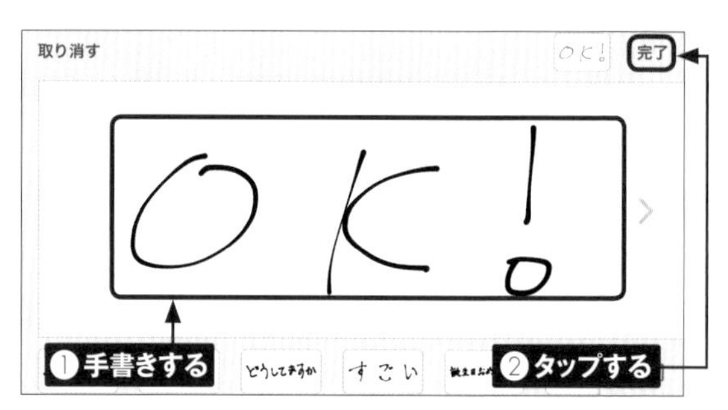

3 必要であれば、＜コメントを追加/送信＞をタップして、文字を入力します。入力後、〔送信〕をタップして送信します。

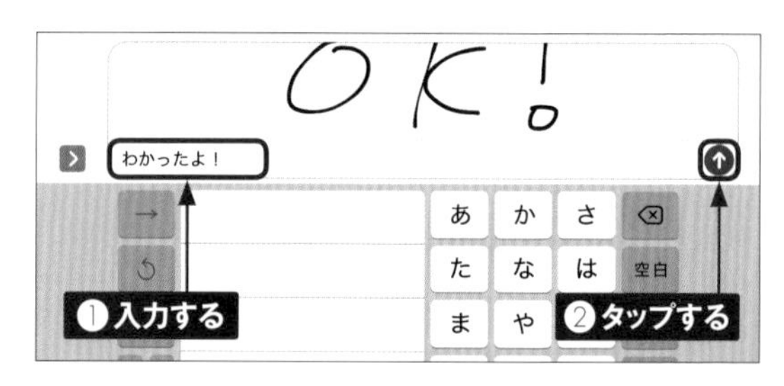

MEMO 絵文字サジェストを利用する

メッセージを入力したあとに〔地球儀〕をタップして、絵文字を表示すると、入力したメッセージの中の、絵文字に変換できる文字の色が変わります。文字をタップすると、候補の絵文字が表示され、任意の絵文字をタップすると文字が絵文字に変換されます。

送信メッセージにスクリーン効果を加える

① P.87を参考にiMessageでメッセージを作成し、⬆をタッチします。

② 画面上部の「エフェクトをつけて送信」の<スクリーン>をタップします。画面を左右にスワイプすると、スクリーン効果を選択できます。

③ 送信するスクリーン効果（ここでは「花火」）を選択し、⬆をタップします。

④ 手順③で選択した「花火」のエフェクトが付いた状態でメッセージが送信されました。

4

写真や動画をメッセージに添付する

① P.87を参考にiMessageを作成します。作成が終わったら、[>]→[A]→[写真]の順にタップします。

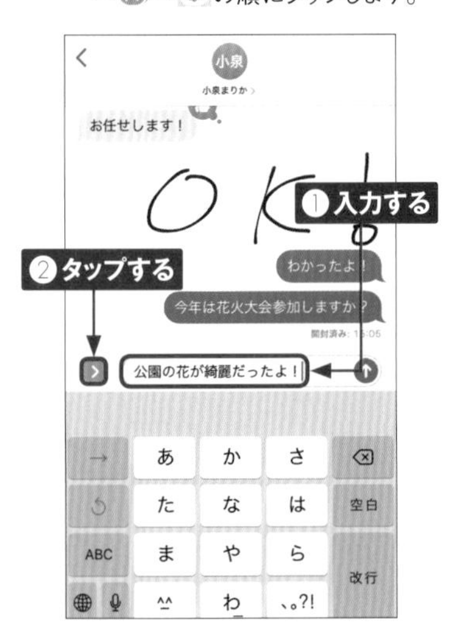

② 添付する写真や動画をスワイプして選択し、タップします。添付が完了すると、メッセージ欄にプレビューが表示されます。[↑]をタップして、メッセージを送信します。

③ 送信が完了すると、メッセージの下に「配信済み」と表示されます。

MEMO **添付写真を加工する**

添付する写真は送信前に加工することができます。手順②で添付したい写真をタッチして、画面下に表示される<マークアップ>もしくは<編集>をタップすると、写真に文字を挿入したり、フィルタをかけて色味を変えたりすることができます。

4

写真を撮影して送信する

① iMessageの作成画面で📷をタップすると、カメラが起動します。

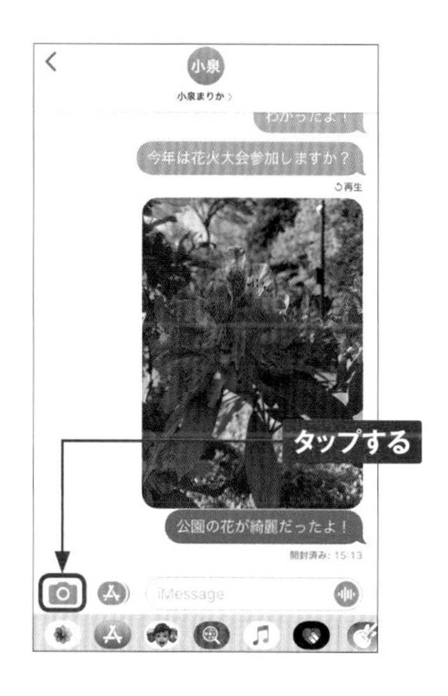

② 撮りたいものにフレームを合わせて◯をタップします。

③ <完了>をタップすると、メッセージを付けて送ることができます。なお、⬆をタップすると、画像のみ送信されます。

MEMO 送信時にLive Photosをオフにする

手順③の画面で（Sec.44参照）をタップすると、Live Photosをオフにして写真を送信できます。

ミー文字を送信する

① 「メッセージ」アプリでiMessageを利用中に、をタップします。

② ＋をタップします。

③ 「ミー文字」画面が表示されるので、＜はじめよう＞をタップします。

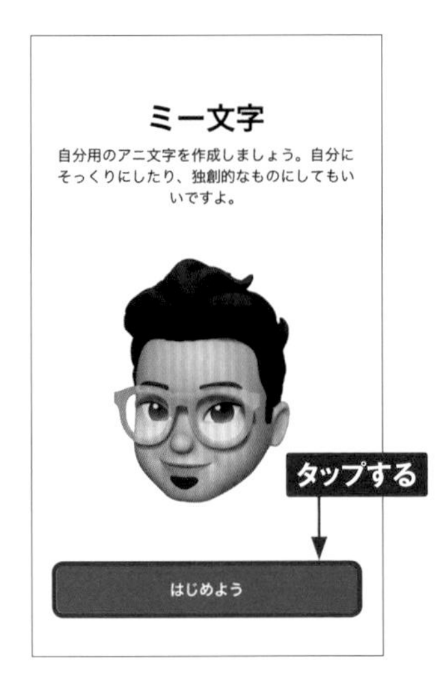

④ 画面上部のプレビューを確認しながら、肌やヘアスタイルなどの色や種類を選択します。左方向にスワイプすると、それぞれ変更が可能です。

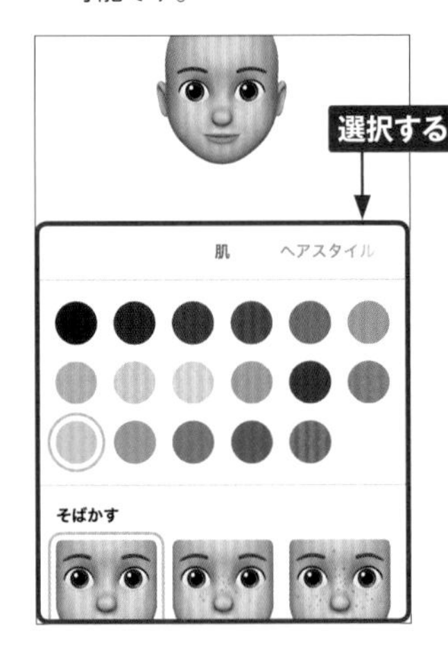

4

5 作成が終わったら、<完了>をタップします。

6 ミー文字が作成されます。送信したいミー文字のスタンプをタップして選択します。

7 本文を入力し、⬆をタップします。

8 ミー文字のスタンプが送信されます。

MEMO アニ文字は使えない

iPhone SEでは、iPhone X以降に搭載されているアニ文字は使うことができません。

4

Section 26

メールを利用する

iPhoneでは、キャリアメール（@au.com）を＜メール＞アプリで使用することができます。初期設定では自動受信になっており、携帯メールと同じ感覚で利用できます。

メールアプリで受信できるメールと「メールボックス」画面

iPhoneの＜メール＞アプリでは、キャリアメール以外にもiCloudやGmailなどさまざまなメールアカウントを登録して利用することができます。複数のメールアカウントを登録している場合、「メールボックス」画面（P.103手順③参照）には、下の画面のようにメールアカウントごとのメールボックスが表示されます。なお、メールアカウントが1つだけの場合は、「全受信」は「受信」と表示されます。
また、複数のメールアカウントを登録した状態でメールを新規作成すると、差出人には最初に登録したメールアカウント（デフォルトアカウント）のアドレスが設定されていますが、変更することができます（P.104手順③〜④参照）。デフォルトアカウントは、P.118手順③の画面で、画面最下部の＜デフォルトアカウント＞をタップすることで、切り替えることができます。

編集

メールボックス

全受信 ❶

iCloud

Eメール(blueapple0424@au.com) ❷

VIP ❸

ICLOUD

受信

ゴミ箱 ❹

Eメール(BLUEAPPLE0424@AU.COM)

アップデート：たった今

❶タップすると、すべてのアカウントの受信メールをまとめて表示することができます。

❷タップすると、各アカウントの受信メールを表示することができます。

❸タップすると、VIPリストに追加した連絡先からのメールを表示することができます。

❹各アカウントのメールボックスです。＜受信＞をタップすると、❷のアカウント名をタップしたときと同じ画面が表示されます。

4

メールを受信する

1 新しいメールが届くと、<メール>アプリへの着信が表示されます。<メール>をタップします。

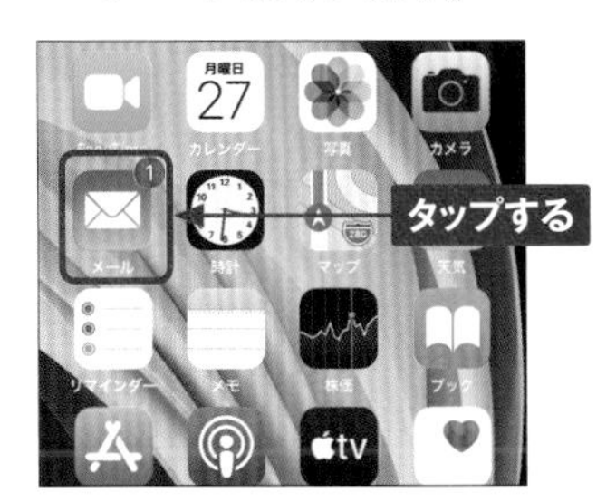

2 メールアカウントの「全受信」画面が表示された場合は、画面左上の<メールボックス>をタップします。

3 受信を確認したいメールアドレスを「メールボックス」の中からタップします。ここでは、<Eメール>をタップしています。

4 読みたいメールをタップします。メールの左側にある●は、そのメールが未読であることを表しています。

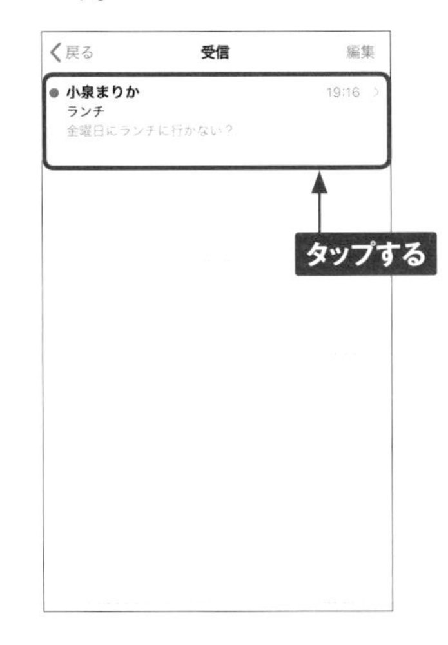

5 メールの本文が表示されます。画面左上の<受信>をタップし、画面左上の<戻る>をタップすると、「メールボックス」画面に戻ります。

4

メールを送信する

① P.103手順③で画面下部の☑をタップします。

② 「宛先」に、送信したい相手のメールアドレスを入力し、<Cc/Bcc、差出人>をタップします。

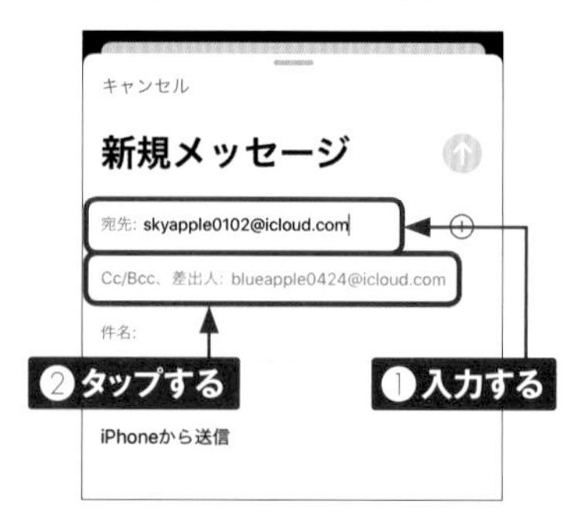

③ <差出人>をタップします。

④ 使用したいメールアドレスを上下にスワイプして選択します。ここでは@au.comのメールアドレスを選択しています。

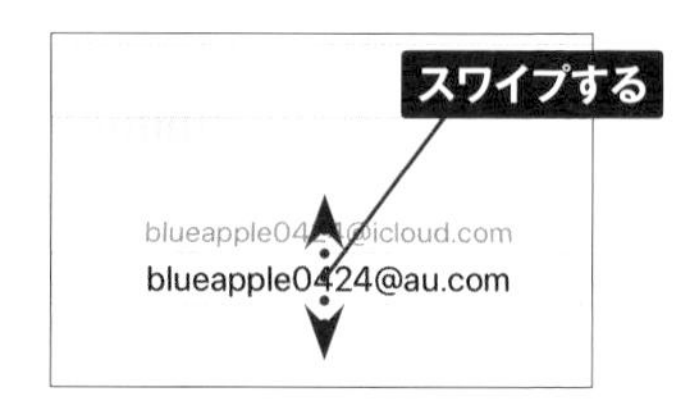

⑤ <件名>をタップし、件名を入力します。入力が終わったら、本文の入力フィールドをタップします。

⑥ 本文を入力し、画面右上の⬆をタップします。これで、送信が終了しました。

メールを返信する

① メールを返信したいときは、P.103手順⑤で、画面下部にある↩をタップします。

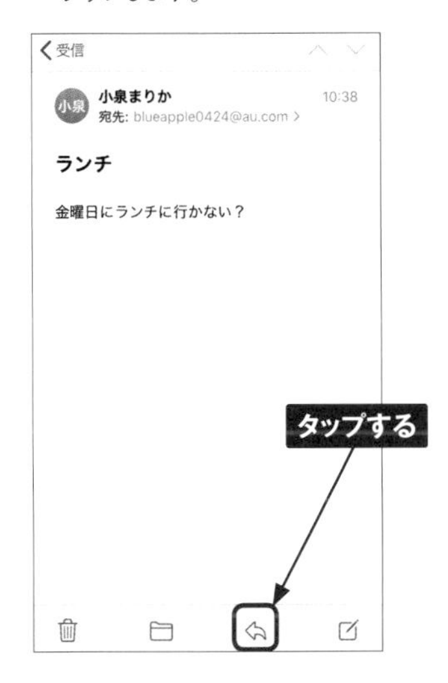

② ＜返信＞をタップします。

③ 本文入力フィールドをタップし、メッセージを入力します。本文の入力が終了したら、⬆をタップします。相手に返信のメールが届きます。

MEMO メールを転送する

手順②で＜転送＞をタップして宛先を入力し、⬆をタップすると、メールを転送できます。

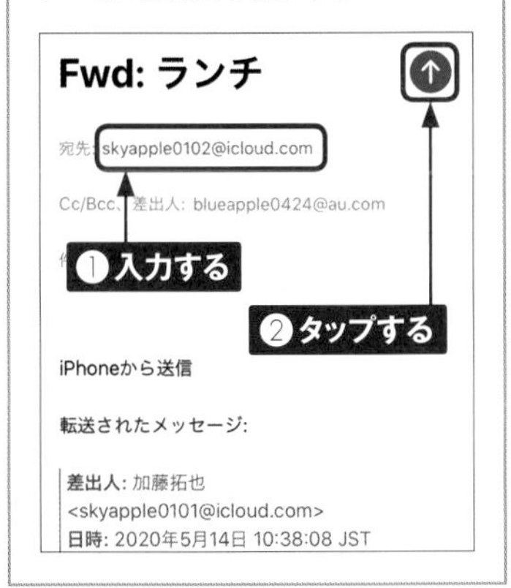

4

メールをスレッド形式で表示する

① ホーム画面で<設定>をタップします。

② <メール>をタップします。

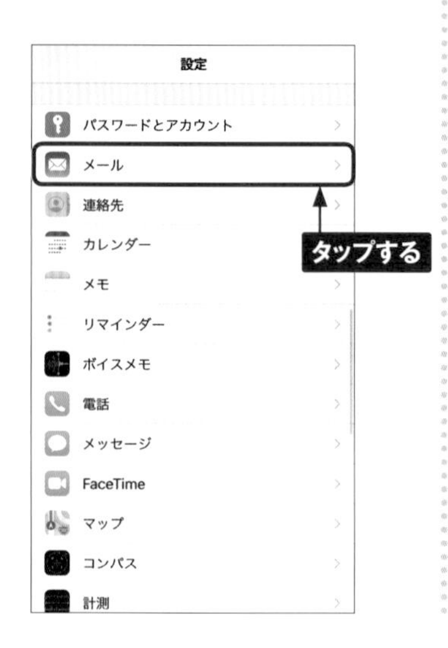

③ 「スレッドにまとめる」をオンにします。

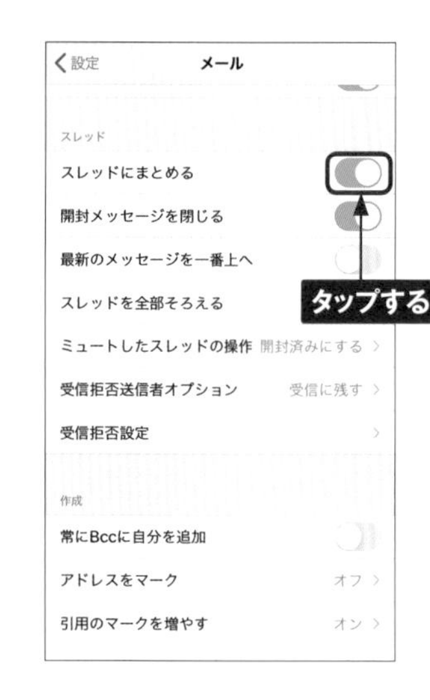

MEMO スレッドの設定

手順③の画面で「最新のメッセージを一番上へ」をオンにすると、直近の返信メールがスレッドの最上部に表示されます。また、「スレッドを全部そろえる」をオンにすると、ほかのメールボックスに入っているメールや送信済みのメールもスレッドにまとめることができます。

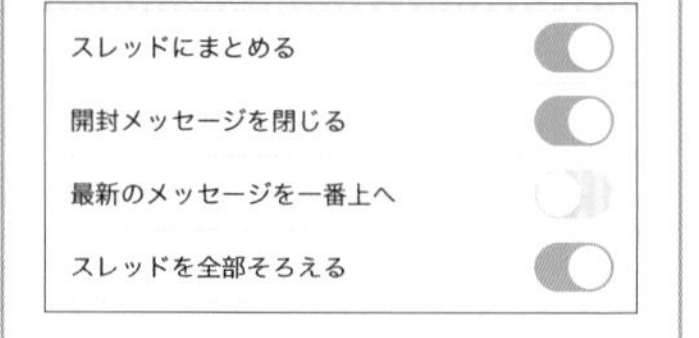

スレッドビューでメールを操作する

1 メールのやり取りを数回したときや、複数人でメールのやり取りをしたときにスレッドが作成されます。P.103手順④でスレッドを表示したいメールをタップします。

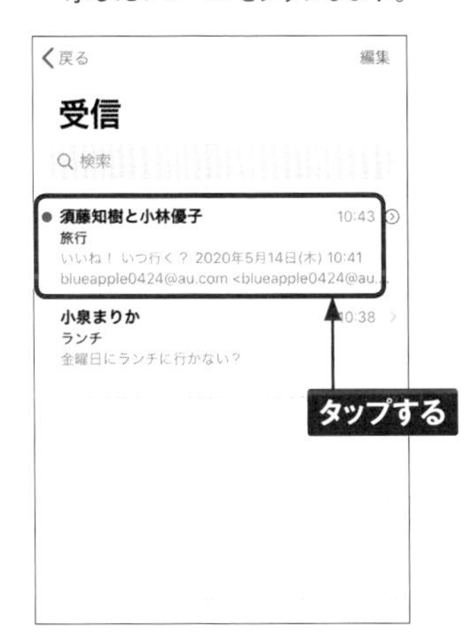

2 やり取りしたメールがスレッドで表示されます。をタップします。

3 スレッド内の最新メールの返信や転送ができます。

MEMO グループメール

複数人でメールのやり取りをしたグループメールのスレッドで、右側の⊙をタップすると、スレッドを展開して返信メールのプレビューを確認することができます。

Section 27

メールを活用する

<メール>アプリでは、メール作成中に写真や動画を添付して送信することができます。また、テキストフォーマットツールを利用して、文字に装飾などもできます。

写真や動画をメールに添付する

① ホーム画面で<メール>をタップします。

② 画面右下の をタップします。

③ 宛先や件名、メールの本文内容を入力したら、本文入力フィールドをタップして選択し、 をタップします。

MEMO Live PhotosをApple機器以外に送るときの制限

Live Photos(P.161参照)は、基本的にはiPhoneやiPad、MacなどのApple機器でないと再生ができません。Androidスマートフォンや Windowsパソコンなどで開いた場合、普通の写真として表示されるので、Apple機器以外の端末に送るときは注意しましょう。

④ 一覧表示されている写真の部分を上方向にスワイプします。

⑤ 添付したい写真をタップし、× をタップします。

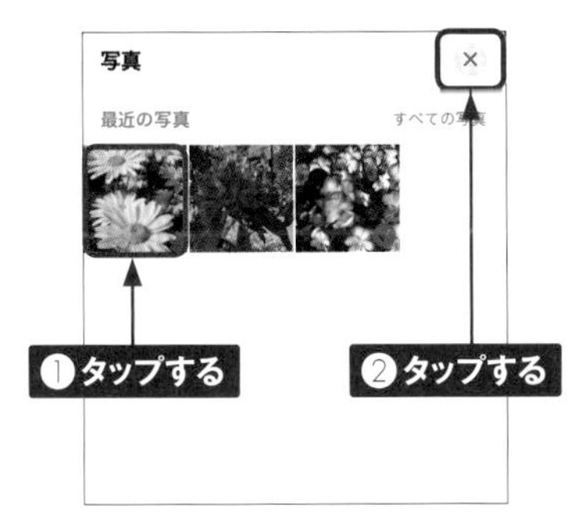

⑥ 写真が添付できました。 をタップします。

⑦ 写真を添付する際、サイズを変更するメニューが表示されたら、サイズをタップして選択すると、メールが送信されます。

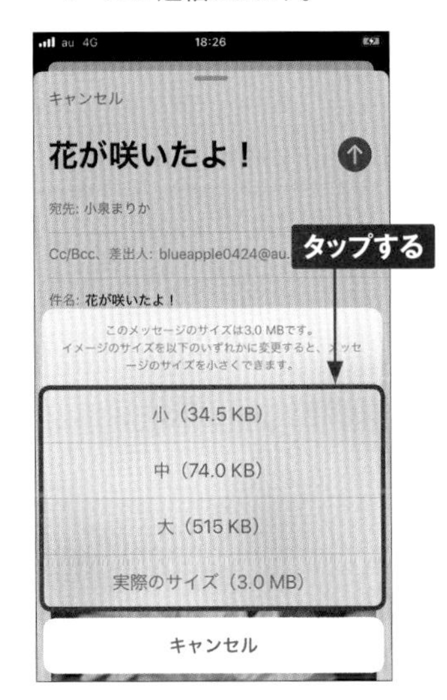

MEMO

動画を添付する際の注意

手順⑤で動画を選択した場合、ファイルサイズを小さくするために圧縮処理が行われます。ただし、いくら圧縮できるといっても、もとの動画のサイズが大きければ、圧縮後のファイルサイズも大きくなります。また、メールの種類によって添付できるファイルサイズに上限があるので、大容量の動画を添付する場合は注意しましょう。

4

テキストフォーマットツールを利用する

① P.104を参考にメールの件名と本文を入力し、書式設定したい箇所をタップしてカーソルを置きます。

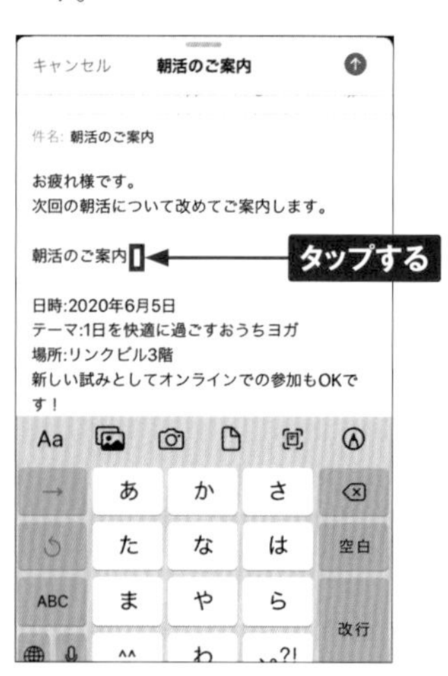

② Aaをタップします。

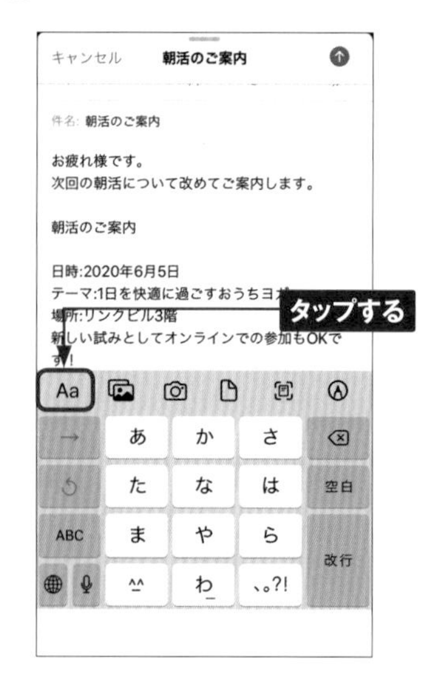

③ 画面下のキーボードが「フォーマット」の書式設定画面に切り替わります。設定したい書式をタップします。ここでは、☰（中央揃え）をタップします。

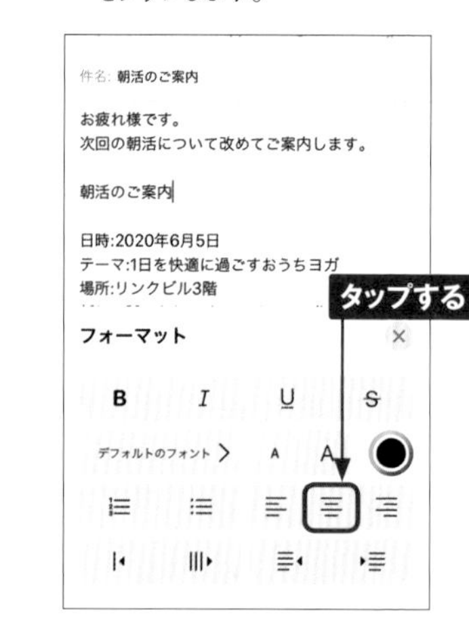

④ カーソルを置いた行に中央揃えが設定されます。×をタップすると、「フォーマット」の書式設定画面からキーボードに戻ります。

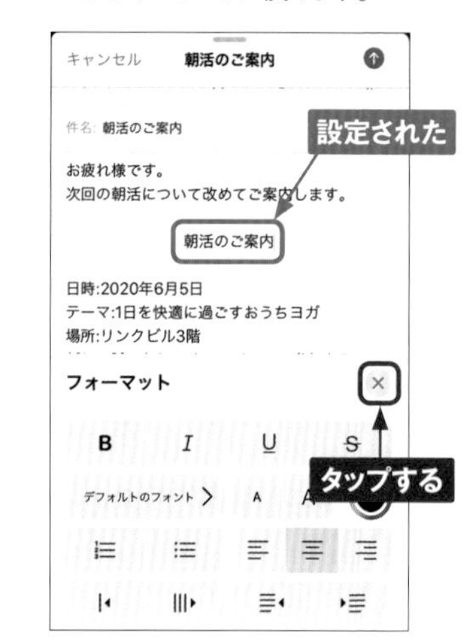

テキストフォーマットツールでできる機能

●箇条書き

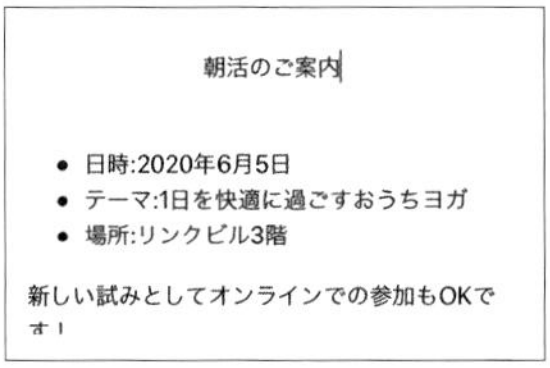

朝活のご案内

- 日時:2020年6月5日
- テーマ:1日を快適に過ごすおうちヨガ
- 場所:リンクビル3階

新しい試みとしてオンラインでの参加もOKです！

対象としたいテキストを選択し、☰をタップすると、箇条書きの書式に設定されます。☰をタップすると番号付きの箇条書きになります。

●インデント

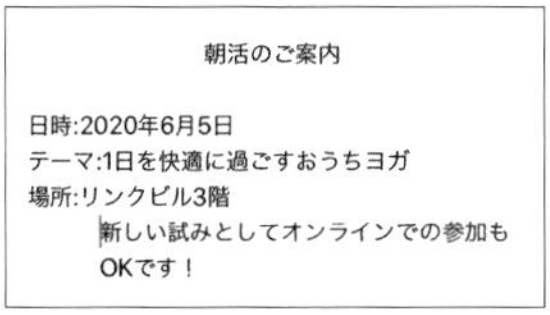

朝活のご案内

日時:2020年6月5日
テーマ:1日を快適に過ごすおうちヨガ
場所:リンクビル3階
　　新しい試みとしてオンラインでの参加もOKです！

対象としたいテキストを選択し、▸☰をタップすると、インデントが設定されます。☰◂をタップすると、インデントが解除されます。

●取り消し線

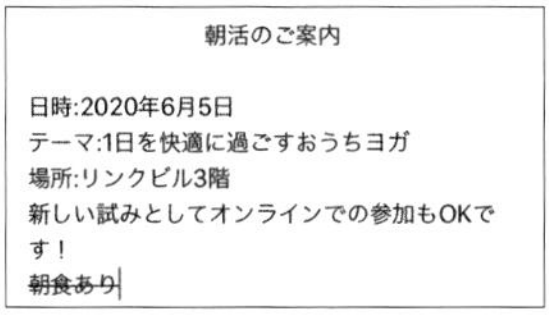

朝活のご案内

日時:2020年6月5日
テーマ:1日を快適に過ごすおうちヨガ
場所:リンクビル3階
新しい試みとしてオンラインでの参加もOKです！
~~朝食あり~~

対象としたいテキストを選択し、~~S~~をタップすると、取り消し線が設定されます。取り消し線のついたテキストを選択し、もう一度~~S~~をタップすると取り消し線が解除されます。

●カラー

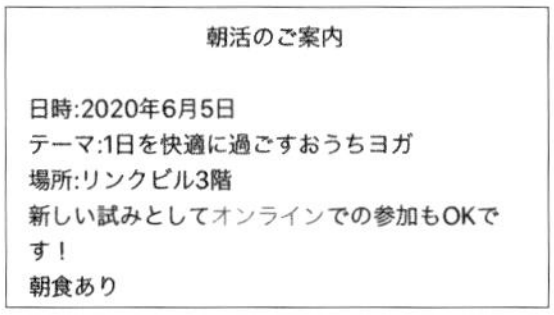

朝活のご案内

日時:2020年6月5日
テーマ:1日を快適に過ごすおうちヨガ
場所:リンクビル3階
新しい試みとしてオンラインでの参加もOKです！
朝食あり

対象としたいテキストを選択し、◉をタップすると、「カラーパレット」が表示されます。任意のカラーをタップするとテキストに色が付きます。

●太字

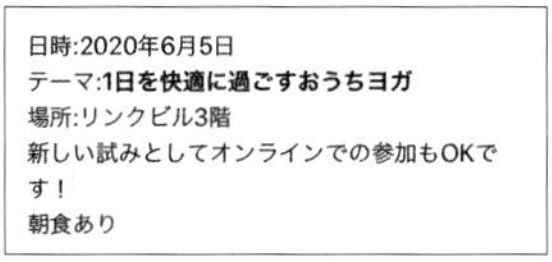

日時:2020年6月5日
テーマ:**1日を快適に過ごすおうちヨガ**
場所:リンクビル3階
新しい試みとしてオンラインでの参加もOKです！
朝食あり

対象としたいテキストを選択し、**B**をタップすると、太字に設定されます。太字に設定されたテキストを選択し、もう一度**B**をタップすると太字が解除されます。

●フォントスタイル

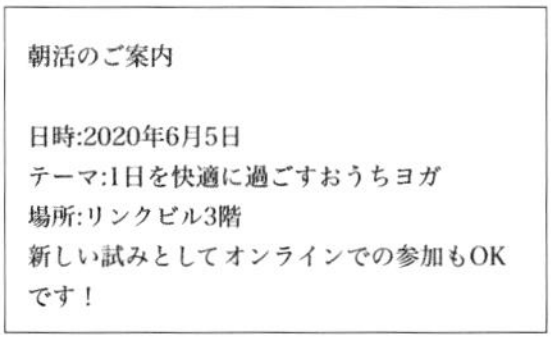

朝活のご案内

日時:2020年6月5日
テーマ:1日を快適に過ごすおうちヨガ
場所:リンクビル3階
新しい試みとしてオンラインでの参加もOKです！

対象としたいテキストを選択し、＜デフォルトのフォント＞をタップすると、フォントの書体を設定できます。

迷惑メール対策を行う

キャリアメールアドレスにたくさんの迷惑メールが届いてしまうときは、auのお客さまサポートから迷惑メールフィルターを設定しましょう。 なお、設定を行う際は、Wi-Fiの接続をオフにする必要があります。

迷惑メールフィルターを設定する

1 P.67〜68 手順①〜④を行い、上方向にスワイプして<メールの設定を変更・確認したい>をタップします。

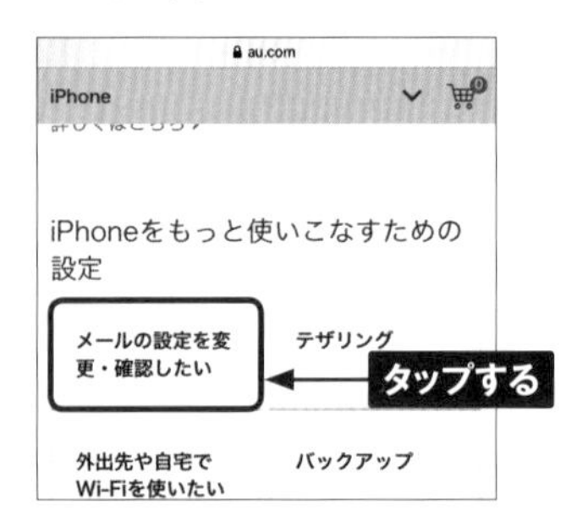

2 P.71手順③の画面が表示されるので、<メール設定画面へ>をタップし、<メールアドレス変更・迷惑メールフィルター・自動転送>をタップします。

3 <迷惑メールフィルターの設定/確認へ>をタップします。

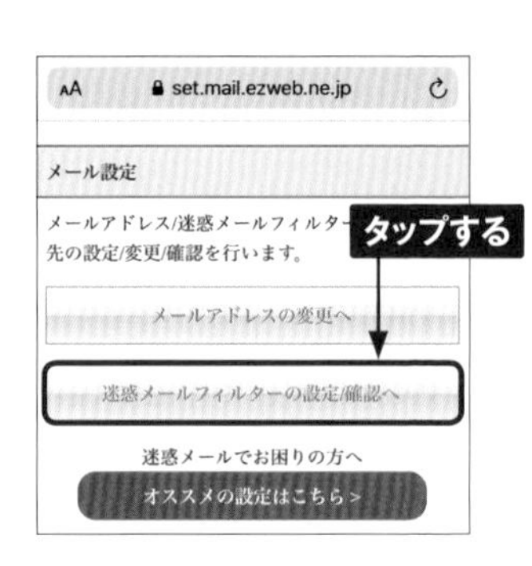

4 4桁の暗証番号を入力して、<送信>をタップします。

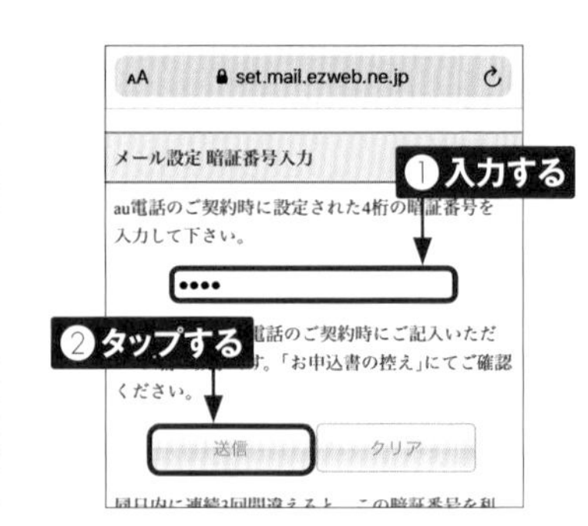

5 ＜オススメ設定をする＞をタップします。

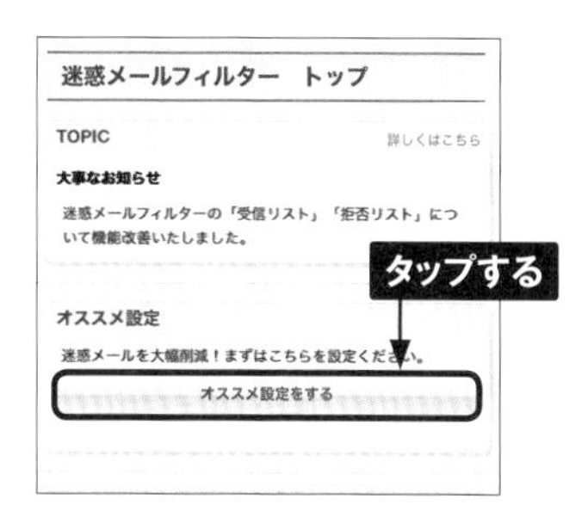

6 フィルター設定を登録する確認画面が表示されるので、＜OK＞をタップします。

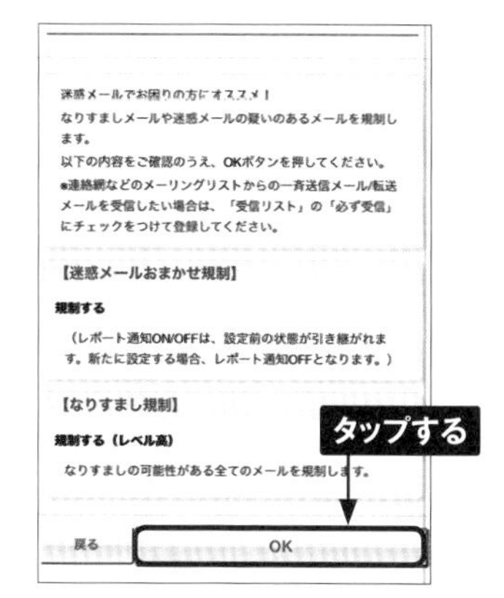

7 登録が完了しました。＜トップへ戻る＞をタップします。

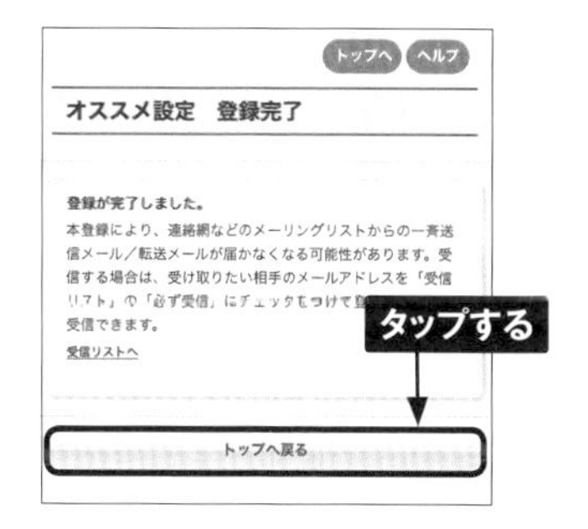

8 「迷惑メールフィルター　トップ」画面が表示されます。

MEMO au IDとパスワードがわからない場合

P.112手順③のあとに、au IDのログイン画面が表示される場合は、＜au IDとパスワードを入力してログインする＞をタップします。au IDとパスワードがわからない場合は、ログイン画面で＜au ID・パスワードを忘れた＞をタップし、電話番号と暗証番号を入力し、＜メッセージ（SMS）を送信する＞をタップすると、＜メッセージ＞にSMSが届きます。メッセージ内容のURLリンクをタップすると、au IDの確認とパスワード再設定画面が表示されます。

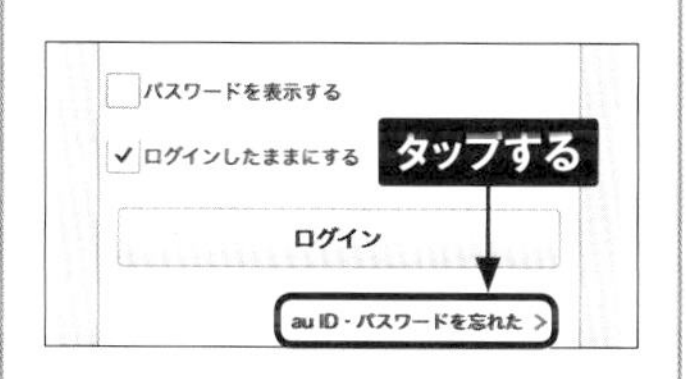

迷惑メールフィルターの設定を変更する

1 迷惑メールフィルターを設定してからメールが届かなくなってしまった場合は、P.113手順⑤の画面で「個別設定」の<受信リストに登録/アドレス帳受信設定をする>をタップします。

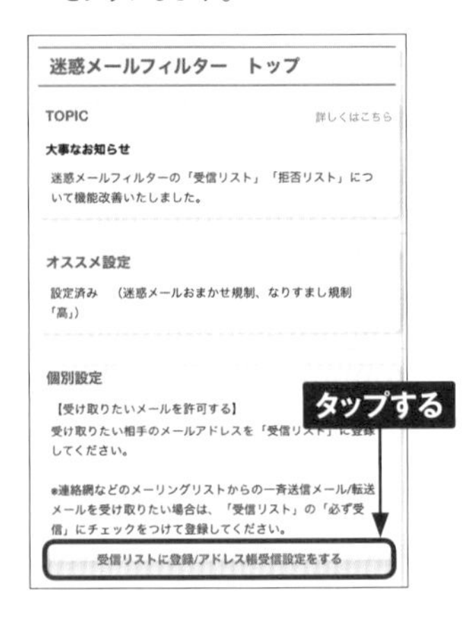

2 「受信リスト設定」画面が表示されるので、画面を上方向にスワイプします。

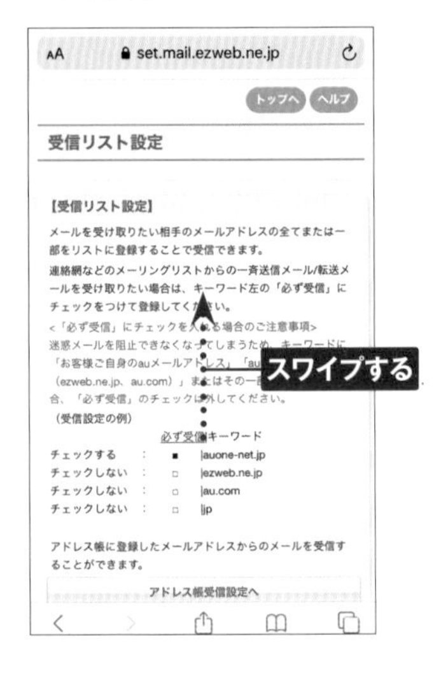

3 入力フィールドに、届かなくなったメールアドレスや、その一部を入力します。

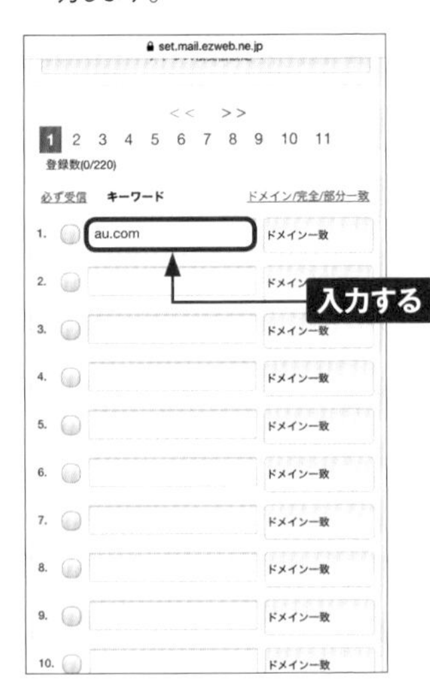

4 入力が完了したら、上方向にスワイプして<変更する>をタップします。

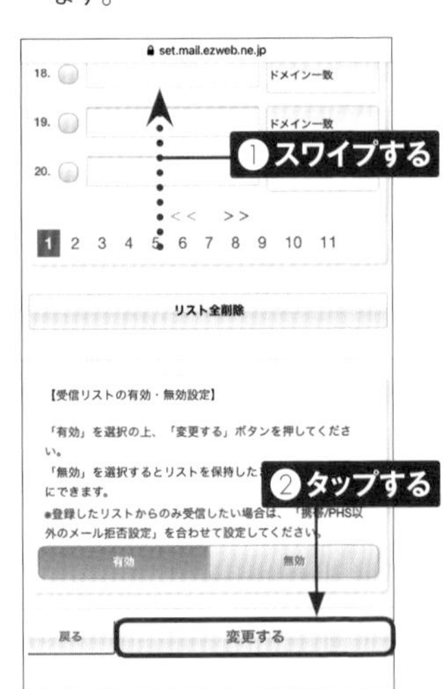

⑤ 設定の確認画面が表示されるので、＜OK＞をタップします。

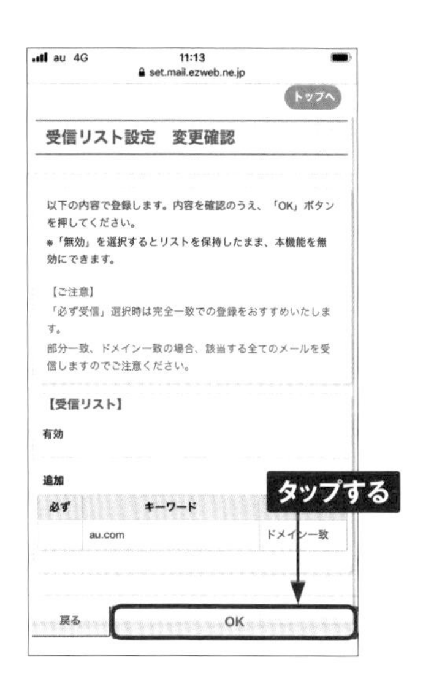

⑥ 登録が完了しました。＜受信リスト設定画面へ戻る＞をタップします。

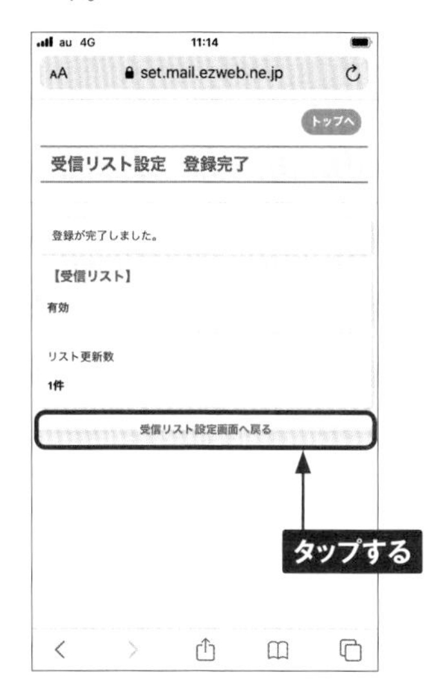

⑦ 受信リストに設定している情報を確認できます。

MEMO

迷惑メールフィルターの設定を確認する

P.114手順①の画面では、現在どのような迷惑メールフィルター設定がされているかを確認できます。画面下部の＜全ての設定を一括解除する＞→＜OK＞の順にタップすると、設定を解除できます。

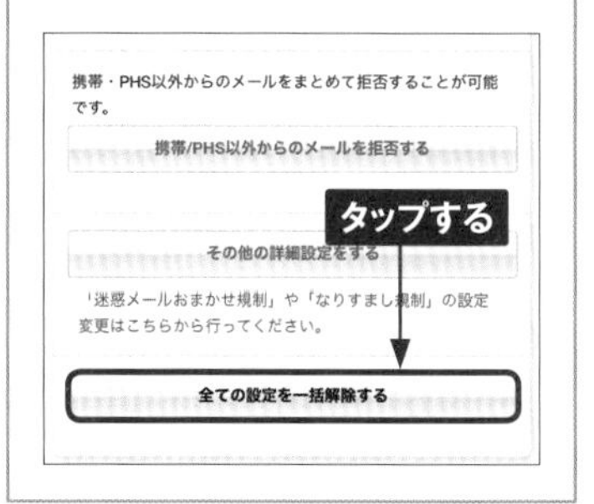

Section 29

PCメールを利用する

パソコンで使用しているメールのアカウントを登録しておけば、<メール>アプリを使ってかんたんにメールの送受信ができます。ここでは、一般的な会社のアカウントを例にして、設定方法を解説します。

PCメールのアカウントを登録する

1 ホーム画面で<設定>をタップします。

2 <パスワードとアカウント>をタップします。

3 <アカウントを追加>をタップします。

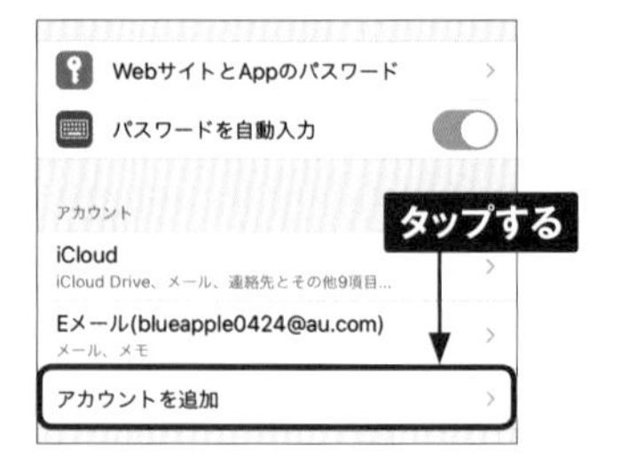

4 <その他>をタップします。

5 <メールアカウントを追加>をタップします。

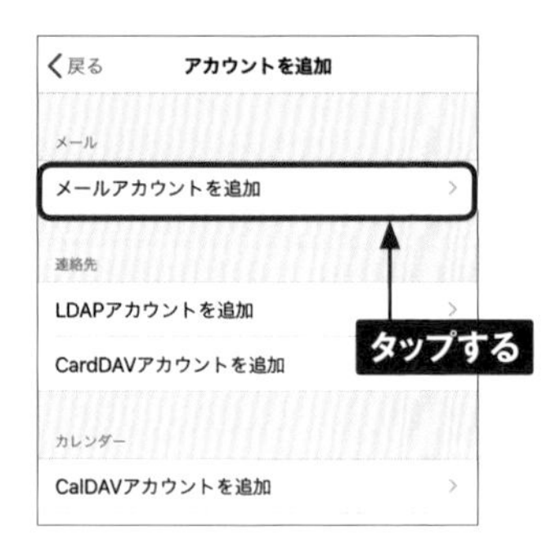

6 「メール」や「パスワード」など必要な項目を入力します。

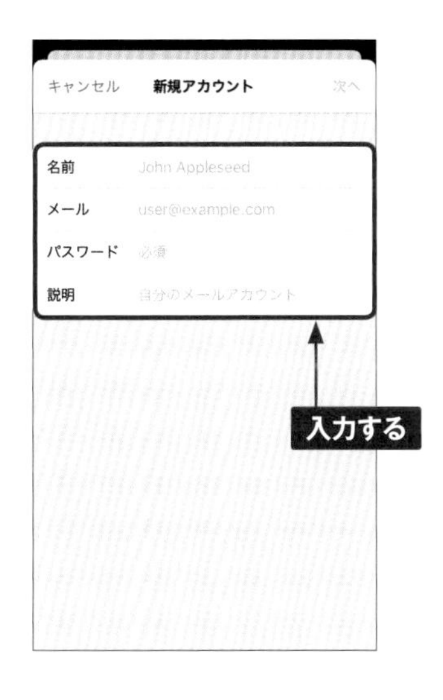

7 入力が完了すると、<次へ>がタップできるようになるので、タップします。

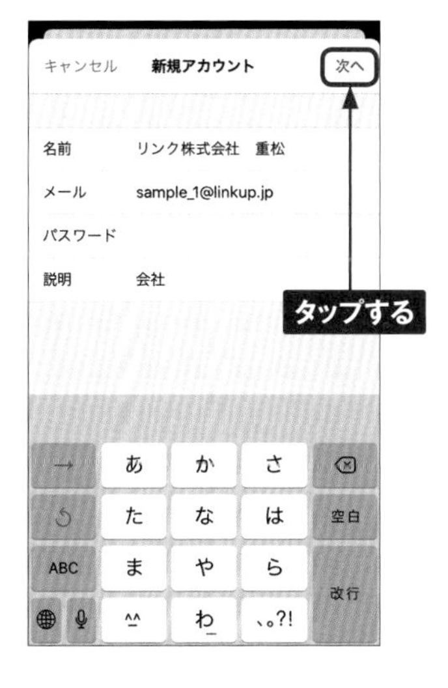

8 使用しているサーバに合わせて<IMAP>か<POP>をタップし、「受信メールサーバ」と「送信メールサーバ」の情報を入力します。

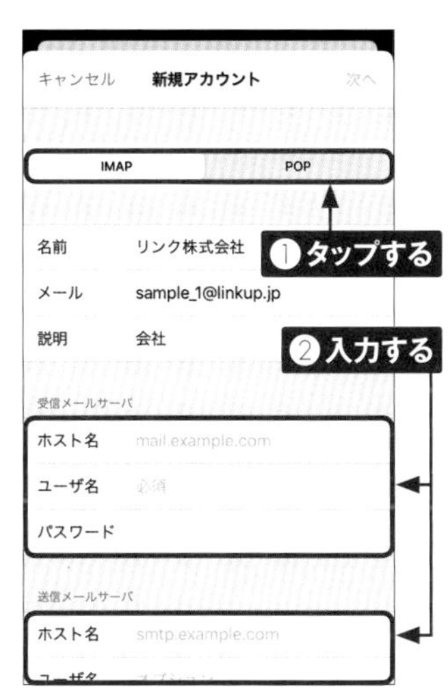

9 入力が完了したら、<次へ>をタップします。

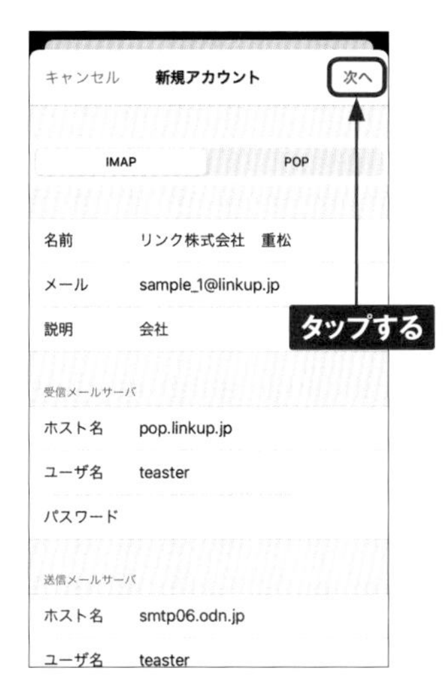

4

メールの設定を変更する

1 ホーム画面で＜設定＞をタップします。

2 ＜メール＞をタップします。

3 メールの設定画面が表示されます。各項目の をタップするなどして、設定を変更します。

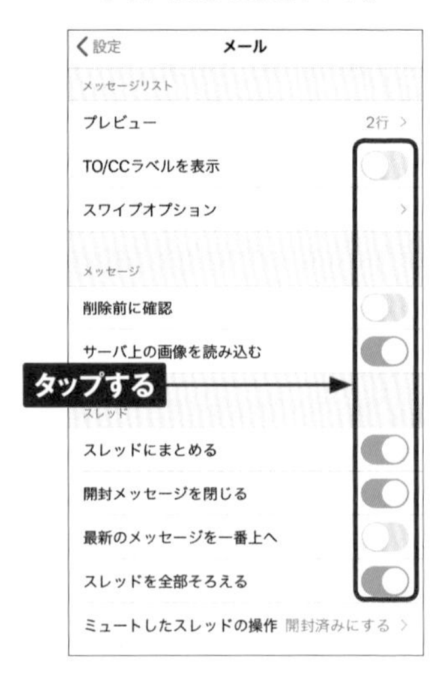

メールの設定項目

メールの設定画面では、プレビューで確認できる行数を変更したり、メールを削除する際にメッセージを表示したりできるほか、署名の内容なども書き換えられます。より＜メール＞アプリが使いやすくなるよう設定してみましょう。

Chapter 5

インターネットを楽しむ

Section 30

Webページを閲覧する

iPhoneには「Safari」というWebブラウザが標準アプリとしてインストールされています。パソコンなどと同様にWebブラウジングが楽しめます。

SafariでWebページを閲覧する

① ホーム画面で をタップします。

② 初回は「お気に入り」画面が表示されます。ここでは＜Yahoo＞をタップします。

③ Webページが表示されました。

MEMO 「お気に入り」画面とは

「お気に入り」画面には、ブックマークの「お気に入り」に登録されたサイトが一覧表示されます（P.130参照）。また新規タブ（P.128MEMO参照）を開いたときにも、「お気に入り」画面が表示されます。

5

ツールバーを表示する

① Webページを開くと、画面上部に検索フィールドが、画面下部にツールバーが表示されます。

② Webページを閲覧中、上方向にスワイプしていると、検索フィールドやツールバーが消える場合があります。

③ 画面を下方向へスワイプするか、画面の上端か下端をタップすると、検索フィールドやツールバーを表示できます。

MEMO 横画面でWebページを表示する

Webページを閲覧中にiPhoneを横向きにすると、横画面でWebページが表示され、ツールバーが上部に表示されます（画面を縦向きに固定していない場合）。

ページを移動する

① Webページの閲覧中に、リンク先のページに移動したい場合は、ページ内のリンクをタップします。

② タップしたリンク先のページに移動します。画面を上方向にスワイプすると、表示されていない部分が表示されます。

③ ＜をタップすると、タップした回数だけページが戻ります。＞をタップすると、戻る直前のページに進みます。

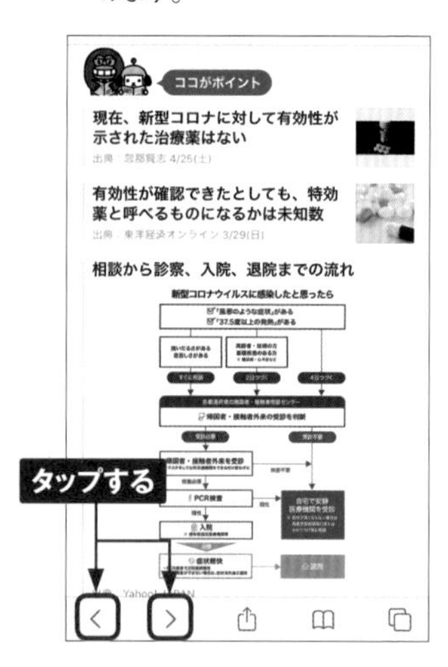

MEMO スワイプで進む／戻る

Webページを閲覧中、画面左端から右方向にスワイプすると、前のページに戻ることができます。また、画面右端から左方向にスワイプすると、次のページに進みます。

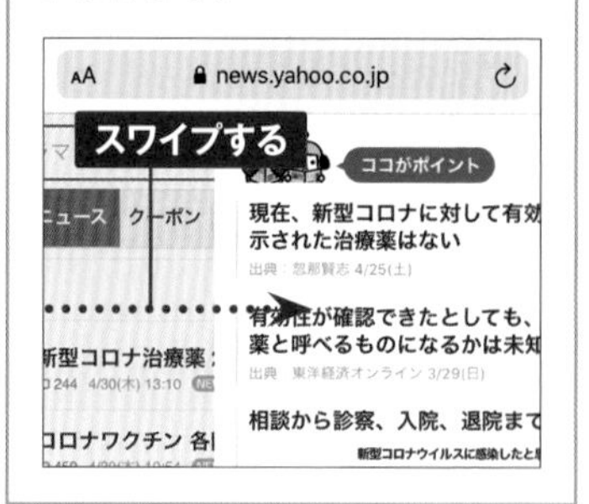

パソコン向けのレイアウトで表示する

① Webページの閲覧中に、画面を下方向にスワイプして、ツールバーを表示し、AAをタップします。

② ＜デスクトップ用Webサイトを表示＞をタップします。

③ Webページがパソコン向けのレイアウトで表示されます。

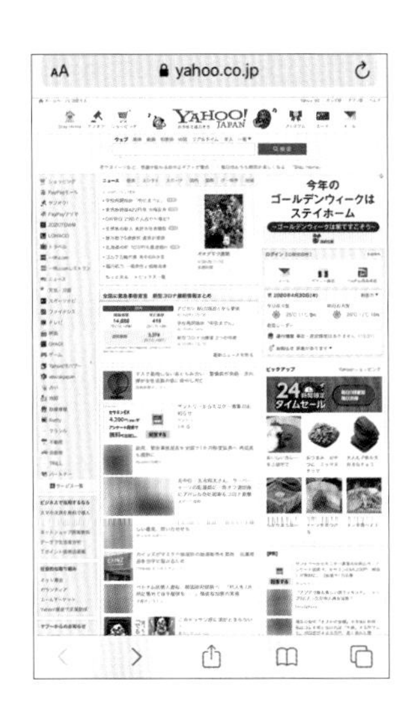

Webページを閲覧中、ステータスバーをダブルタップすると、見ていたページの最上部まで移動することができます。

ページを拡大／縮小する

●ダブルタップを使う

① 表示が小さくて見づらいと感じたら、大きくしたい箇所をダブルタップします。

② ダブルタップした場所を中心に画面が拡大されました。もとに戻す場合は、もう一度ダブルタップします。

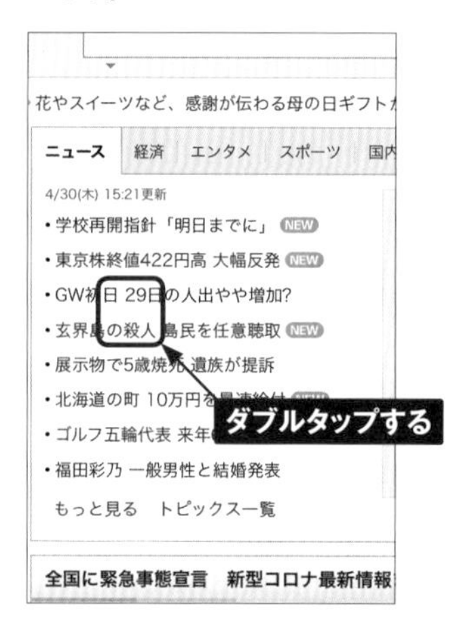

●ピンチを使う

① 画面上で大きくしたい箇所をピンチオープンします。

② ピンチオープンした箇所を中心に画面が拡大されました。ピンチクローズすると、縮小することができます。

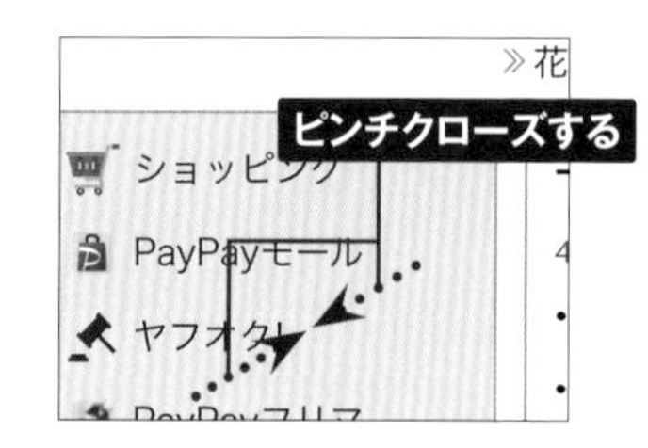

MEMO ダブルタップとピンチの使い分け

ダブルタップの場合は、文章や画像の幅に合わせて自動的に拡大／縮小されます。ピンチでは、好きな大きさに拡大／縮小できます。おおまかな拡大／縮小はダブルタップを、細かな調整はピンチを利用するとよいでしょう。なお、サイトによっては、拡大／縮小ができない場合もあります。

閲覧履歴からWebページを閲覧する

1 画面下部の📖をタップします。

2 「ブックマーク」画面が表示されるので、🕘をタップします。

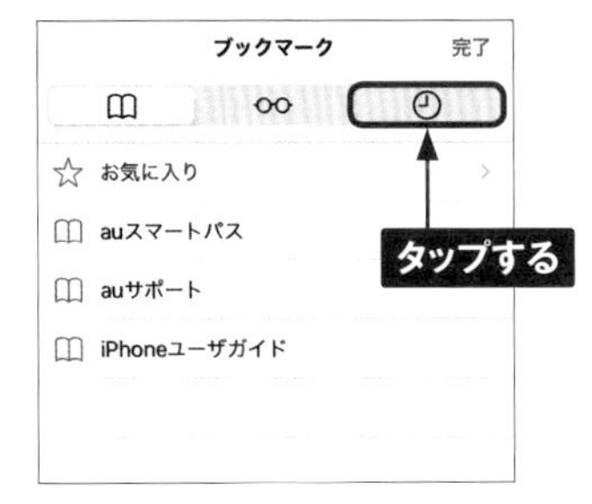

3 今まで閲覧したWebページの一覧が表示されます。閲覧したいWebページをタップします。

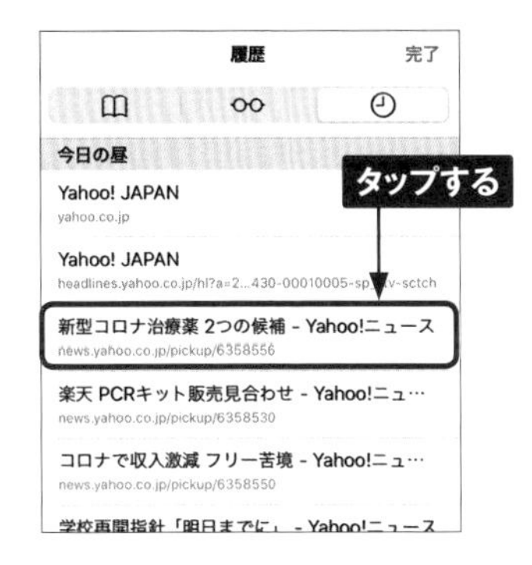

4 タップしたWebページが表示されます。

閲覧履歴を消去する

「ブックマーク」画面で🕘をタップして、画面下部の<消去>→<すべて>の順にタップすると、これまでの閲覧履歴をすべて消去できます。

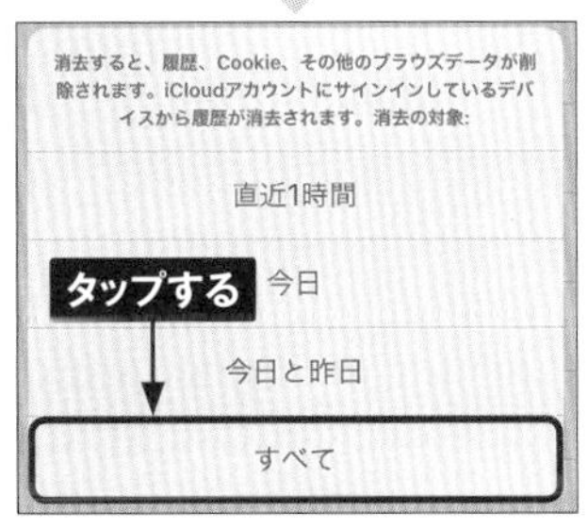

5

Section 31

新しいWebページを表示する

Safariでは、新しいWebページを表示することができます。画面上部にある検索フィールドに直接URLを入力すると、入力したWebページを表示することができます。

検索フィールドにURLを入力する

1. P.120手順①を参考にして、<Safari>を起動します。画面を下方向にスワイプして、検索フィールドを表示します。

2. 検索フィールドをタップします。オンスクリーンキーボードの⌫をタップすると、検索フィールドにある文字を消すことができます。

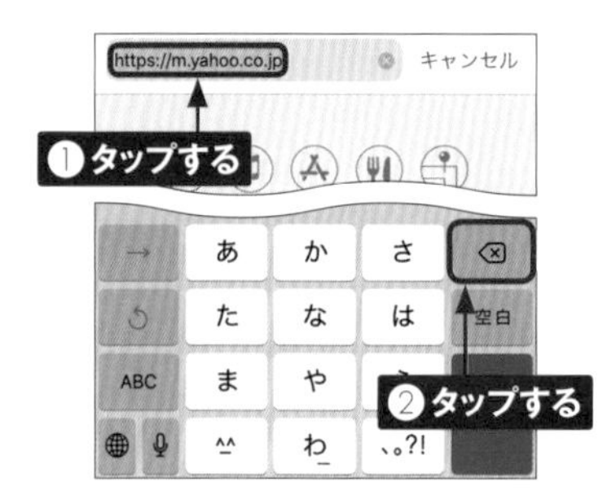

3. 閲覧したいWebページのURLを入力し、<開く>（または<Go>）をタップします。

4. 入力したURLのWebページが表示されます。

表示を更新・中止する

① Webページの表示を更新したい場合は、検索フィールドの↻をタップします。

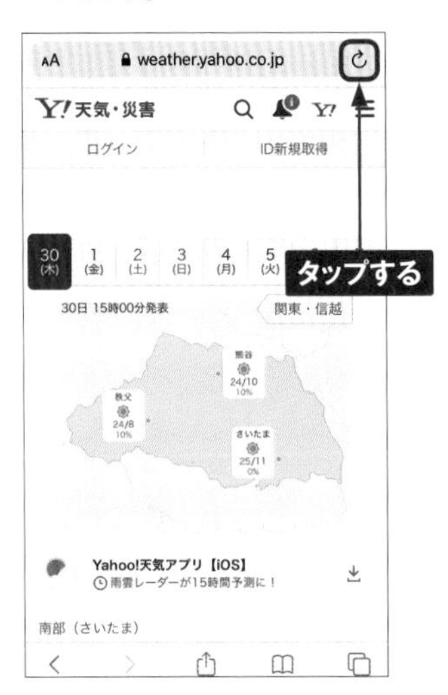

② Webページの更新中は、プログレスバーが青くなります。

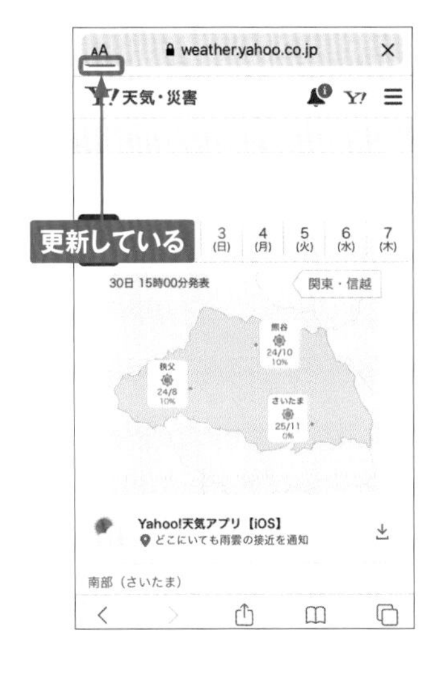

③ 更新されたWebページが表示されます。

④ ページの移動や更新を中止したい場合は、手順②の状態で検索フィールドにある✕をタップします。

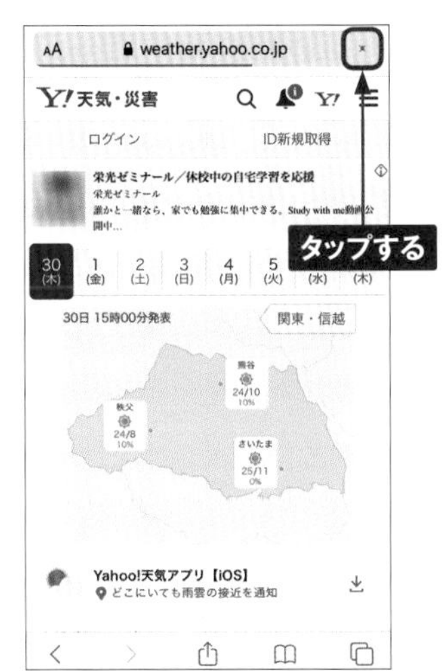

5

Section 32

複数のWebページを同時に開く

Safariは、複数のタブを同時に表示することができます。よく見るページを開いておき、タブを切り替えていつでも見ることができます。

新規タブでWebページを開く

① 開きたいリンクをタッチします。

② メニューが表示されるので、＜新規タブで開く＞をタップします。

③ 新規タブが開き、タッチしたリンク先のWebページが表示されます。

MEMO

新規タブを表示する

P.129手順②の画面で、＋をタップすると、新規タブが表示されます。P.120やP.134を参照して、Webページを閲覧しましょう。

5

複数のWebページを切り替える

① タブの切り替えは画面下部の□をタップします。

② タブの選択画面が表示されます。上下にスワイプして、閲覧したいタブを探します。

③ 閲覧したいタブをタップします。✕をタップすると、タブを閉じることができます。

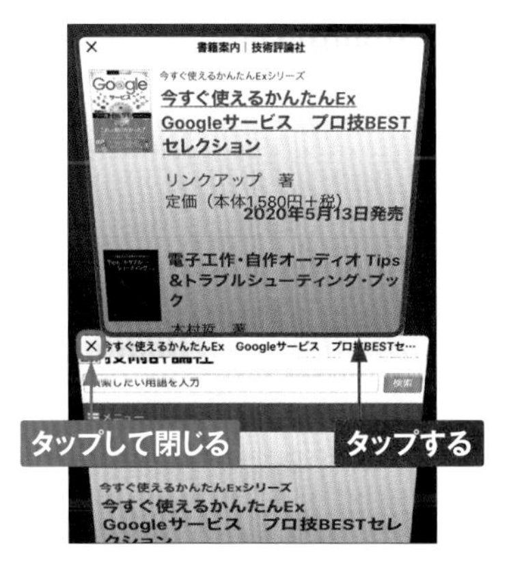

④ 目的のWebページが表示されます。

MEMO タブをまとめて一気に閉じる

開いたタブは手順③の方法でも閉じることができますが、まとめて削除することも可能です。手順①の画面で□をタッチし、<○個のタブをすべてを閉じる>をタップすると、開いているタブをまとめて閉じることができます。

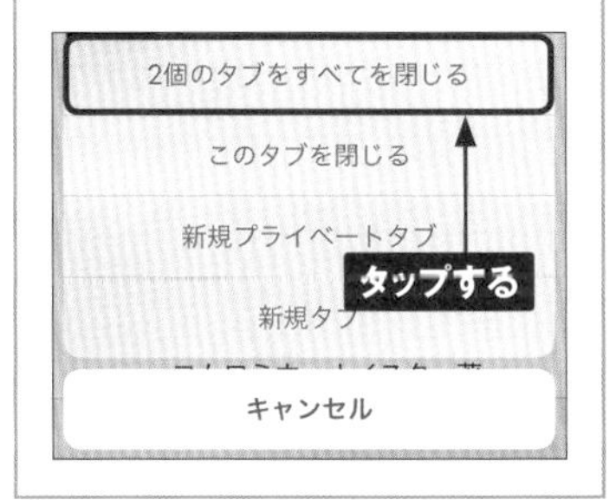

ブックマークを利用する

Safariでは、WebページのURLを「ブックマーク」に保存し、好きなときにすぐに表示することができます。ブックマーク機能を活用して、インターネットを楽しみましょう。

ブックマークを追加する

1 ブックマークに追加したいWebページを表示した状態で、画面下部にある⏏をタップします。

2 上方向にスワイプし、＜ブックマークを追加＞をタップします。なお、＜お気に入りに追加＞をタップすると、ブックマークの「お気に入り」フォルダに直接追加されます。

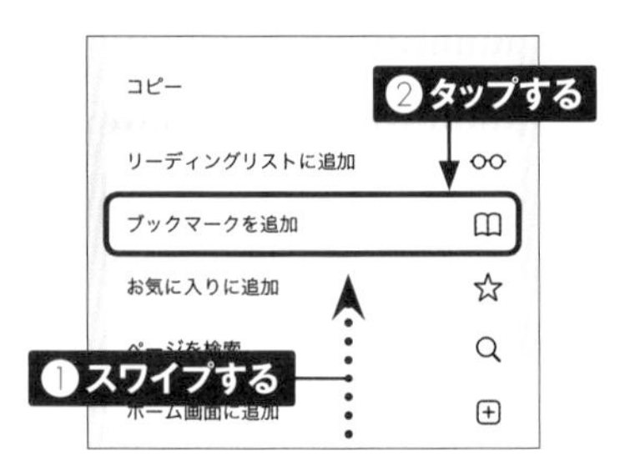

3 ページのタイトルを入力します。わかりやすい名前を付けましょう。

4 入力が終了したら、＜保存＞をタップします。ほかにフォルダがない状態では「お気に入り」フォルダが保存先に指定されていますが、フォルダをタップして変更することができます。

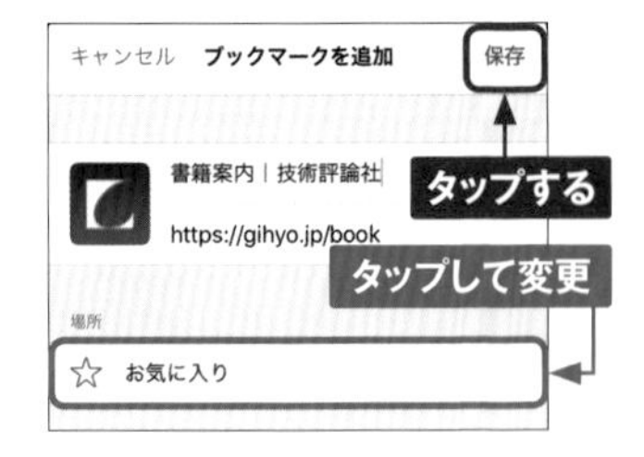

ブックマークに追加したWebページを表示する

① 画面下部の📖をタップします。

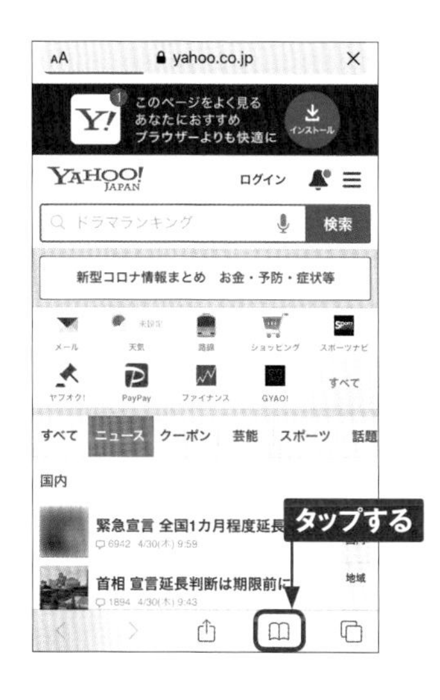

② 📖をタップして、「ブックマーク」画面を表示します。<お気に入り>をタップします。

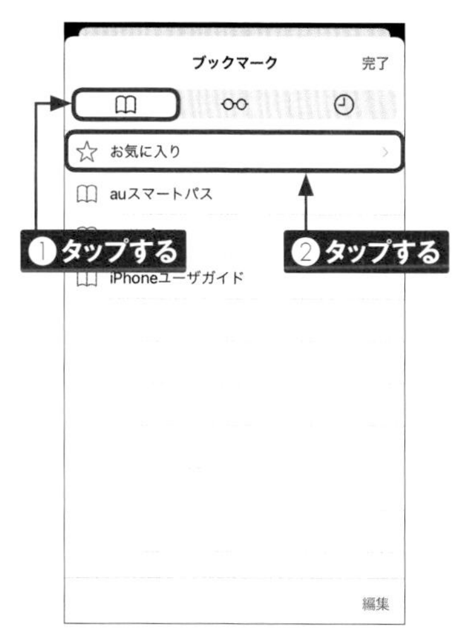

③ 閲覧したいブックマークをタップします。ブックマーク一覧が表示されない場合は、画面左上の<すべて>をタップします。

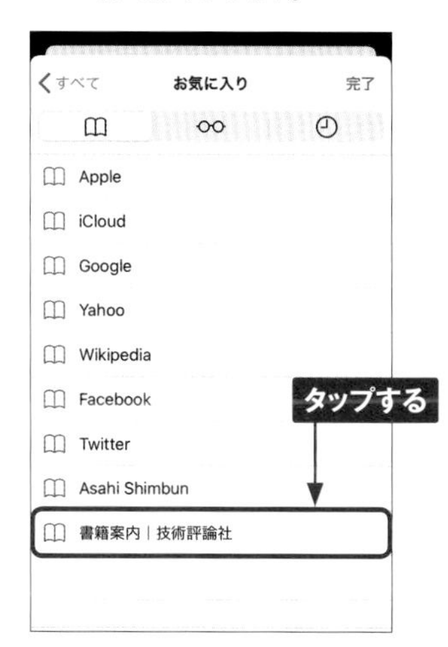

④ タップしたブックマークのWebページが表示されました。

ブックマークを削除する

1 画面下部のをタップします。

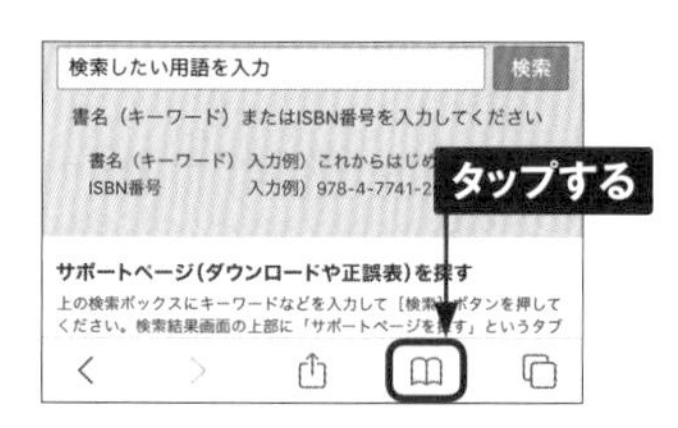

2 「ブックマーク」画面が表示されます。削除したいブックマークのあるフォルダを開き、＜編集＞をタップします。

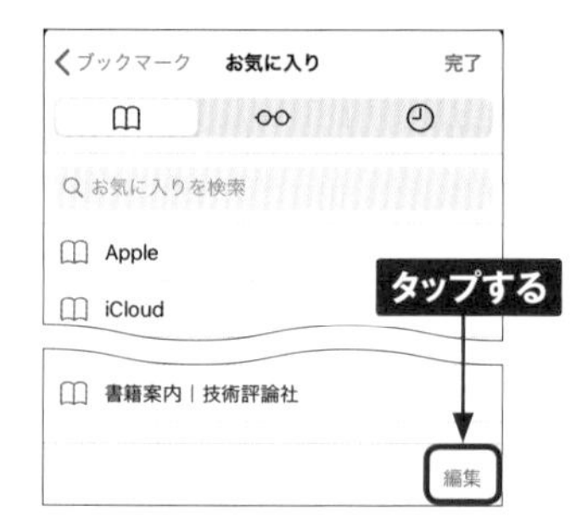

3 削除したいブックマークのをタップします。

4 ＜削除＞をタップします。

5 ＜完了＞をタップすると、もとの画面に戻ります。

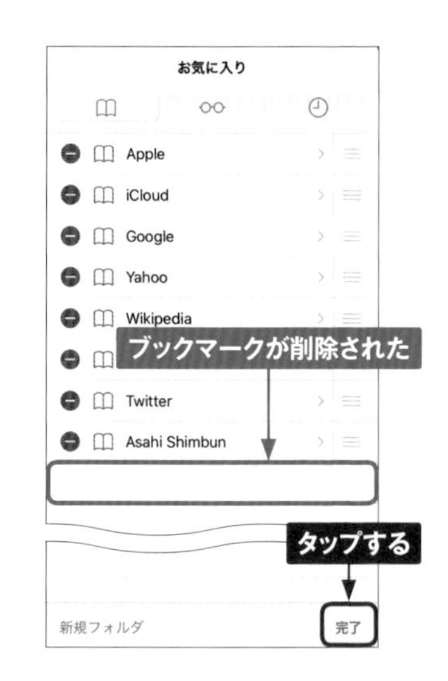

ブックマークにフォルダを作成する

1 フォルダを作成して、ブックマークを整理できます。P.132手順③で画面左下の＜新規フォルダ＞をタップします。

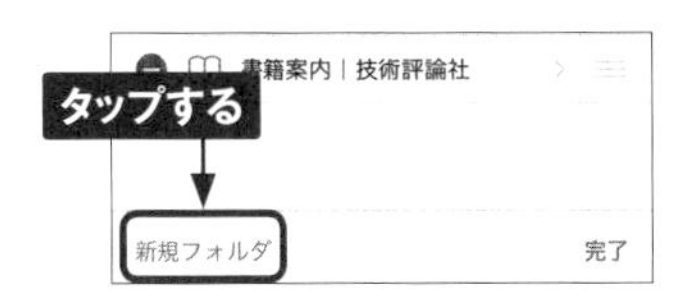

2 フォルダの名前を入力して、＜完了＞をタップすると、フォルダが作成されます。

3 フォルダにブックマークを移動するときは、P.132手順③でフォルダに追加したいブックマークをタップします。

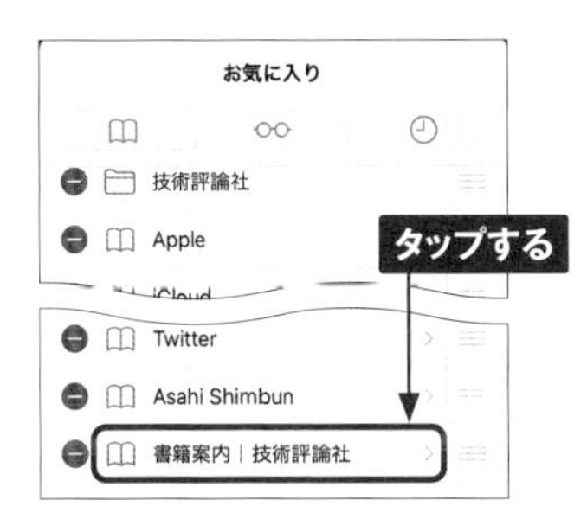

4 現在のフォルダ（ここでは＜お気に入り＞）をタップします。

5 移動先のフォルダをタップし、チェックを付けます。ここでは例として＜技術評論社＞をタップして選択します。

6 画面上部の＜をタップし、「お気に入り」画面に戻り、画面下部にある＜完了＞をタップします。

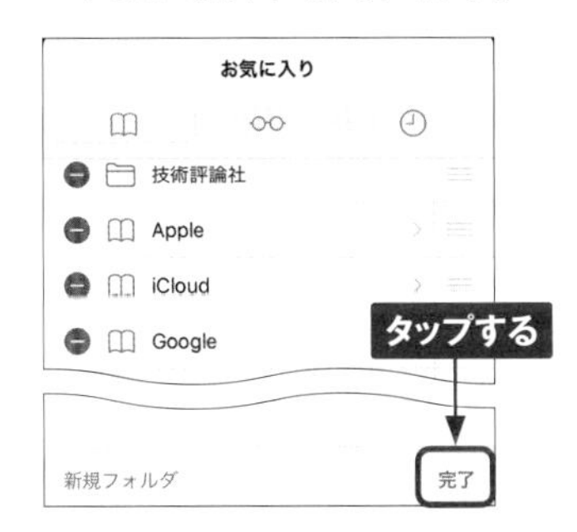

5

Section 34

Google検索を利用する

Webページを閲覧する際、検索フィールドに文字列を入力すると、検索機能が利用できます。ここでは、Safariに標準で搭載されている検索フィールドの使い方を紹介します。

キーワードからWebページを検索する

① 画面上部の検索フィールドをタップします。

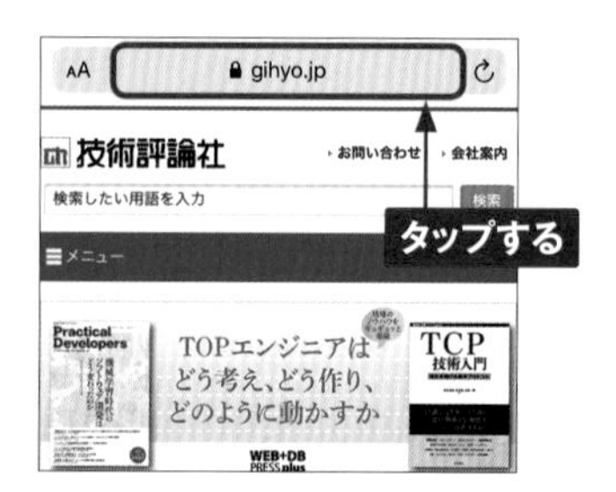

② 検索したいキーワードを入力して、オンスクリーンキーボードの<開く>（または<Go>）をタップします。

③ 標準ではGoogle検索が実行されます。検索結果が表示されるので、閲覧したいWebページのリンクをタップします。

④ リンク先のWebページが表示されます。検索結果に戻る場合は、＜をタップします。

検索のキーワード候補からWebページを検索する

① P.134手順②の画面で⊗をタップして、検索フィールドを空欄にします。

② 検索したいキーワードを入力すると、キーワード候補が表示されます。目的のキーワードをタップします。

③ 指定したキーワードでGoogle検索が実行されます。

MEMO 検索エンジンを変更する

iPhoneは、標準でGoogleの検索エンジンを使用しています。ほかの検索エンジンを使いたい場合は、検索エンジンを切り替えましょう。ホーム画面から<設定>→<Safari>→<検索エンジン>の順にタップします。その後、使用したい検索エンジン名をタップすると、設定完了です。なお、DuckDuckGoは検索履歴を保存しない検索エンジンです。

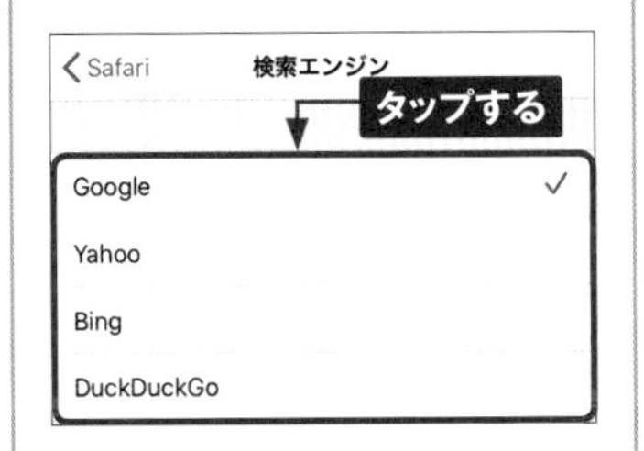

Section 35

リーディングリストを利用する

リーディングリストを使って、「あとで読む」リストを作りましょう。なお、リーディングリストに追加する際は、インターネットに接続している必要があります。

Webページをリーディングリストに追加する

① リーディングリストに追加したいWebページを表示し、をタップします。

② 上方向にスワイプし、<リーディングリストに追加>をタップします。「オフライン表示用のリーディングリスト記事を自動的に保存しますか?」と表示されたら、<自動的に保存>または<自動的に保存しない>をタップします。

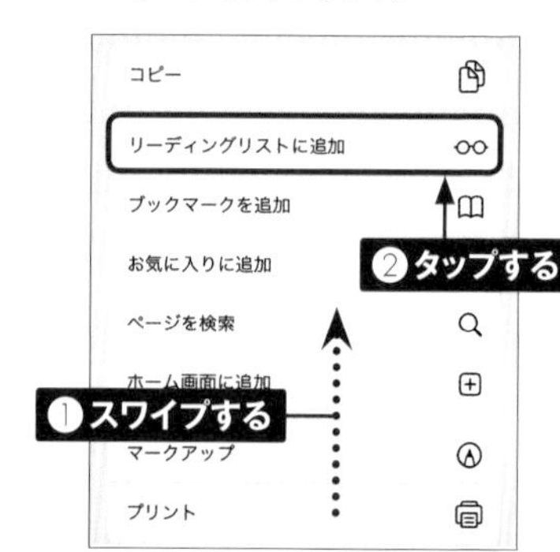

リーディングリストとは

リーディングリストは、Webページを追加しておいて、あとで改めて読むための機能です。リーディングリストに追加したWebページは通信ができないときでも表示することが可能です。また、未読の管理が行えるため、まだ読んでいないWebページをかんたんに確認することができます。気になった記事や、読み切れなかった記事があったときなどに便利です。

リーディングリストに追加したWebページを閲覧する

① Safariを起動した状態で📖をタップします。

② 「ブックマーク」画面が表示されるので、👓をタップします。

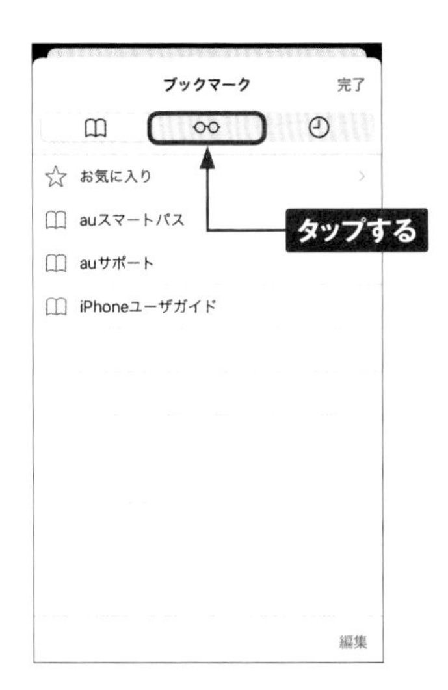

③ リーディングリストに追加したWebページが一覧表示されます。閲覧したいWebページをタップすると、指定したWebページが表示されます。

MEMO リーディングリストを管理する

手順③の画面下部の<未読のみ表示>をタップすると、未読のリーディングリストのみが表示され、<すべて表示>をタップするとすべてのリーディングリストが表示されます。リーディングリストを削除したい場合は、目的のWebページを左方向にスワイプし、<削除>をタップします。

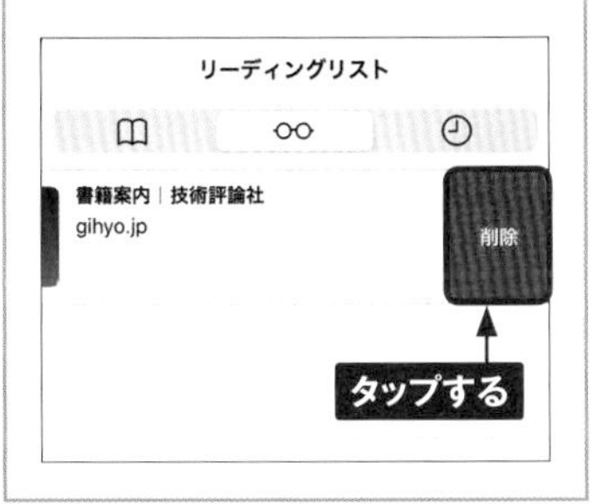

Section 36

ブックマークのアイコンをホーム画面に登録する

iPhoneでは、ホーム画面上にブックマークのアイコンを置いておくことができます。ホーム画面でアイコンをタップすると、設定したWebページにすばやくアクセスできます。

ブックマークのアイコンをホーム画面に追加する

① ホーム画面にアイコンを追加するには、Webページを表示した状態で、をタップします。

② 上方向にスワイプし、<ホーム画面に追加>をタップします。

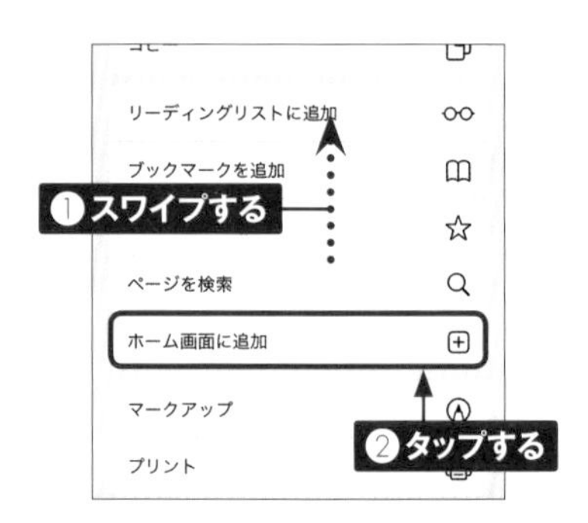

③ アイコンに表示させたい名称を入力し、<追加>をタップします。

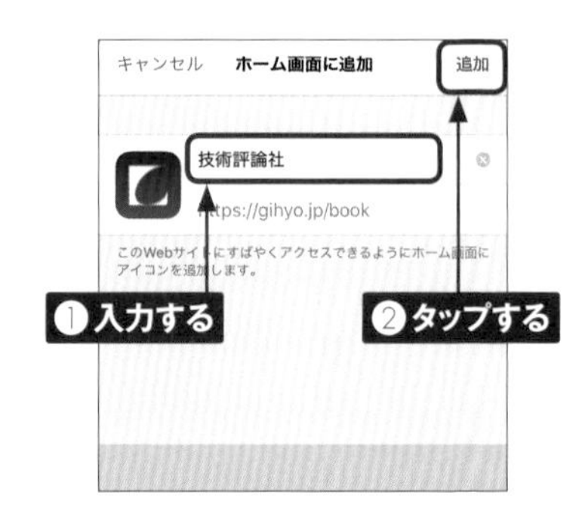

④ ホーム画面にアイコンが追加されます。アイコンをタップすると、設定したWebページがSafariで表示されます。

5

Section 37

プライベートブラウズモードを利用する

Safariでは、Webページの閲覧履歴や検索履歴、入力情報が保存されない「プライベートブラウズモード」が利用できます。プライバシーを重視したい内容を扱う場合などに利用するとよいでしょう。

プライベートブラウズモードを利用する

① Safariを開いた状態で、□をタップします。

② <プライベート>をタップします。

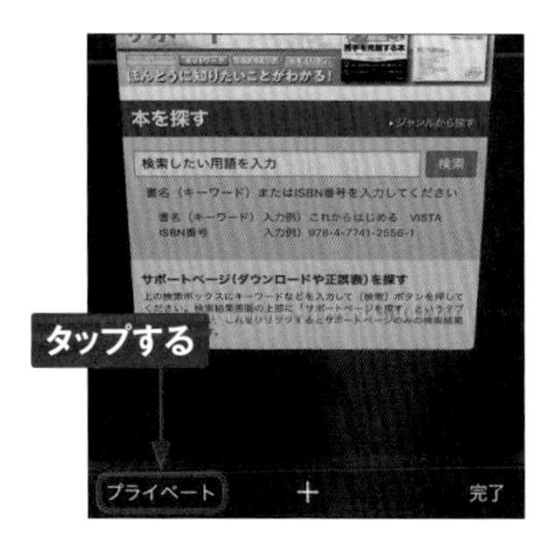

③ <完了>をタップします。

④ プライベートブラウズモードに切り替わります。

MEMO プライベートブラウズモードを終了する

プライベートブラウズモードを終了するには、手順②の画面を表示して<プライベート>→<完了>の順にタップします。

Section 38

リーダー機能でWebページを閲覧する

リーダー機能を使ってWebページを閲覧すると、広告などの余計な要素を排除して閲覧できます。なお、リーダー機能に対応していないWebページもあります。

リーダー機能を利用する

① Webページの検索フィールド内のAAをタップして、<リーダーを表示>をタップします。なお、対応していないページでは、<リーダーを表示>がグレーで表示され、タップできません。

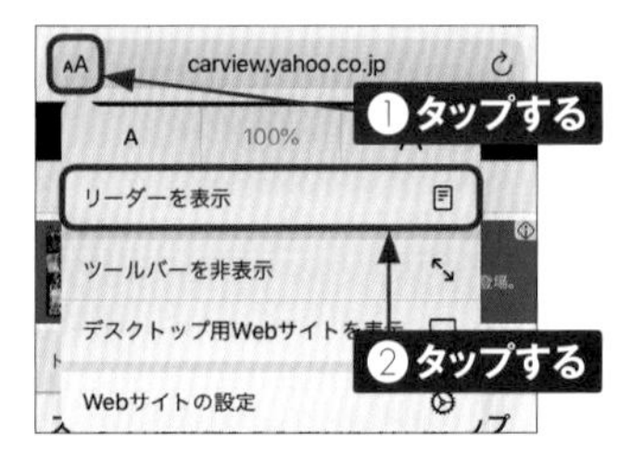

② Webページの文字情報だけを抽出して表示されます。AAをタップして、<リーダーを非表示>をタップします。

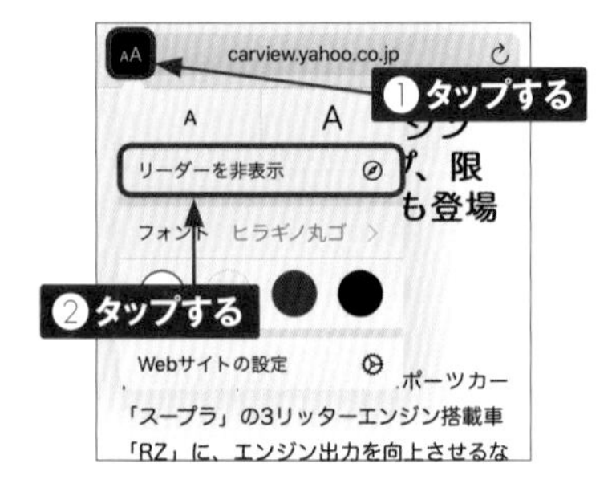

③ 通常の表示に戻ります。

MEMO 文字サイズを変更する

リーダー機能で表示されたWebページは、文字サイズの変更が可能です。手順②の画面でAをタップすると文字を小さく、Aをタップすると文字を大きくすることができます。

Chapter 6

音楽や写真・動画を楽しむ

Section 39

音楽を購入する

iPhoneでは、<iTunes Store>アプリを使用して、直接音楽を購入することができます。購入前の試聴も可能なので、気軽に利用することができます。

ランキングから曲を探す

1 ホーム画面で<iTunes Store>をタップします。初回起動時は<続ける>をタップし、「ファミリー共有を設定」画面が表示された場合は、<今はしない>をタップします。

2 iTunes Storeのランキングを見たいときは、画面左下の<ミュージック>をタップして、<iTunes Store>アプリのトップ画面を表示し、<ランキング>をタップします。

3 「ソング」や「アルバム」、「ミュージックビデオ」のランキングが表示されます。特定のジャンルのランキングを見たいときは、<ジャンル>をタップします。

4 ジャンルの一覧が表示されます。閲覧したいランキングのジャンルをタップします。ここでは、<エレクトロニック>をタップします。

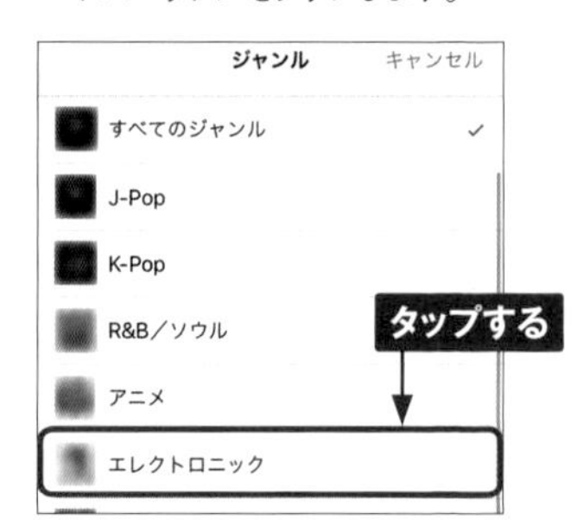

5 選択したジャンルのソング全体のランキングが表示されます。

アーティスト名や曲名で検索する

1 画面下部の＜検索＞をタップします。

2 検索フィールドにアーティスト名や曲名を入力し、＜検索＞または＜search＞をタップします。

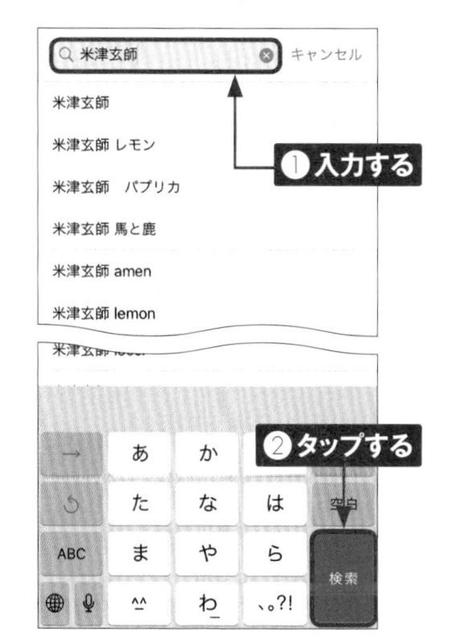

3 検索結果が表示されます。ここでは＜アルバム＞をタップします。

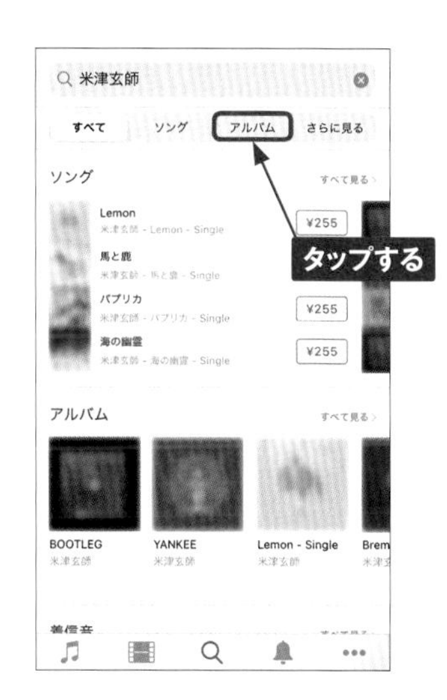

4 検索したキーワードに該当するアルバムが表示されます。任意のアルバムをタップすると、選択したアルバムの詳細が確認できます。

曲を購入する

① P.143手順④の次の画面では、曲の詳細やレビュー、関連した曲を見ることができます。

② 購入する前に曲を試聴できます。曲のタイトルをタップすると、曲が一定時間再生されます。

③ 購入したい曲の価格をタップします。アルバムを購入する場合は、アルバム名の下にある価格をタップします。

④ <支払い>をタップします。

5 「Apple IDでサインイン」画面が表示されたら、Apple ID（Sec. 19参照）のパスワードを入力し、<サインイン>をタップします。なお、パスワードの要求頻度の確認画面が表示された場合は、<常に要求>または<15分後に要求>をタップします。

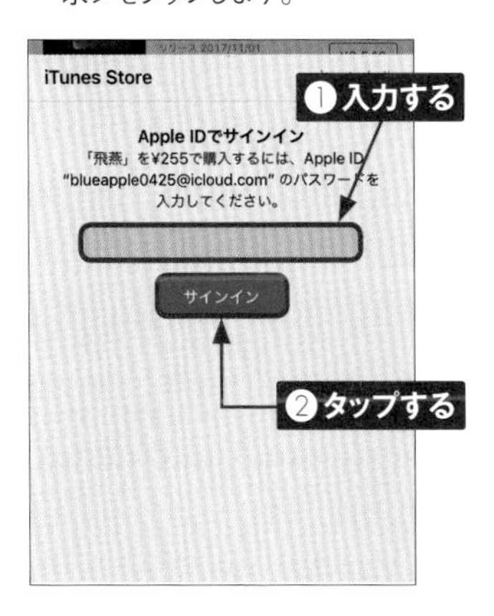

6 曲の購入を確認する画面が表示された場合は、<購入する>をタップします。購入した曲のダウンロードが始まります。

7 <再生>をタップすると、購入した曲をすぐに聴くことができます。

MEMO

支払い情報が未登録の場合

<iTunes Store>アプリで利用するApple IDに支払い情報を登録していないと、手順⑤のあとに「お支払情報が必要です」と表示されます。その場合、<続ける>をタップし、画面の指示に従って支払い情報を登録しましょう。登録を終えると、曲の購入が可能になります。

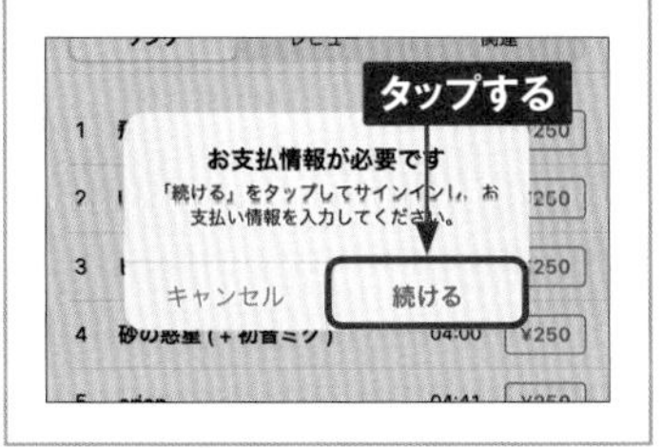

Section 40

音楽を聴く

パソコンから転送した曲や、iTunes Storeで購入した曲を、<ミュージック>アプリを使って再生しましょう。ほかのアプリの使用中にも音楽を楽しめるうえ、ロック画面での再生操作も可能です。

「再生中」画面の見方

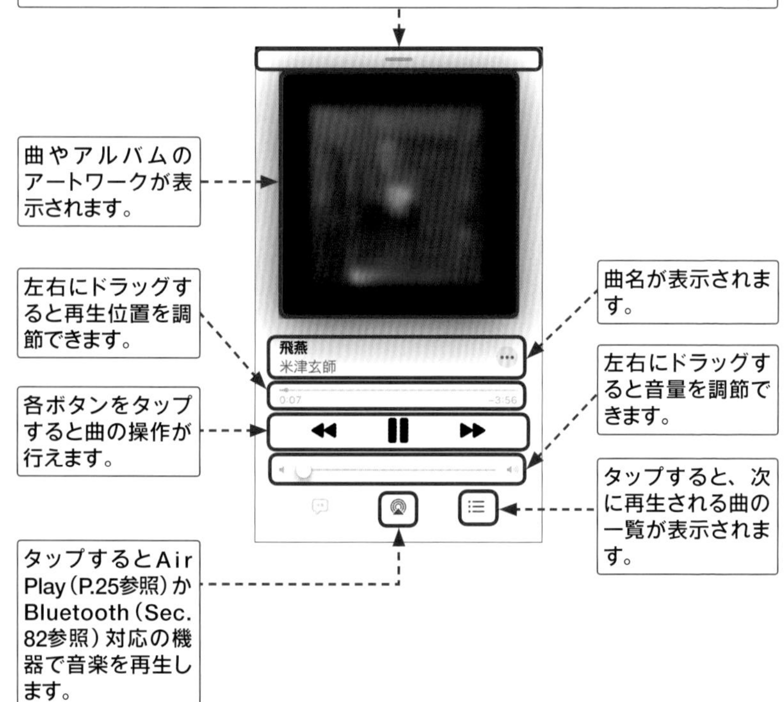

音楽を再生する

1 ホーム画面で ♫ をタップします。Apple Musicの案内が表示されたら、<続ける>をタップします。

2 任意の項目（ここでは<アルバム>）をタップします。

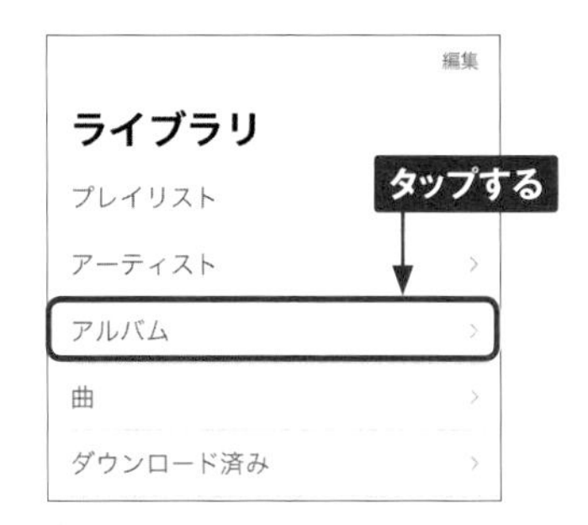

3 任意のアルバムをタップします。

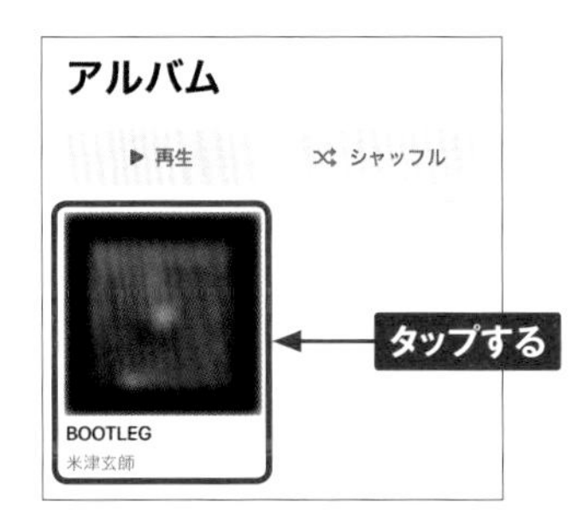

4 曲の一覧を上下にドラッグし、曲名をタップして再生します。画面下部のミニプレーヤーをタップします。

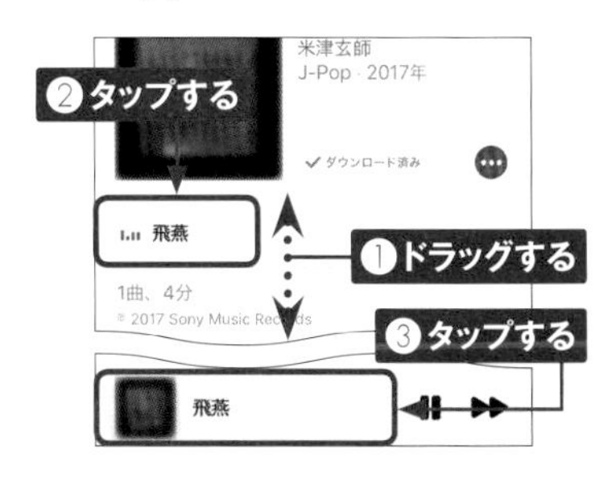

5 「再生中」画面が表示されます。一時停止する場合は ❚❚ をタップします。

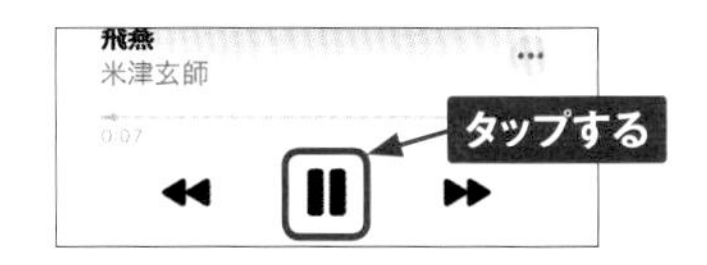

MEMO ロック画面で音楽再生を操作する

音楽再生中にロック画面を表示すると、ロック画面に<ミュージック>アプリの再生コントロールが表示されます。この再生コントロールで、再生や停止、曲のスキップなど、基本的な操作はひと通り行えます。

Section 41

Apple Musicを利用する

Apple Musicは、インターネットを介して音楽をストリーミング再生できる新しいサービスです。月額料金を支払うことで、数千万曲以上の音楽を聴き放題で楽しめます。

6

Apple Musicとは

Apple Musicは、月額制の音楽ストリーミングサービスです。ストリーミング再生だけでなく、iPhoneやiPadにダウンロードしてオフラインで聴いたり、プレイリストに追加したりすることもできます。有料会員のメンバーシップは、個人プランは月額980円、ファミリープランは月額1,480円、学生プランは月額480円で、利用解除の設定を行わない限り、毎月自動で更新されます。メンバーシップに登録すると、iTunes Storeで販売しているさまざまな曲とミュージックビデオを自由に視聴できるほか、ミュージックエディターのおすすめを確認したり、有料のラジオを聴いたりすることもできます。また、ファミリープランでは、家族6人まで好きなときに好きな場所で、それぞれの端末上からApple Musicを利用できます。

Apple Musicのメンバーシップになると、プロフィールを登録したり、ほかのユーザーと曲やプレイリストを共有したりすることができます。

3ヶ月間、無料でサービスを利用できるトライアルキャンペーンを実施しています（2020年5月現在）。

Apple Musicの利用を開始する

1 ホーム画面で♫をタップし、＜For You＞をタップします。

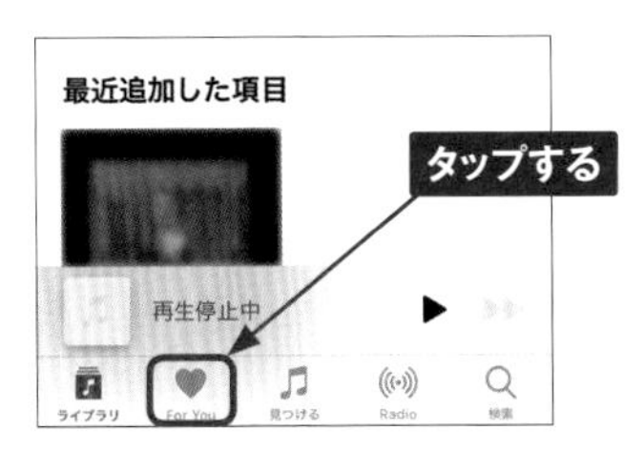

2 ＜今すぐ開始＞をタップします。

3 Apple Musicには、「個人」「ファミリー」「学生」の3種類のプランが用意されています。ここでは、＜個人＞→＜トライアルを開始＞の順にタップします。

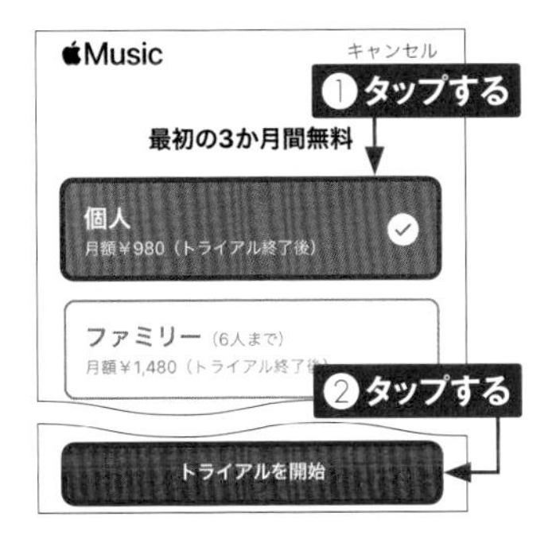

4 ＜承認＞をタップします。Apple IDの認証画面が表示されたら、Apple IDのパスワードを入力して、＜OK＞をタップします。

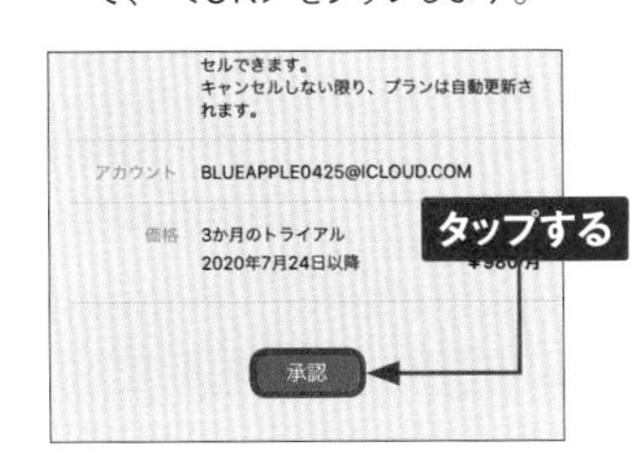

MEMO 購読開始のお知らせを確認する

Apple Musicのメンバーシップを開始すると、トライアルメンバーシップへの無料登録であっても、iTunesへの登録メールアドレス宛に「登録の確認」または「サブスクリプションの確認」という件名でメールが届きます。このメールには、購入日や購読期間などが記載されているので、大切に保管しましょう。なお、メール本文にある＜登録内容の確認＞をタップすると、自動更新の解除を行うこともできます。

Apple Musicで曲を再生する

1 ホーム画面から♫→<For You>の順にタップします。<始める>をタップして、画面の指示に従って進み、聴きたいプレイリストをタップします。

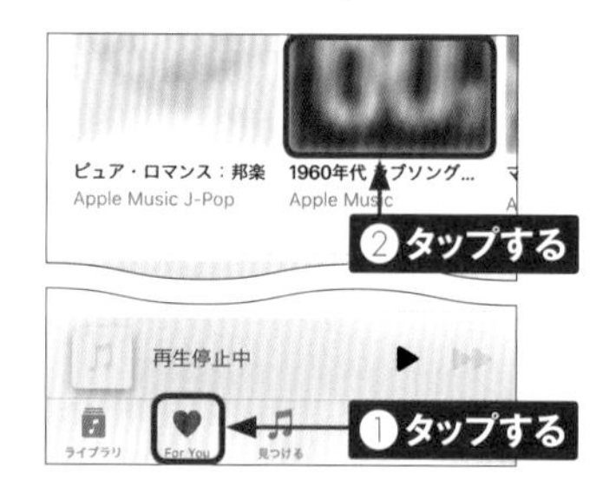

2 プレイリストの曲の一覧が表示されます。聴きたい曲をタップします。

3 曲の再生が始まります。なお、曲を再生するにはWi-Fiに接続されている必要があります。⏸をタップすると、再生が停止します。

4 手順①の画面で好きなプレイリストをタップして、⋯をタップし、<ライブラリに追加>をタップします。なお、曲のダウンロードにはiCloudミュージックライブラリをオンにする必要があります。

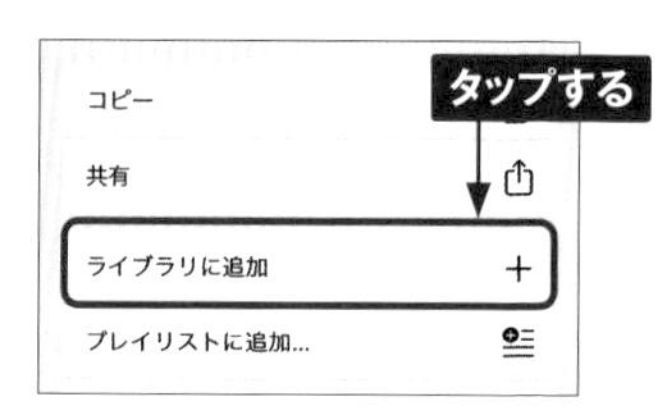

5 手順④の画面に戻り☁をタップすると、曲のダウンロードが始まります。ダウンロードが完了すると、ライブラリからいつでも再生できるようになります。

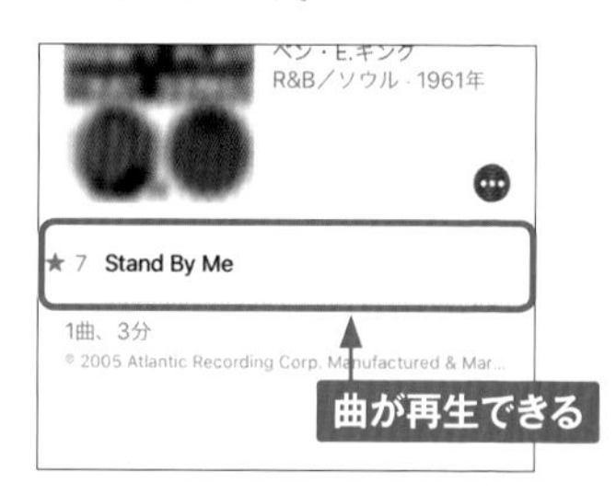

MEMO モバイル通信でストリーミングする

Wi-Fiに接続していないときに曲を再生したい場合は、<設定>→<ミュージック>→<モバイルデータ通信>の順にタップし、「モバイルデータ通信」が●になっていることを確認して、「ストリーミング」の○をタップしてオンにしましょう。

Apple Musicの自動更新を停止する

1. ホーム画面で♫→<For You>の順にタップし、をタップします。

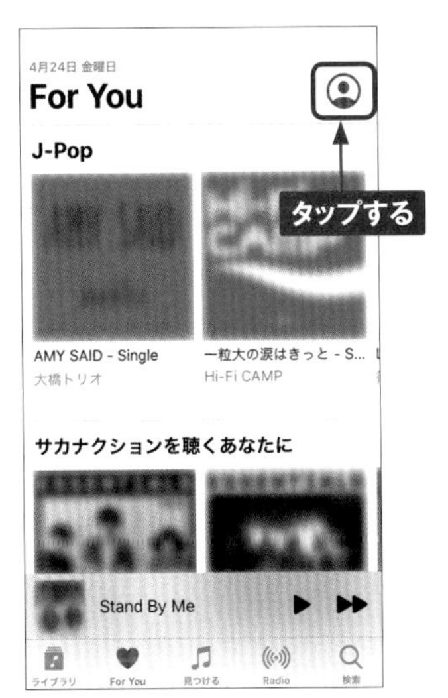

2. <サブスクリプションの管理>をタップします。

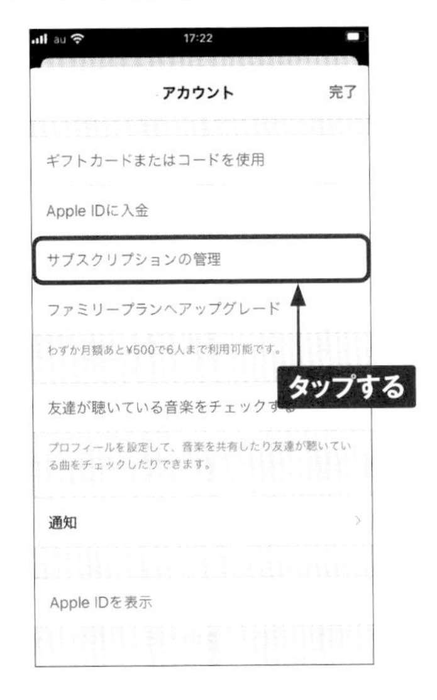

3. <サブスクリプションをキャンセルする>または<無料トライアルをキャンセルする>をタップします。

4. 「キャンセルの確認」画面が表示されるので、<確認>をタップします。

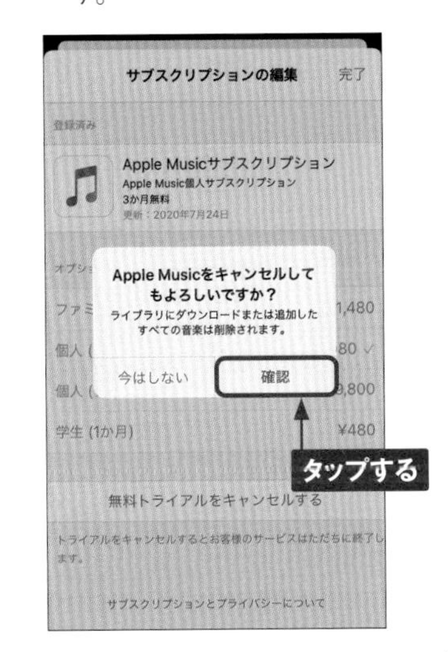

Section 42

プレイリストを作成する

お気に入りの楽曲だけを集めて、自分だけのコンピレーションアルバムを作りたいときは、プレイリストを作成しましょう。一度作成したプレイリストの編集や削除もかんたんに行えます。

プレイリストを作成する

1 ホーム画面で♬→＜ライブラリ＞→＜プレイリスト＞→＜新規プレイリスト＞の順にタップします。

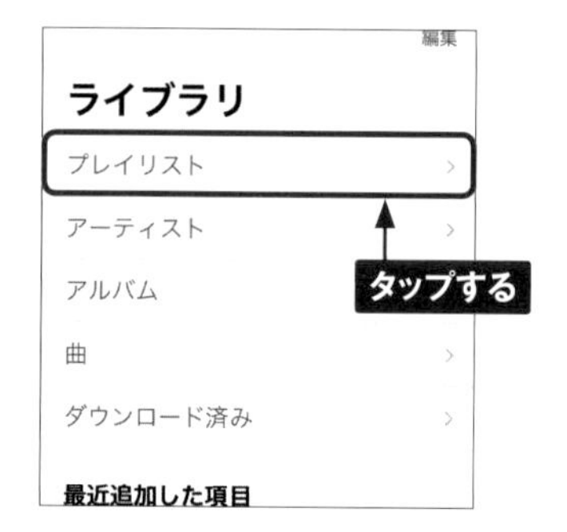

2 プレイリスト名と説明を入力し、＜ミュージックを追加＞をタップします。

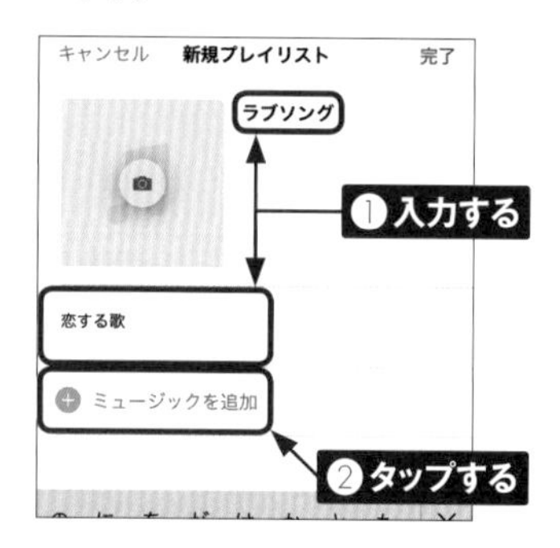

3 「ライブラリ」画面が表示されるので、ここでは＜曲＞をタップし、プレイリストに追加したい曲名をタップしてチェックを付け、＜完了＞をタップします。

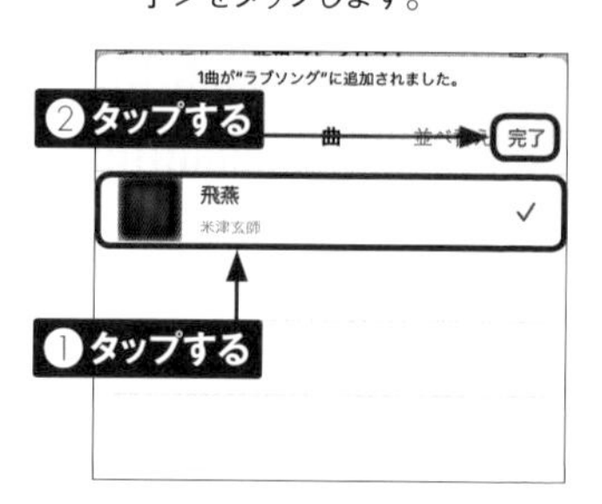

4 ＜完了＞をタップします。

プレイリストを編集する

1 P.152手順①の「プレイリスト」画面で作成したプレイリストをタップし、<編集>をタップします。

2 プレイリストから曲を削除したい場合は、⊖をタップします。

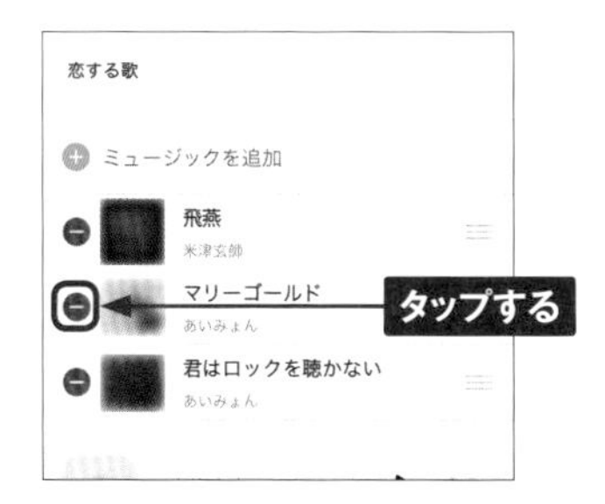

3 <削除>をタップします。

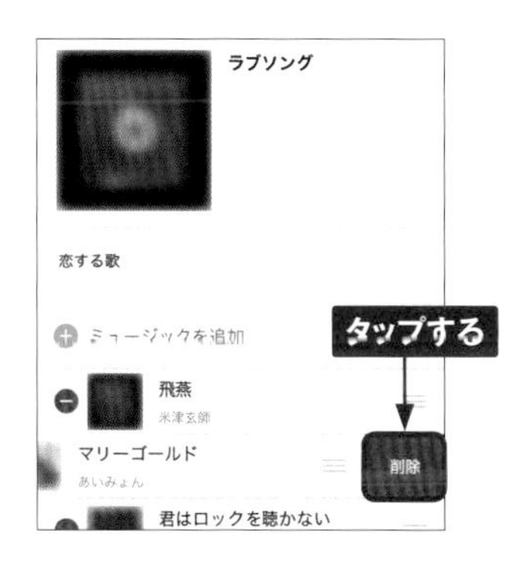

4 曲の順番を変更したい場合は、順番を変更したい曲名の≡を上下にドラッグします。

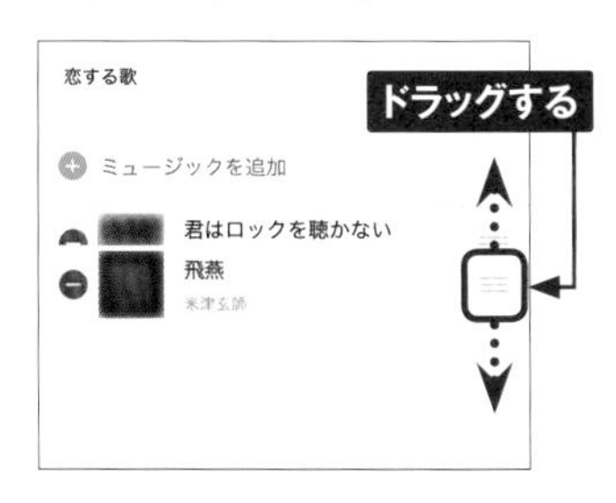

5 プレイリストの編集が完了したら、<完了>をタップします。

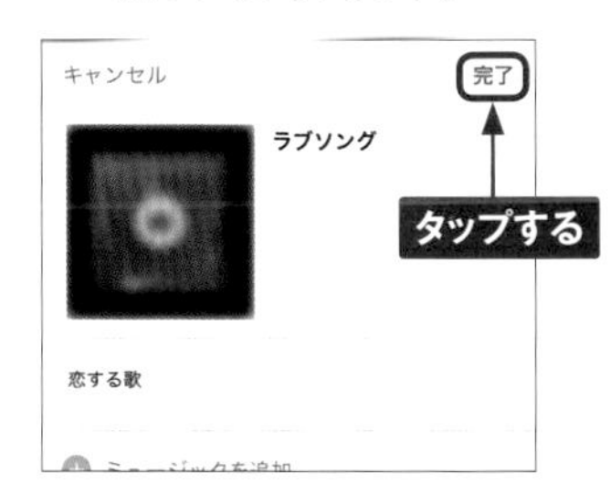

MEMO プレイリストを削除する

手順①の画面で⊙をタップして、<ライブラリから削除>→<プレイリストを削除>の順にタップすると、プレイリストを削除できます。

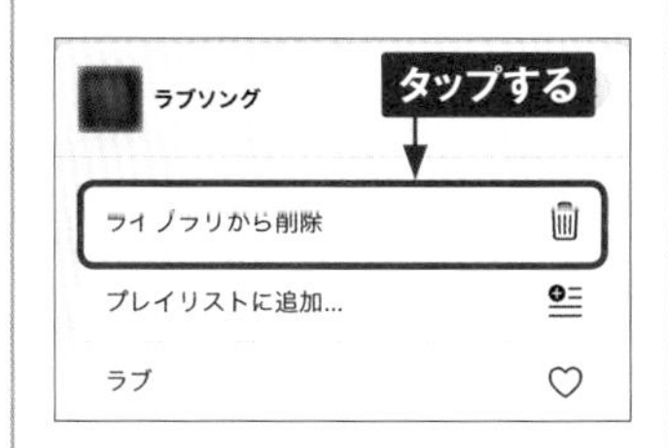

Section 43

映画を楽しむ

<iTunes Store>アプリでは映画の購入やレンタルもできます。レンタル期間は30日間（再生開始後は48時間）です。なお、映画のダウンロードにはWi-Fi接続が必須です。

映画をレンタルする

1 ホーム画面で<iTunes Store>をタップして、画面下部の<検索>をタップします。

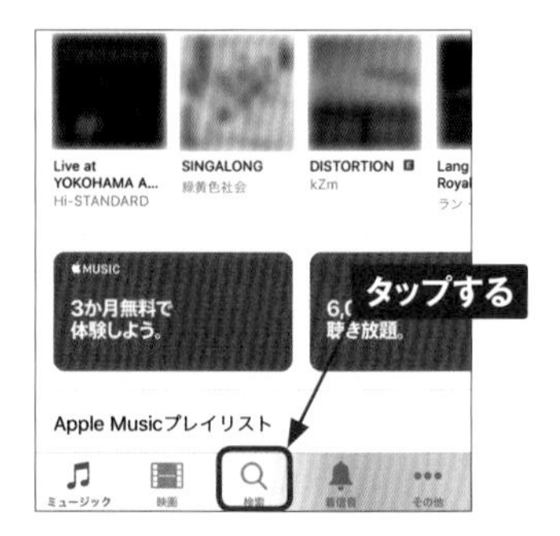

2 検索フィールドに映画の名前を入力し、<検索>（または<Search>）をタップします。

3 検索結果が表示されます。<映画>をタップし、気になる映画をタップすると、選択した映画の詳細が確認できます。

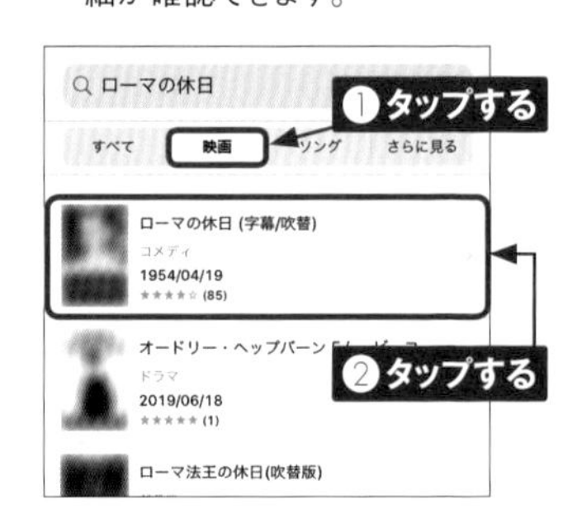

4 映画をレンタルする場合は、<¥○○レンタル>→<レンタル>の順にタップします。

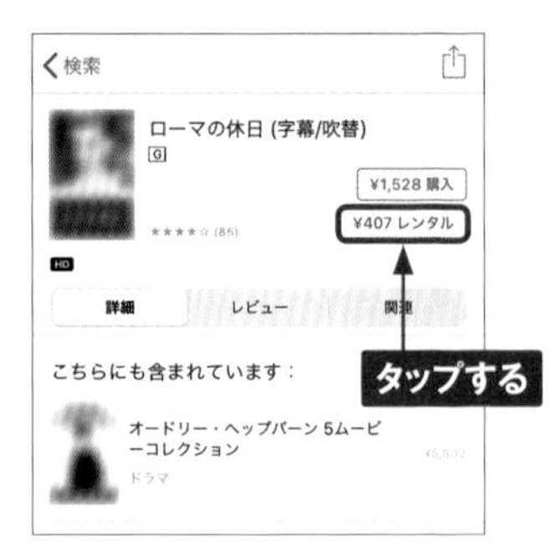

5 サインインしていない場合は、「Apple IDでサインイン」画面が表示されるので、Apple IDのパスワードを入力後、<サインイン>をタップします。確認画面が表示されたら<レンタル>または、<ダウンロード>をタップします。ダウンロードが始まります。

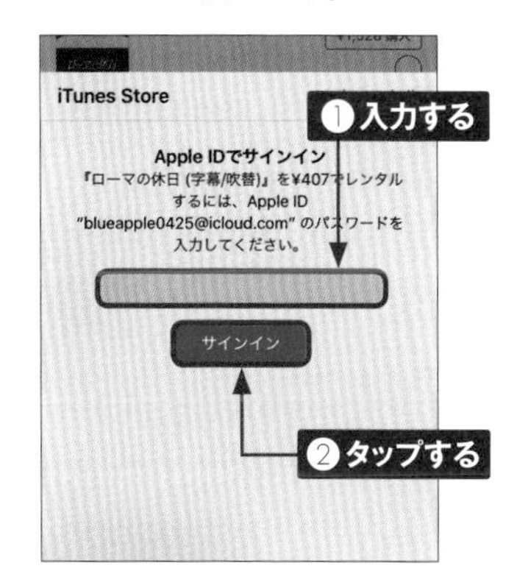

6 ダウンロードした映画を視聴する際は、ホーム画面で<TV>をタップします。

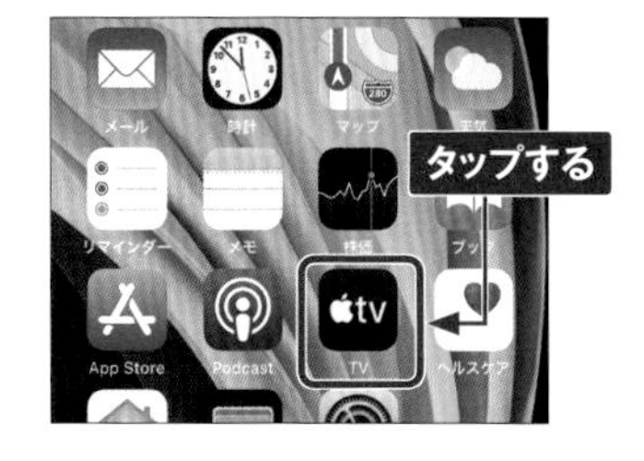

7 視聴したい映画をタップします。

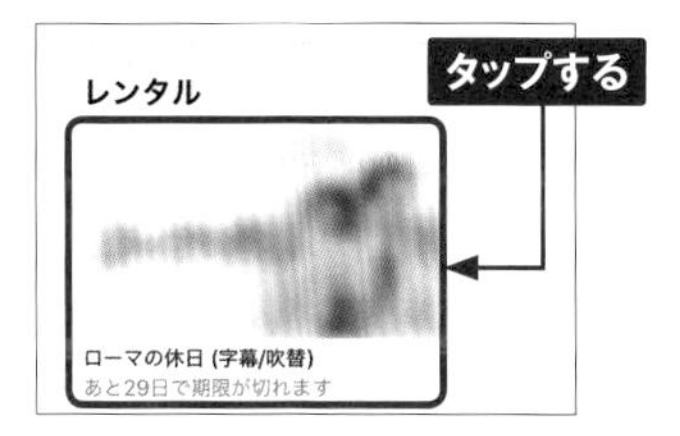

8 選択した映画の詳細画面が表示されます。映画を再生する場合は▶をタップします。

9 有効期限に関する確認の画面が表示されます。このまま映画を視聴する場合は、<再生>をタップします。

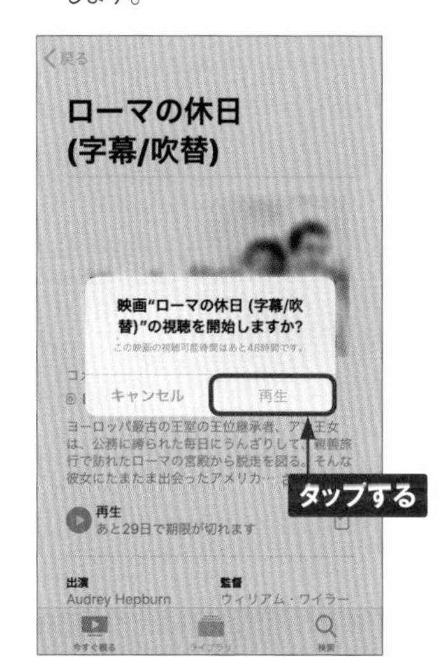

写真を撮影する

iPhone SEには、背面・前面に各1つのカメラがあります。さまざまな機能を利用して、高画質な写真を撮影することが可能です。なお、シングルカメラでもポートレートモードで撮影できるようになりました。

写真を撮る

① ホーム画面で<カメラ>→<続ける>の順にタップします。位置情報の利用に関する画面が表示されたら、P.76MEMOを参考に設定します。

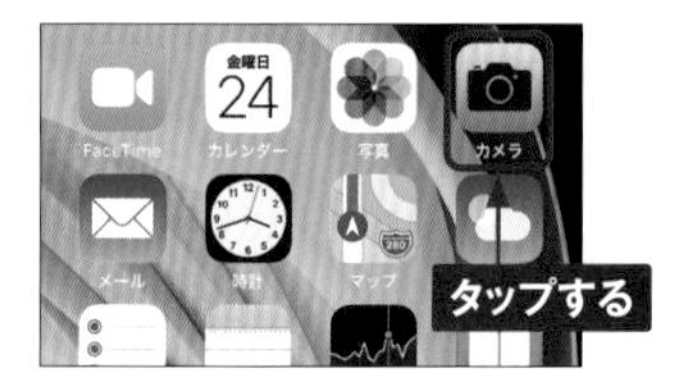

② 画面をピンチすると、ズームをすることができます。

③ ピントを合わせたい場所をタップします。タップした位置を中心に自動的に露出が決定されます。

QRコードの読み取り

<カメラ>アプリでは、QRコードの読み取りができます。カメラにQRコードをかざすだけで自動認識され、Webサイトの表示などが行えます。QRコードが読み取れない場合は、ホーム画面で<設定>→<カメラ>の順にタップし、「QRコードをスキャン」がになっていることを確認しましょう。

4 ◎をタップすると、撮影が実行されます。

5 写真モード時に◯をタッチすると、動画を撮影することができます。画面から指を離すと、動画の撮影が終了します。なお、タッチしたまま🔒までスワイプすると、指を離しても、動画撮影が継続されます。

6 また、写真モード時に◯を左側にスワイプすると、指を離すまで連続写真を撮影することができます。

7 撮影した写真や動画をすぐに確認するときは、画面左下のサムネイルをタップします。写真や動画を確認後、撮影に戻るには、左上の〈をタップします。

撮影モードや撮影機能を切り替える

① 画面を左右にスワイプするか、下部の撮影モード名をタップすることで、撮影モードを切り替えることができます。画面上部の［＾］をタップすると、撮影機能を表示することができます。

❶フラッシュの自動／オン／オフを切り替えます。

❷Live Photosの自動／オン／オフを切り替えます。

❸写真の大きさをスクエア／4：3／16：9のいずれかに設定することができます。

❹3秒後または10秒後のタイマーを設定することができます。

❺フィルタを設定した状態で撮影することができます。フィルタ部分を左右にドラッグして仕上がりを確認します。

写真モードの画面の見かた

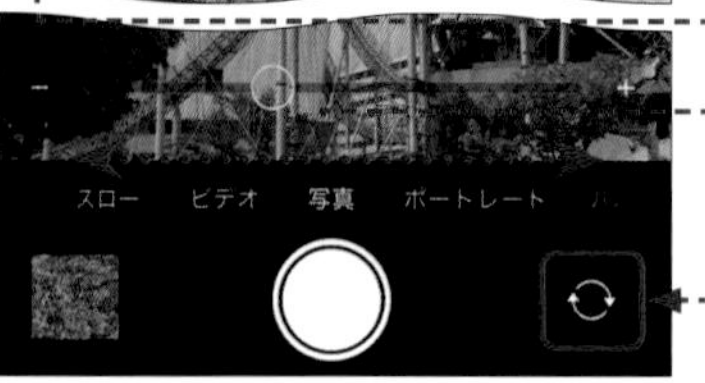

Live Photosのオン／オフを切り替えます（P.161参照）。

機能を切り替えることができるメニューが表示され（上の画面参照）、タイマーやフィルタを設定できます。

画面をタップした場所に、ピントと露出が合います。そのあとに画面を上下にスワイプすると、露出を変更できます。また、タッチすると、ピントと露出が固定されます。

フラッシュのオン／オフを切り替えます。

画面を左右にスワイプすると、撮影モードを変更できます。

タップすると、背面カメラと前面側カメラを切り替えます。

前面側カメラで撮影する

1 前面側カメラで撮影するときは、P.156手順②の画面で、をタップします。

2 前面側カメラに切り替わります。ピントを合わせたい部分をタップします。

3 ピントが合います。前面側カメラでの撮影方法は、背面カメラと同じです（P.156 ～ 157参照）。

前面側カメラの機能

前面側カメラも、背面カメラと同様、2枚の異なる露出の写真から、最適な露出に合成できるスマートHDRが利用でき、動画撮影機能は背面カメラと違い、HD/30fpsまでの撮影が可能となっています。なおiPhone SEでは、スローモーション撮影は前面側のカメラには対応していません。

ポートレートモードで背景をボカして撮影する

① ホーム画面で<カメラ>をタップし、画面を左方向に1回スワイプして、<続ける>をタップします。

② 「近づいてください。」と表示された場合は、被写体との距離を調整します。

③ ポートレートモードが利用できるようになると、「自然光」の表示が黄色くなり、ピントが合っている被写体の周りがぼけた状態になります。

④ 下部の照明効果をスワイプして選択し、◎をタップします。

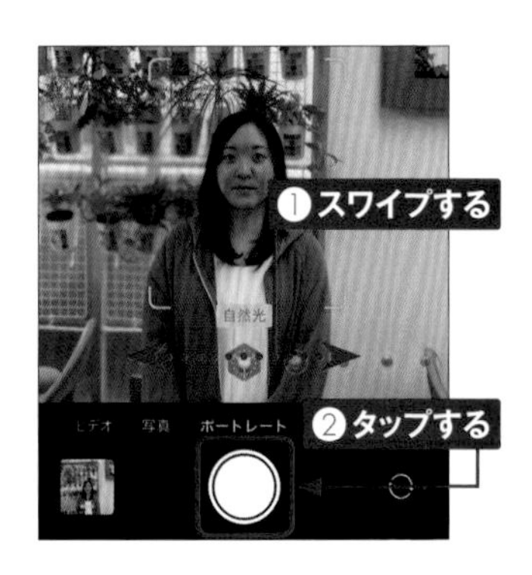

人物以外には利用できない

ここでは、背面カメラのポートレートモードで人物を撮影しています。iPhone SEのポートレートモードが利用できるのは、対象が人物の場合のみです。前面側カメラでもポートレートモードでの撮影が可能です。

Live Photosを再生する

1 右下のMEMOを参考に、「Live Photos」がオンの状態で撮影した写真を表示し、画面をタッチします。

2 写真を撮影した時点の前後1.5秒の音と映像が、再生されます。

3 指を離すと、最初の画面に戻ります。

Live Photosをオフにする

Live Photosは通常の写真よりも、ファイルサイズが大きくなります。iPhoneの容量が残り少ない場合などは、Live Photosをオフにしておくとよいでしょう。Live Photosをオフにするには、ホーム画面で<カメラ>アプリをタップし、画面上部のをタップしてにします。

6

動画を撮影・編集する

iPhoneのカメラは、静止画だけでなく動画の撮影も可能です。ここでは、動画撮影とトリミングの方法を紹介します。なお、トリミングはiPhoneで撮影した動画でのみ可能です。

iPhoneのカメラで動画を撮影する

1 ホーム画面で＜カメラ＞をタップし、カメラを起動します。撮影モードが「写真」になっているときは、画面を右方向に1回スワイプし、「ビデオ」に切り替えます。

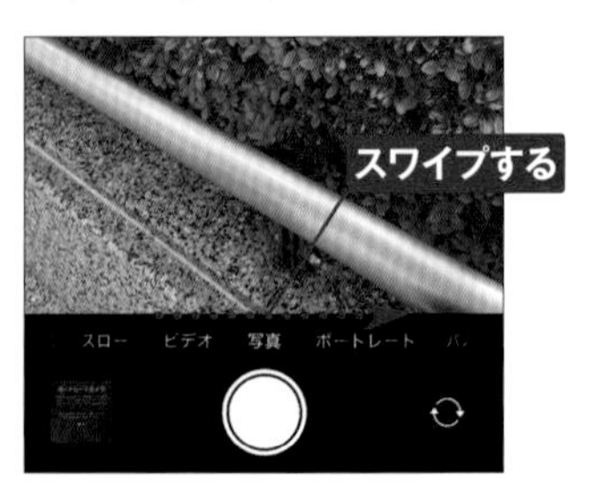

2 ●をタップして撮影を開始します。撮影中は画面上部に撮影時間が表示されます。撮影中にピンチオープンすると、ズームができます。

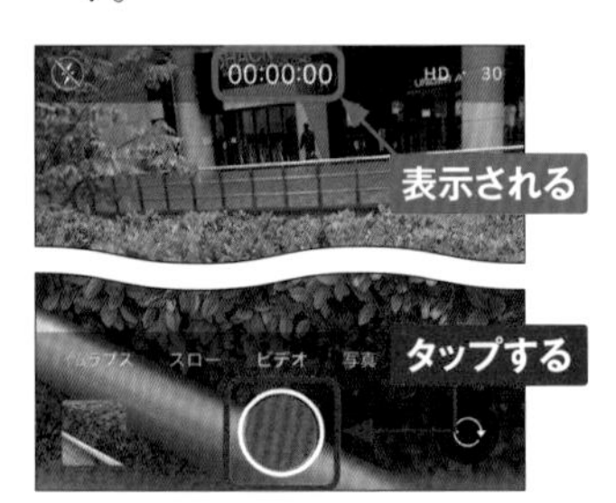

3 ●をタップすると、動画の撮影を終了します。撮影した動画を確認するには、画面左下に表示されるサムネイルをタップします。

MEMO 動画撮影中に写真を撮る

動画の撮影中に画面右下の◯をタップすると、動画を撮影しながら写真を撮ることができます。

動画をトリミングする

① P.162手順③でサムネイルをタップして、<編集>をタップします。なお、<写真>アプリの場合は<編集>の位置が異なります。

② フレームの両端をそれぞれドラッグすると、動画の不要な箇所を削除することができます。黄色で囲まれた部分が動画ファイルとして残ります。

③ ☑→<ビデオを保存>の順にタップします。

④ トリミング処理が完了すると、アルバムに保存され、動画の再生画面に戻り、動画が再生されます。

スローモーションで動画を撮影する

1 ホーム画面で＜カメラ＞をタップし、カメラを起動します。撮影モードが「写真」になっているときは、画面を右方向に2回スワイプし、「スロー」に切り替えます。

2 ●をタップすると、撮影を開始します。撮影中は画面上部の撮影時間が更新されます。

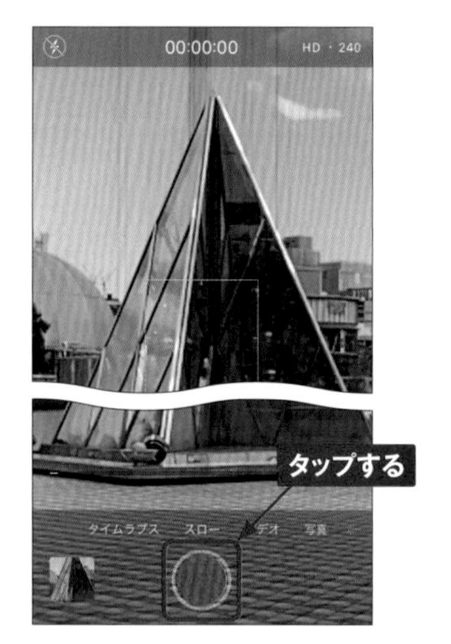

3 ●をタップすると、動画の撮影が終了します。撮影した動画を確認するには、画面左下のサムネイルをタップします。

MEMO フレーム数を変更する

ホーム画面で＜設定＞→＜カメラ＞→＜スローモーション撮影＞の順にタップします。＜1080p HD/120 fps＞または＜1080p HD/240 fps＞をタップして、フレーム数を切り替えることができます。なお、「1080p HD/240 fps」を利用するには、あらかじめホーム画面で＜設定＞→＜カメラ＞→＜フォーマット＞の順にタップし、「高効率」に切り替えておきます。

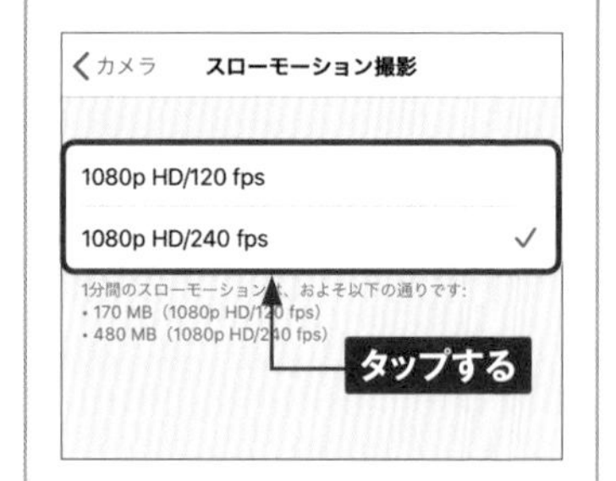

動画がスローモーションになる範囲を変更する

1 P.164手順③でサムネイルをタップして、<編集>をタップします。

2 「スロー」で撮影した動画には、メニューに白い目盛りが追加されています。▯を左右にドラッグします。

3 ▯の間隔が広く表示されているところがスローモーションで再生される範囲です。▶をタップすると、動画が再生されます。✓→<ビデオを保存>の順にタップします。

MEMO 4Kビデオを撮影する

ホーム画面で<設定>→<カメラ>→<ビデオ撮影>の順にタップし、<4K/○○ fps>をタップすると、フルHDビデオの4倍の解像度（3,840×2,160）で、撮影ができます。「4K/60 fps」を利用するには、あらかじめホーム画面で<設定>→<カメラ>→<フォーマット>の順にタップし、「高効率」に切り替えておきます。

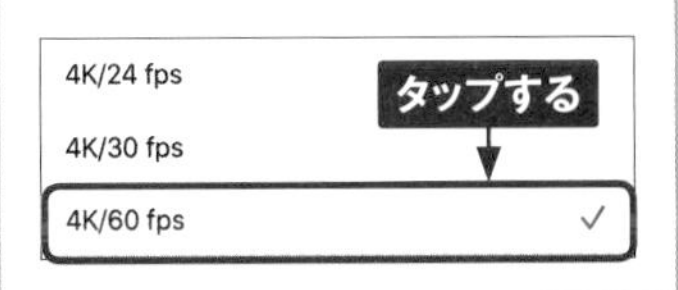

Section 46

写真・動画を閲覧する

コンパクトで持ち運びに便利なiPhone SEは、写真や動画の閲覧に最適です。撮影した写真や動画をiPhoneで楽しみましょう。

「アルバム」タブで写真を閲覧する

① ホーム画面で<写真>をタップします。初回起動時は「写真の新機能」が表示されるので、<続ける>をタップします。

② <アルバム>をタップすると、iPhone内のアルバムの一覧が表示されます。<最近の項目>をタップします。

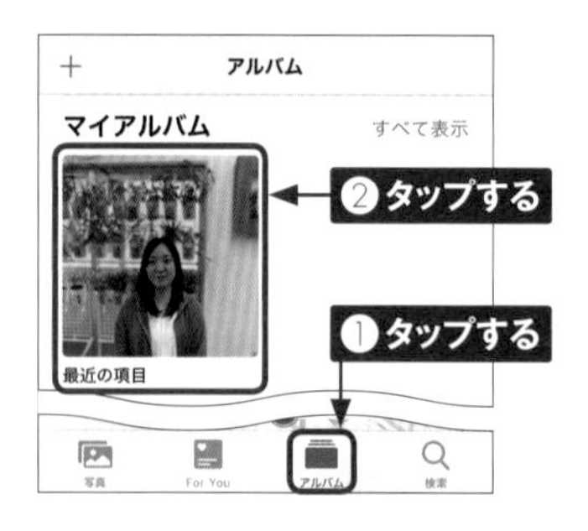

③ 上下にスワイプして写真を探し、閲覧したい写真をタップします。動画には時間が表示されており、タップして動画を開くと自動的に再生されます。

④ 写真が表示されます。画面をダブルタップすると、画像が拡大・縮小します。左右にスワイプすると、前後の写真が表示されます。画面下部の♡をタップすると「お気に入り」アルバムが作成され、写真が追加されます。

写真を検索する

1 P.166手順②の画面で画面下部の<検索>をタップします。位置情報の確認画面が表示されたら、<許可しない>または<Appの使用中は許可>をタップします。

2 検索したい写真や動画のキーワード（名前、日付、場所など）を入力し、<検索>をタップします。

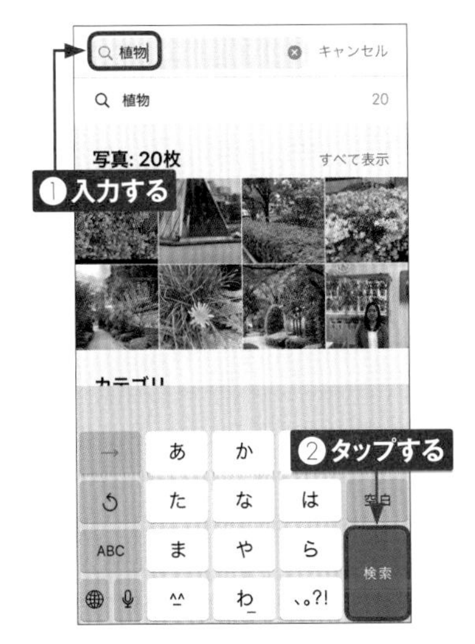

3 該当する写真や動画が一覧表示されます。タップすると写真が表示されます。

MEMO 「ピープル」アルバムを活用する

P.166手順②の画面で「ピープルと撮影地」の<ピープル>をタップすると、人の顔が映った写真が自動的にまとめられる「ピープル」アルバムが表示されます。人物別に写真が区分けされているため、特定の人物の写真を探したい場合に便利です。

6

「写真」タブで写真を閲覧する

1 P.166手順①を参考に<写真>アプリを起動し、画面左下の<写真>をタップします。

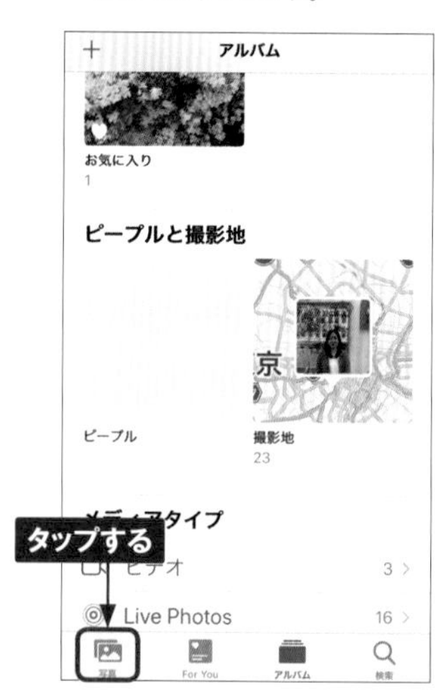

2 初回起動時は、<すべての写真>表示になり、撮影した順番にすべての写真と動画が表示されます。<月別>をタップします。

3 写真が撮影した月ごとに分類された「写真」画面が表示されます。<年別>をタップします。

4 撮影した年ごとに分類された「写真」画面が表示されます。<すべての写真>をタップすると、手順②の画面に戻ります。

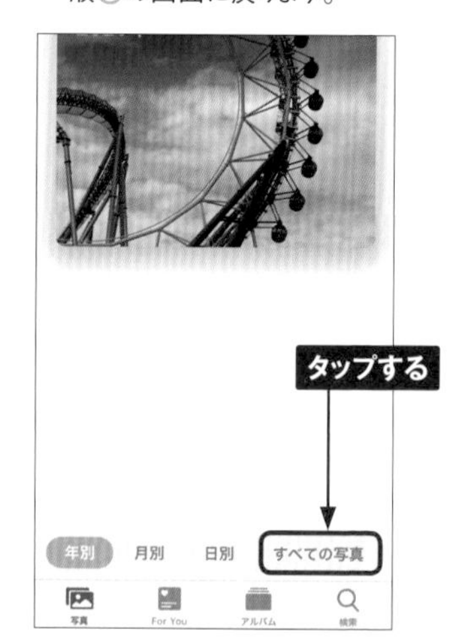

「For You」タブで写真を閲覧する

1 P.166手順①を参考に<写真>アプリを起動し、<For You>をタップして、閲覧したいメモリーをタップします。

2 自動的に作成されたメモリーやメモリーに含まれる写真、撮影地などが表示されます。メモリーをタップします。

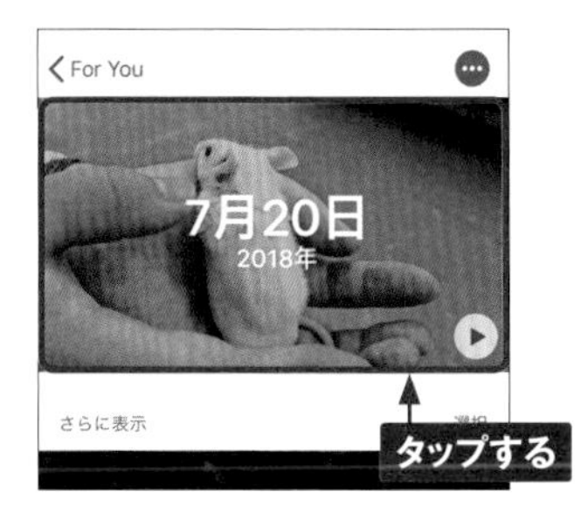

3 メモリーが再生されます。

4 手順③で画面をタップすると、曲の再生や停止、ミュージックの変更などの操作ができます。

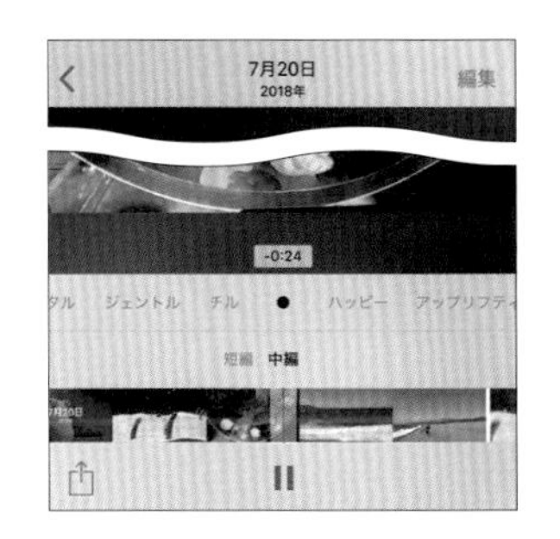

5 手順④の画面で<編集>をタップすると、タイトルや再生時間などを変更できます。

MEMO **おすすめ写真を確認する**

「For You」タブでは、メモリーのほかに、友だちと手軽に写真の共有をすることができます。アプリが写真に写っているイベントや場所を特定し、同一の写真をまとめてくれます。複数人で写っている写真では、それぞれの顔を認識して、その友だちと共有することをおすすめしてくれます。

6

Section 47

アルバムを作成する

特定の写真を1つにまとめて整理したい場合は、アルバムを新規作成して、写真を追加します。なお、自動的に作成されるアルバムは編集できません。

アルバムを新規作成する

1 ホーム画面で<写真>をタップし、<アルバム>をタップします。

2 画面左上の＋をタップして、<新規アルバム>をタップします。

3 「新規アルバム」画面が表示されるので、アルバムの名前を入力します。

4 <保存>をタップします。

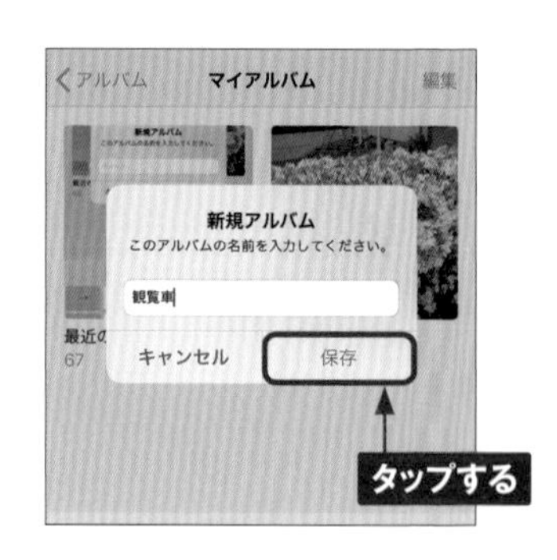

5 「すべての写真」画面が表示されます。アルバムへ入れる写真をタップしてチェックを付けます。<完了>をタップすると、アルバムに写真が追加されます。

6 アルバムが作成されます。アルバム内の写真を閲覧するときは、アルバム（ここでは<観覧車>）をタップします。

7 アルバムの写真が一覧で表示されます。

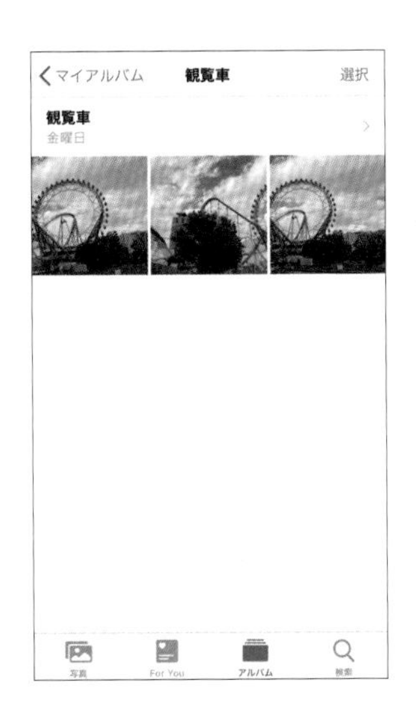

MEMO

写真をまとめて選択する

手順⑤を参考に、写真を選択する際は、写真上で指を上下左右にスライドすると、連続した写真をまとめて選択することができます。

6

アルバムに写真を追加する

1 P.168手順①を参考に「写真」画面を表示し、画面右上の<選択>をタップします。

2 アルバムへ追加する写真をタップしてチェックを付け、→<アルバムに追加>の順にタップします。

3 写真を追加するアルバムをタップします。なお、選択できるのは自分で作成したアルバムのみです。

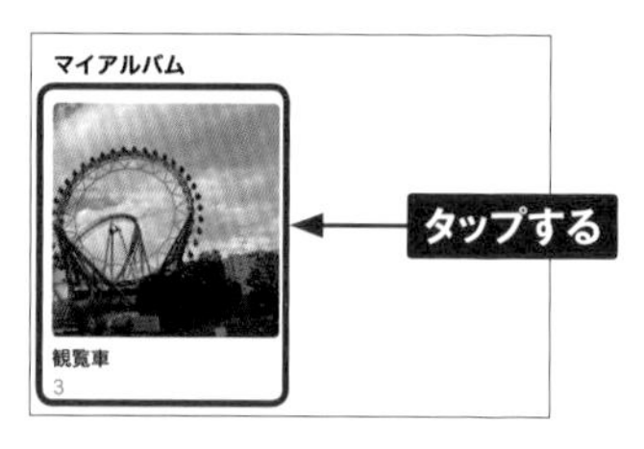

4 手順③で選択したアルバムに写真が追加されます。

MEMO ほかのアルバムから写真を追加する

P.171手順⑤で画面右下の<アルバム>をタップすると、ほかのアルバムを指定して追加する写真を選択することもできます。

アルバムを編集する

1 P.166手順①を参考に<写真>アプリを起動し、<アルバム>をタップして、<すべて表示>→<編集>の順にタップします。

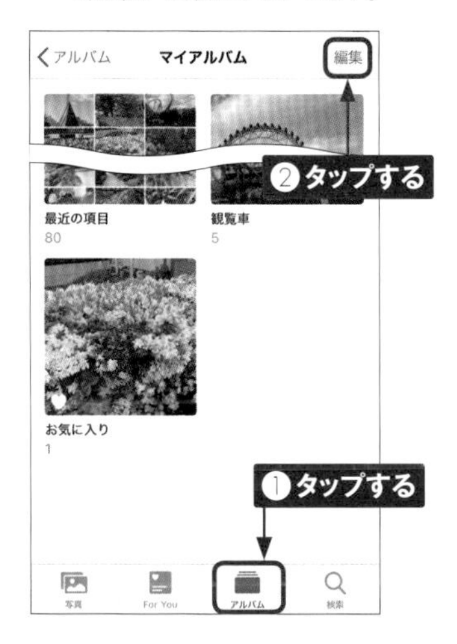

2 アルバムを編集する画面が表示されます。アルバムをドラッグすると、自分で作成したアルバムの位置を変更できます。

3 アルバムの名前をタップすると、アルバム名を変更できます。<完了>をタップすると、編集が完了します。

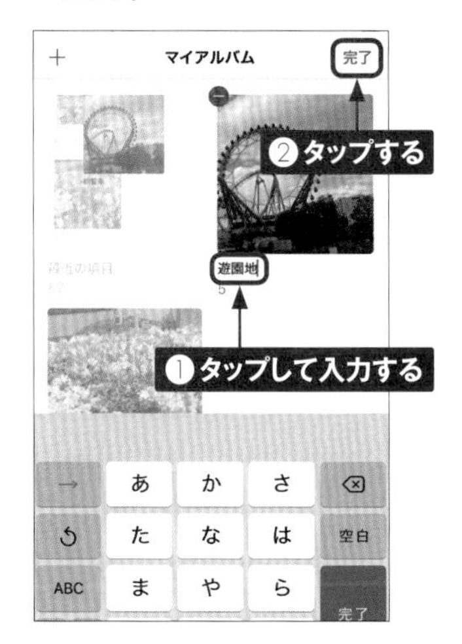

MEMO 作成したアルバムを削除する

手順②の画面で●をタップし、<アルバムを削除>をタップすると、アルバムが削除されます。なお、アルバムを削除しても、もとの写真はiPhoneから削除されません。

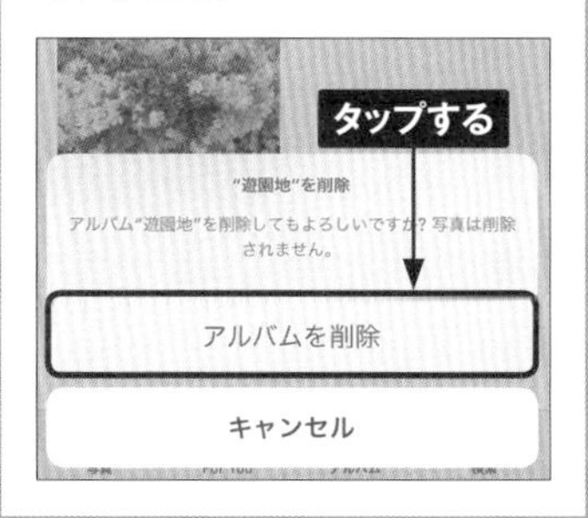

6

Section 48

写真や動画を編集・補正する

iPhone内の写真を編集してみましょう。明るさの自動補正のほか、傾き補正や「フィルタ」、「調整」などを利用できます。なお、P.174～175の編集は、動画でも可能です。

明るさを自動補正する

1 P.166手順①～③を参考に、編集したい写真を表示して、画面右上の<編集>をタップします。

2 明るさを調整するには、をタップします。

3 がに変わり、明るさが自動補正されます。をタップすると、画像が保存されます。

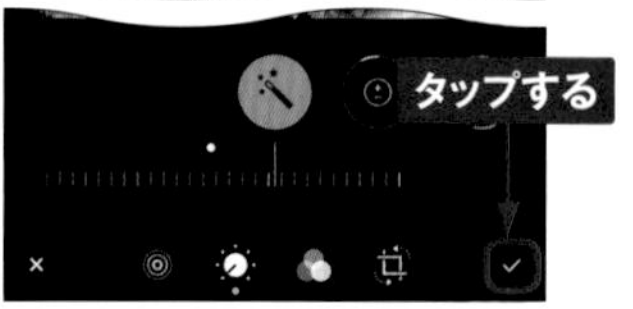

MEMO そのほかの補正機能

手順③の画面で→<マークアップ>の順にタップすると、写真内に手書き入力ができます。また、をタップすると、撮影後の写真にフィルタ（P.158参照）をかけることができます。

写真をトリミングする

① P.174手順①の画面で、画面右上の<編集>をタップします。

② 写真をトリミングするには、をタップします。

③ 傾きがある場合は自動で補正されます。画面左上のをタップするごとに写真が90度回転します。

④ 画面下部の目盛り部分を左右にドラッグすると、好きな角度で写真を回転させることができます。画面上部の<戻す>をタップすれば、オリジナルの状態に戻ります。

⑤ 枠の四隅をドラッグしてトリミング位置を調整し、をタップすると画像が保存されます。

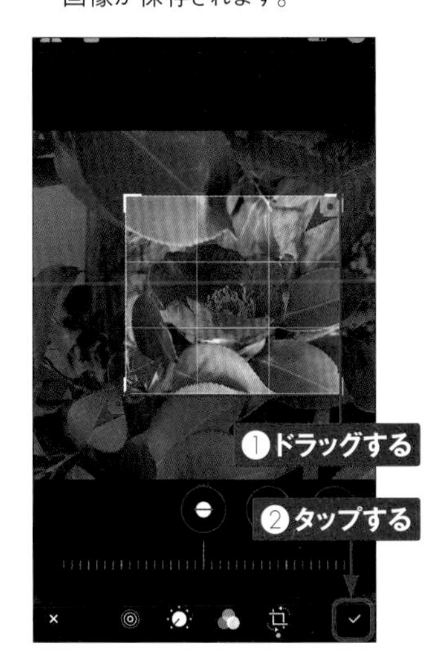

Live Photosのエフェクトの種類を変更する

1 ホーム画面で<写真>→<アルバム>→任意のアルバムの順にタップします。

2 種類を変更したいLive Photosの写真をタップして表示し、画面を上方向にスワイプします。

3 「エフェクト」が表示されます。ここでは<ループ>をタップします。

4 Live Photosの種類がループに変わり、動画がループして再生されます。

5 P.176手順③の画面で、<バウンス>をタップすると、Live Photosの再生と逆再生がくり返されます。

6 P.176手順③の画面で、<長時間露光>をタップすると、長時間シャッターを開いて撮影した写真として仕上がります。

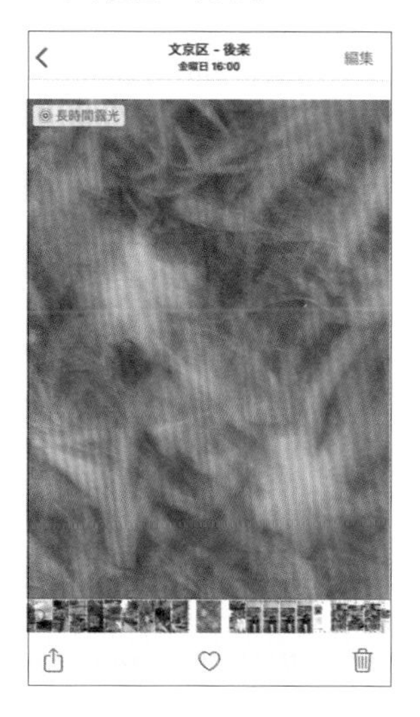

7 P.176手順③の画面で<Live>をタップすると、もとの画面に戻ります。

キー写真を変更する

Live Photosでは、メインとなるキー写真を選ぶことができます。P.176手順②の画面で<編集>→■の順にタップし、キー写真に設定したいコマをタップして、<キー写真に設定>をタップすると、選択したコマがメインの写真として保存されます。なお、ループ、バウンス、長時間露光にした場合は、キー写真の変更はできません。

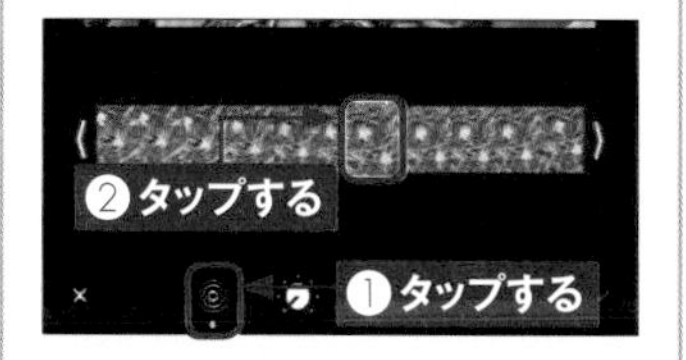

6

ポートレートモードで撮影した写真を編集する

1 P.166を参考に、ポートレートモードで撮影した写真を表示します。ポートレートモードで撮影した写真には、左上に「ポートレート」と表示されます。

2 ＜編集＞をタップします。

3 下部の照明効果を左右にスワイプすると、撮影時の照明効果を変更することができます。

4 上部の f2.8 (被写界深度により数字は変わります)をタップし、下部の目盛りを左右にスワイプすると、被写界深度を変更することができます。

5 標準の「f2.8」から「f1.4」に変更すると、かなり背景のボカしが強くなっていることがわかります。

6 ✓をタップします。変更が適用され、P.178手順①の画面に戻ります。

7 もとに戻したい場合は、P.178手順③の画面を表示し、<元に戻す>→<オリジナルに戻す>の順にタップします。

MEMO

ポートレートモードの新機能

iOS 13では、ポートレートモードに背景を真っ白に飛ばして撮影する、「ハイキー照明（モノ）」が追加されました。スタジオで強力なストロボを使ったような写真を、手軽に撮影できます。

6

写真を削除する

写真が増え過ぎてしまった場合は、写真を削除しましょう。写真は、1枚ずつ削除するほかに、まとめて削除することもできます。また、削除した写真は、30日以内であれば復元することができます。

写真を削除する

1 P.166手順①～②を参考に、削除したい写真が保存されているアルバムを開き、＜選択＞をタップします。

2 削除したい写真をタップしてチェックを付け、画面右下の🗑をタップします。

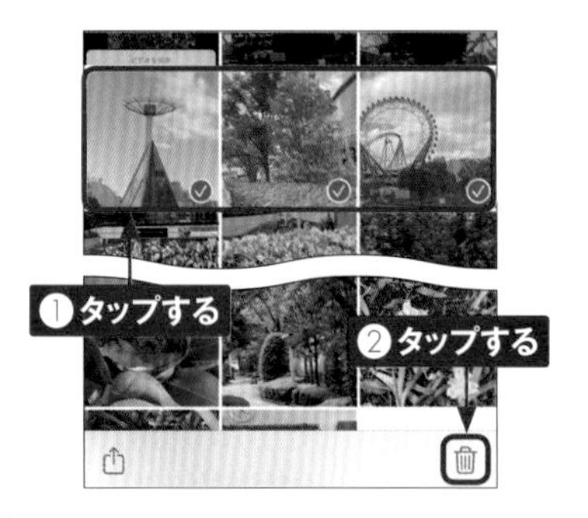

3 アルバムから削除するかどうか聞かれた場合は＜アルバムから削除＞もしくは＜削除＞をタップし、＜○枚の写真を削除＞をタップすると、チェックを付けた写真が削除されます。

MEMO 削除した写真を復元する

削除した写真は、30日間は「最近削除した項目」アルバムで保管されます。「アルバム」画面のいちばん下にある「最近削除した項目」アルバムの写真のサムネイルには、削除までの日数が表示されます。写真を復元したい場合は、＜選択＞をタップし、復元したい写真にチェックを付け、＜復元＞→＜写真を復元＞の順にタップします。

Chapter 7

アプリを使いこなす

Section 50

App Storeで アプリを探す

iPhoneにアプリをインストールすることで、ゲームや読書を楽しんだり、機能を追加したりできます。<App Store>アプリを使って気になるアプリを探してみましょう。

キーワードからアプリを探す

1 ホーム画面で<App Store>→<続ける>の順にタップします。位置情報の確認を求められたら、<Appの使用中は許可>をタップします。

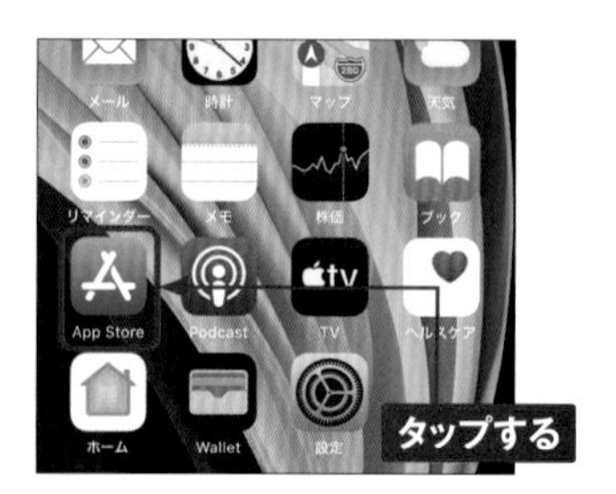

2 <検索>をタップします。

3 画面上部の入力フィールドに検索したいキーワードを入力して、<検索>（または<Search>）をタップします。

4 検索結果が表示されます。検索結果を上方向にスワイプすると、別のアプリが表示されます。

ランキングやカテゴリからアプリを探す

1 P.182手順②の画面で<App>をタップします。

2 新着アプリや有料や無料アプリなどを確認できます。画面を上方向にスワイプします。

3 「トップカテゴリ」の<すべて表示>をタップすると、カテゴリが一覧で表示されます。ここでは、<ニュース>をタップします。

4 タップしたカテゴリのアプリが表示されます。画面を上方向にスワイプすると、有料や無料のアプリを確認できます。

Section 51

アプリをインストール・アンインストールする

ここでは、App Storeでアプリを購入して、iPhoneにインストールする方法を紹介します。アプリのアップデート、削除の方法もあわせて紹介します。

無料のアプリをインストールする

1 検索結果から、入手したい無料のアプリをタップします。

2 アプリの説明が表示されます。<入手>をタップします。

3 <インストール>をタップします。

MEMO **App Storeにサインインしていない場合**

App Storeにサインインしていないと、手順③のあとに「サインイン」画面が表示されます。<既存のApple IDを使用>をタップして、Apple IDとパスワードを入力し、<OK>をタップすると、P.185手順⑤に進みます。

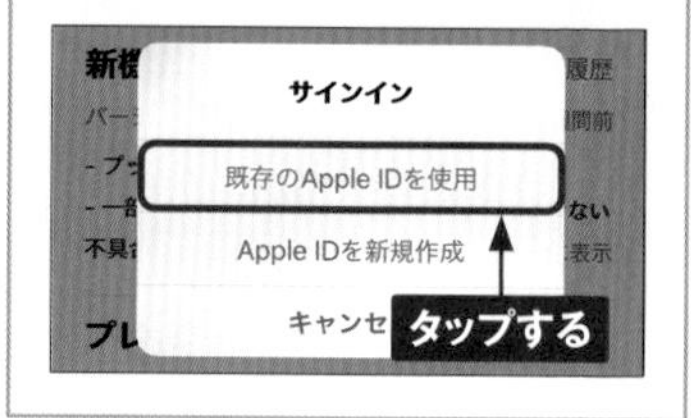

4 Apple ID（Sec.19参照）のパスワードを入力し、＜サインイン＞をタップします。「このApple IDは、iTunes Storeで使用されたことがありません。」と表示された場合は、＜レビュー＞をタップして、画面の指示に従って設定します。

5 「無料アイテム用パスワードを保存しますか?」と表示されたら、＜はい＞または＜いいえ＞をタップします。

6 インストールが自動で始まり、インストールが終わると、ホーム画面にアプリが追加されます。

有料のアプリを購入する

P.184手順①を参考に有料のアプリをタップして、アプリの価格をタップし、＜支払い＞をタップすると、手順⑥と同様にアプリがインストールされます。

7

アプリをアンインストールする

① ホーム画面でアンインストールしたいアプリをタッチします。

② <Appを削除>をタップします。

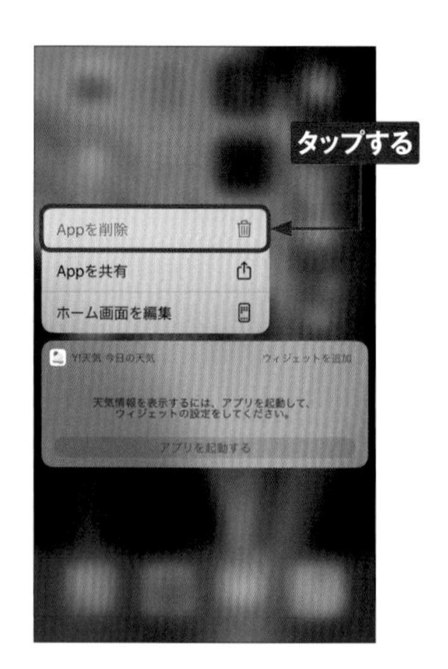

③ <削除>をタップします。

MEMO Touch IDでアプリをインストールする

Touch IDを設定すると、P.185手順④でApple IDのパスワードを入力する代わりに、Touch IDを利用して、アプリをインストールすることができます（Sec.72参照）。

アプリをアップデートする

1 ＜App Store＞アプリを起動し、＜Today＞タブをタップして、をタップします。

2 アップデートがある場合は、「利用可能なアップデート」にアップデートできるアプリの一覧が表示されます。アプリをタップします。

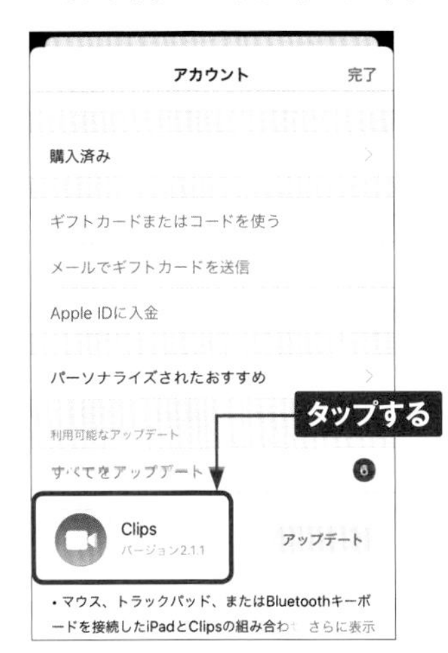

3 ＜アップデート＞をタップすると、アプリのアップデートが開始されます。

MEMO アプリの自動アップデートをオフにする

アプリは、Wi-Fi接続しているときのみ自動更新される設定になっています。自動更新をオフにするには、ホーム画面で＜設定＞→＜iTunes StoreとApp Store＞の順にタップし、「Appのアップデート」のをタップして、にします。

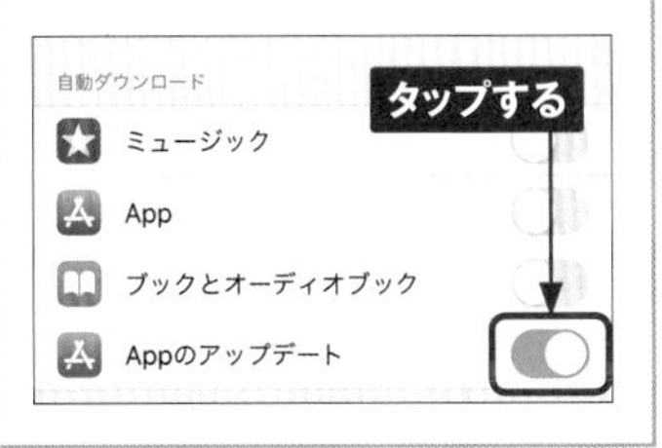

7

Section 52

カレンダーを利用する

iPhoneの<カレンダー>アプリでは、イベントを登録して指定した時間に通知させたり、ウィジェットに今日と明日の予定を表示させたりすることができます。

イベントを登録する

1 ホーム画面で<カレンダー>をタップします。初回起動時は新機能の紹介が表示されるので、<続ける>をタップします。

2 位置情報の確認画面が表示されたら<Appの使用中は許可>をタップし、画面右上の＋をタップします。

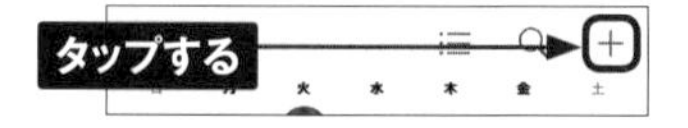

3 「タイトル」と「場所」を入力し、<開始>をタップします。場所を入力する際に位置情報サービスの画面が表示されるので、P.76MEMOを参考に設定します。

4 開始時刻を設定し、<追加>をタップします。必要であれば終了時刻を設定します。

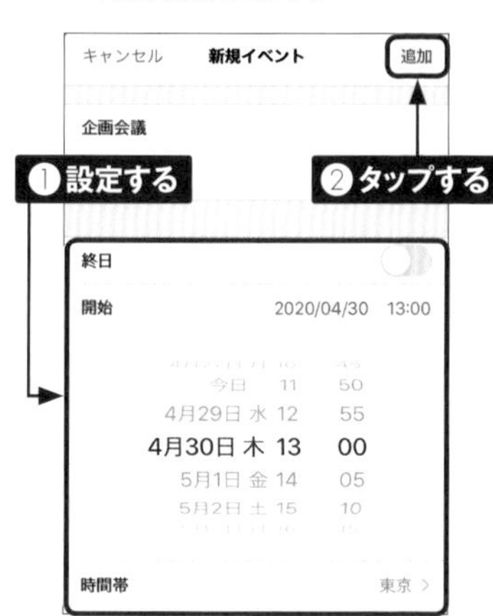

5 イベントが追加されます。

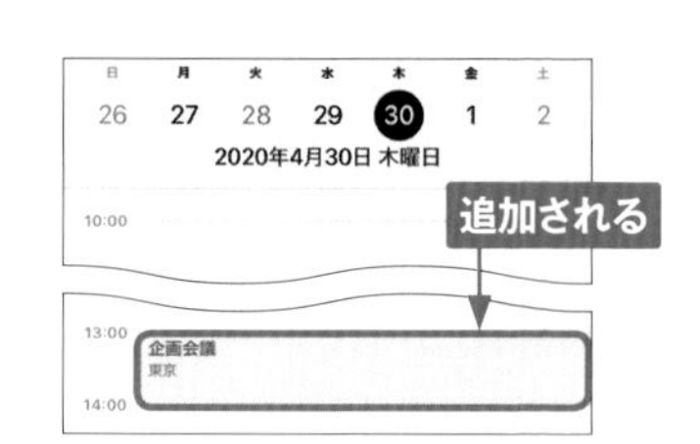

イベントを編集する

1. P.188手順⑤の画面で、登録したイベントをタップします。

2. <編集>をタップします。

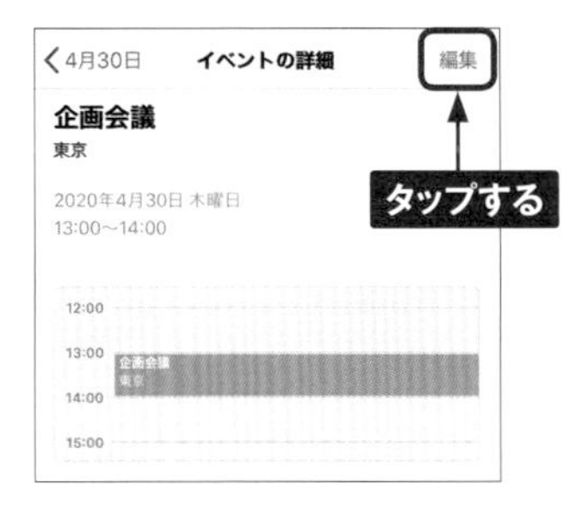

3. 編集したい箇所をタップします。ここでは、<通知>をタップします。

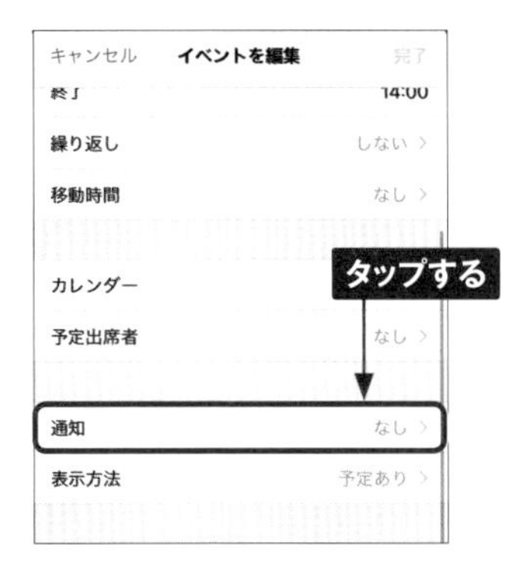

4. 通知させたい時間をタップします。ここでは<1時間前>をタップします。

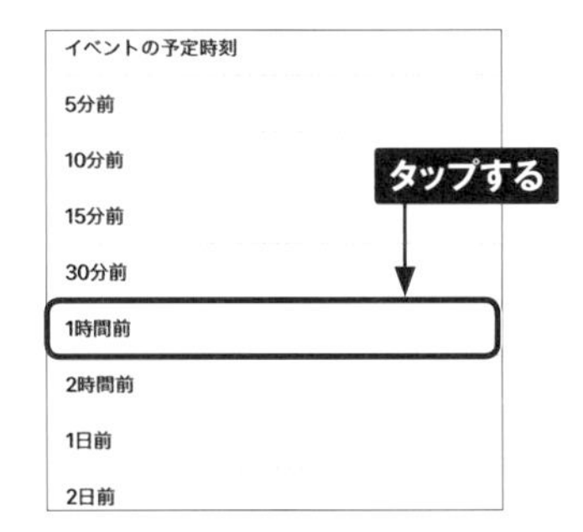

5. <完了>をタップすると、編集が完了します。

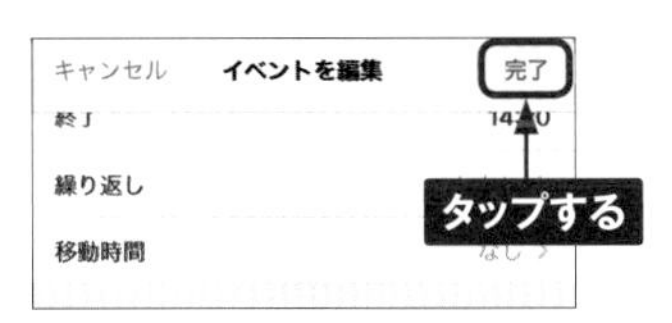

MEMO ウィジェットで次の予定を確認する

イベント登録後、画面上端を下方向にスワイプしたあとで右方向にスワイプすると、ウィジェットが表示され、次の予定を確認できます。

7

イベントを削除する

① ホーム画面から<カレンダー>をタップし、削除したいイベントをタップします。

② 「イベントの詳細」画面が表示されるので、<イベントを削除>をタップします。

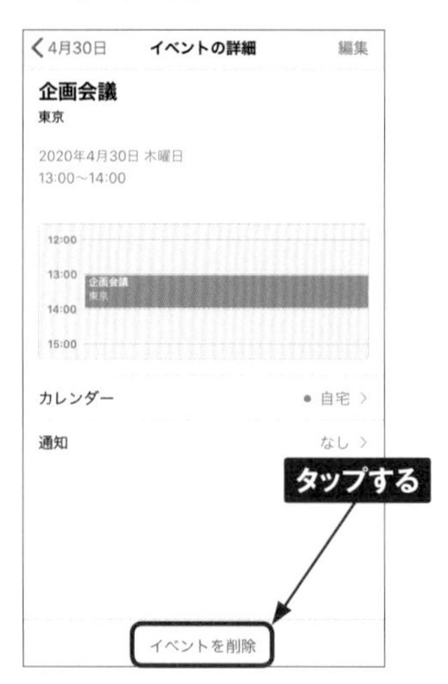

③ <イベントを削除>をタップします。

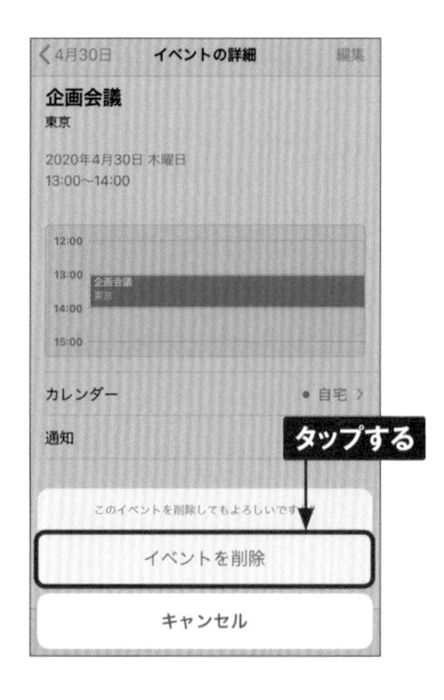

MEMO イベントを検索する

手順①の画面で🔍をタップし、入力欄に検索したいイベント名の一部を入力して<検索>をタップすると、登録したイベントを検索できます。

カレンダーの表示を切り替える

① ホーム画面から<カレンダー>をタップし、画面左上の<月>（ここでは<4月>）をタップします。

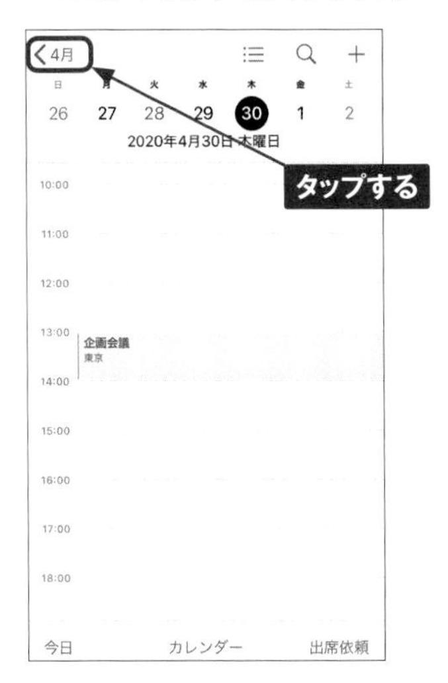

② カレンダーが月表示に切り替わりました。<日付>（ここでは<9>）をタップします。

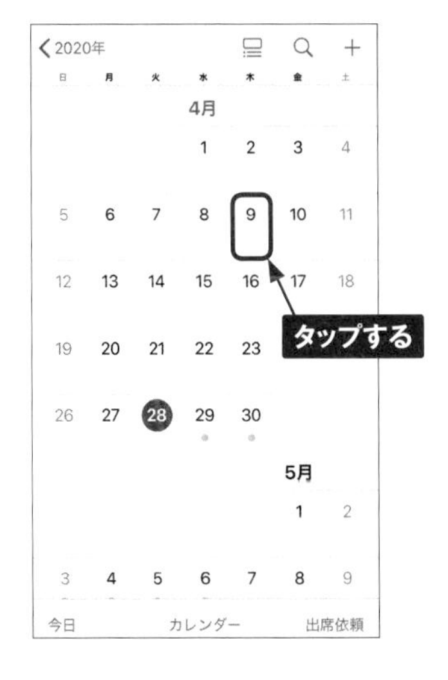

③ タップした日の予定が表示されます。画面右上の☰をタップします。

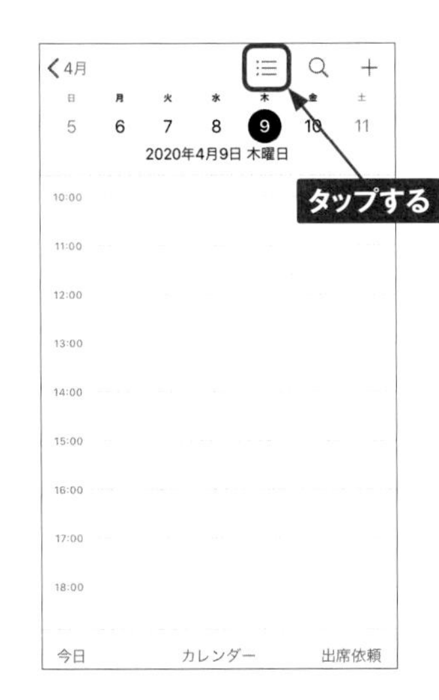

④ イベントの一覧表示に切り替わりました。再度☰をタップすると、手順③の画面に戻ります。

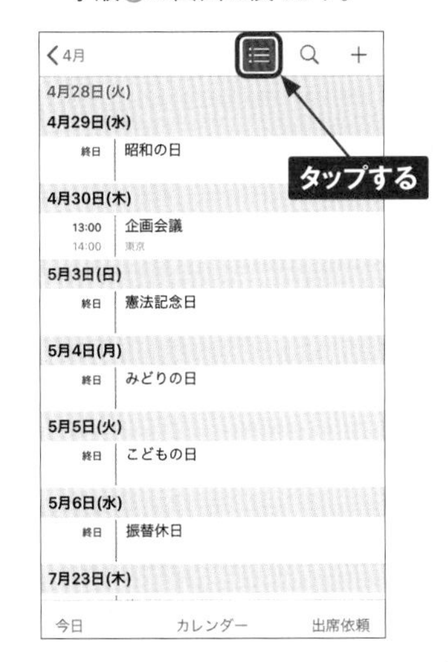

Section 53

リマインダーを利用する

iPhoneの<リマインダー>アプリは、リスト形式でタスク（備忘録）を整理するアプリです。登録したタスクを、指定した時間や場所を条件にして通知できます。

タスクを登録する

7

① ホーム画面で<リマインダー>をタップします。初回起動時は新機能の紹介が表示されるので、<今すぐアップグレード>をタップします。

② タスクを追加するリスト（ここでは最初からある<リマインダー>もしくは<タスク>）をタップしたあと、<新規リマインダー>をタップします。

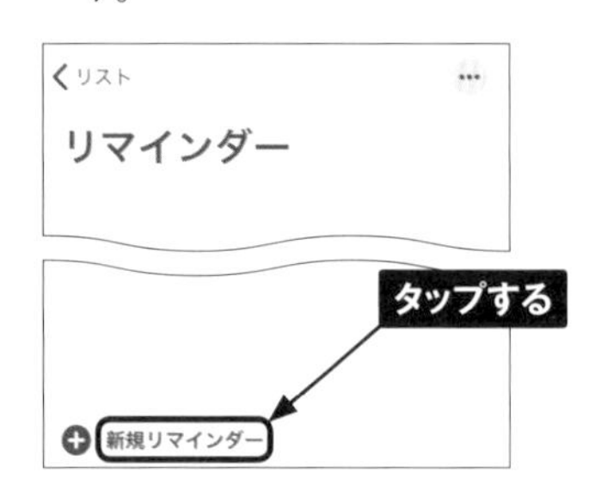

③ 画面をタップしてタスクを入力し、<完了>をタップします。

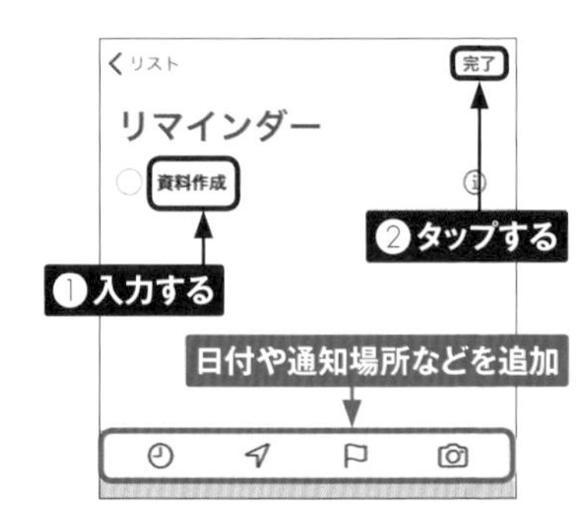

④ タスクが登録されます。リスト名（ここでは<リスト>）をタップすると、手順②の画面に戻ります。

タスクを管理する

① P.192手順②を参考に、リストを表示します。タスクの内容を実行したら、◯をタップします。

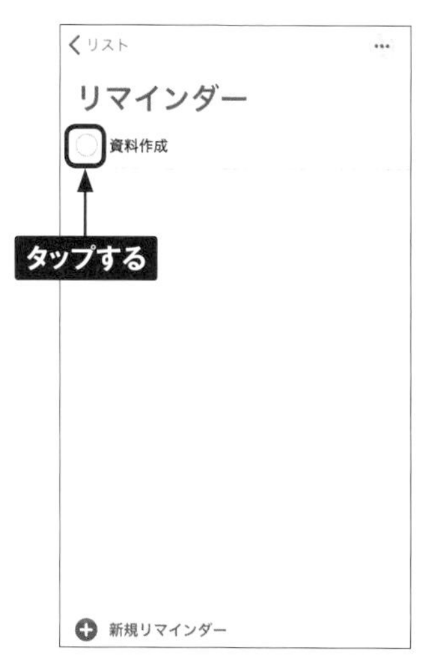

② タスクにチェックが付き、実行済みになります。実行済みのタスクは、リストに表示されなくなります。

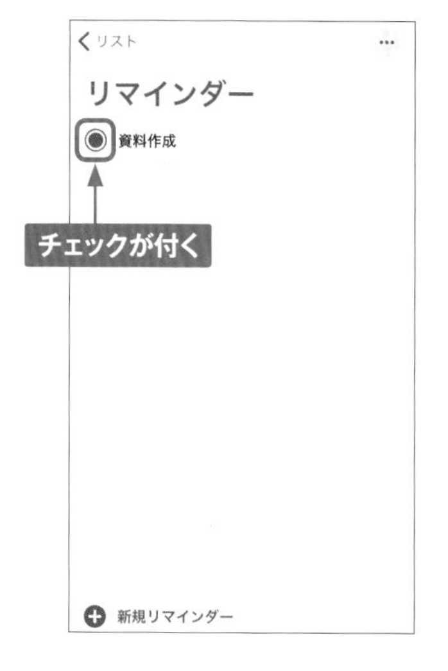

③ 実行済みのタスクを表示するときは、手順①の画面で…をタップし、＜実行済みを表示＞をタップします。

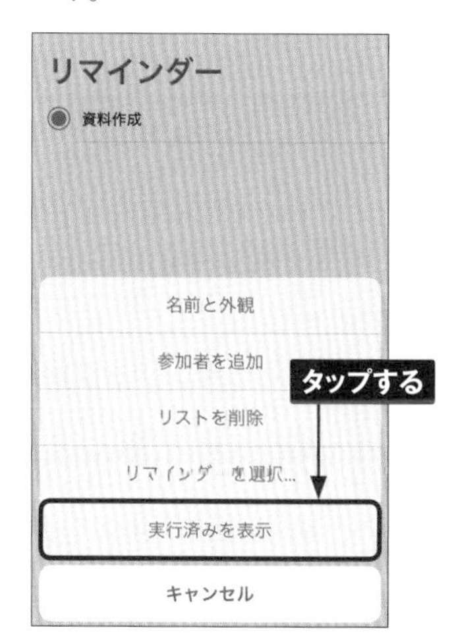

④ 実行済みのタスクが表示されます。

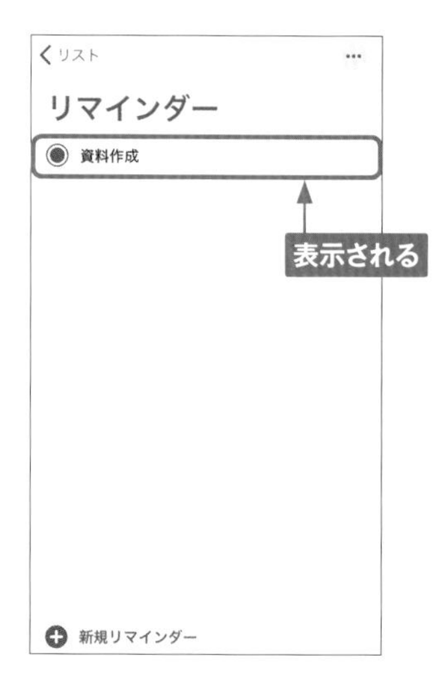

7

Section 54

メモを利用する

iPhoneの<メモ>アプリでは、通常のキーボード入力に加えて、スケッチの作成や、写真の挿入などが可能です。iCloudと同期すれば、作成したメモをAppleのほかの製品と共有できます。

メモを作成する

① ホーム画面で<メモ>をタップします。初回起動時は説明画面が表示されるので、<続ける>をタップします。

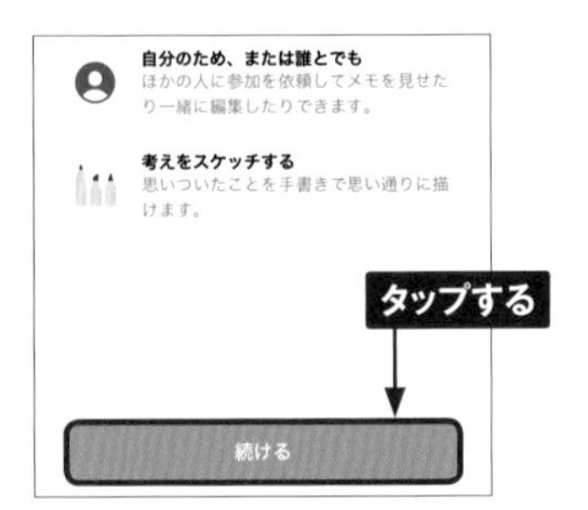

② 📝をタップします。

③ 新規メモの作成画面が表示されます。キーボードで、文字や絵文字を入力することができます。入力が完了したら、<完了>をタップし、保存します。

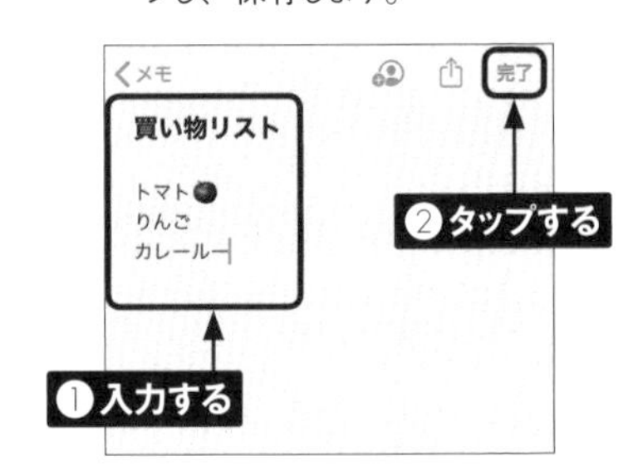

④ 手順③の画面でAaをタップすると、下のメニューから文字の大きさや太さ、装飾などを選ぶことができます。

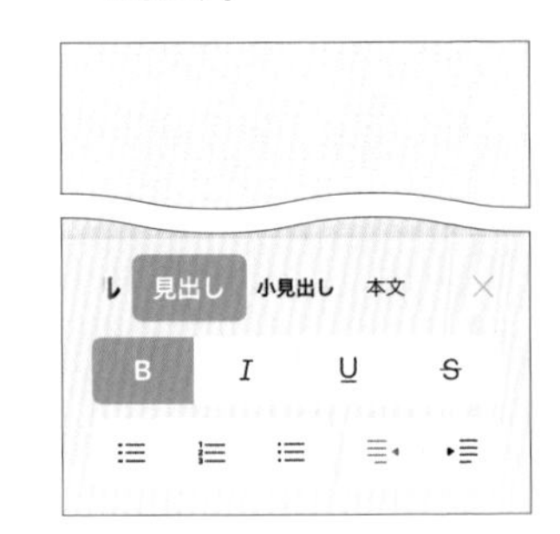

手書きのスケッチを作成する

① メモの作成画面を表示し、Ⓐをタップします。

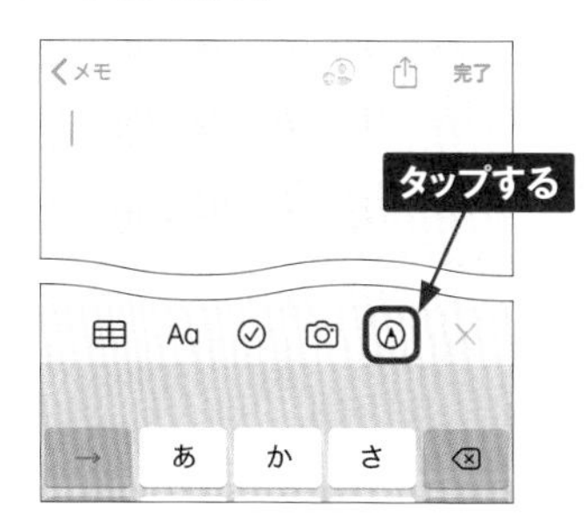

② 手書き入力モードに切り替わります。画面をドラッグすることで、文字や絵を描くことができます。

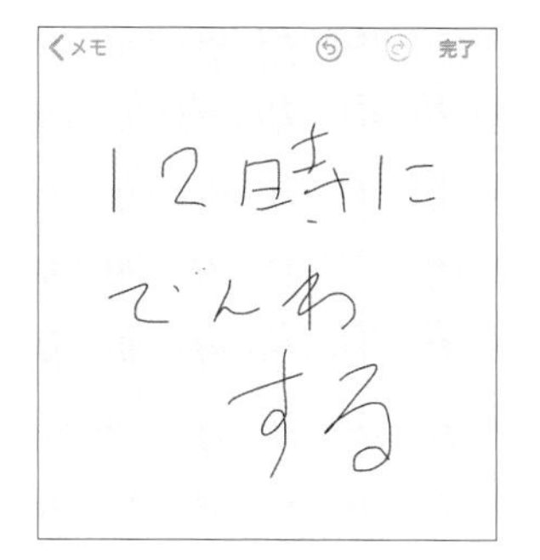

③ 画面下部に表示されているペンをタップすると、ペンの種類を変更できます。をタップすると消しゴムを利用でき、をタップして文字を囲むと、囲んだ文字の移動ができます。

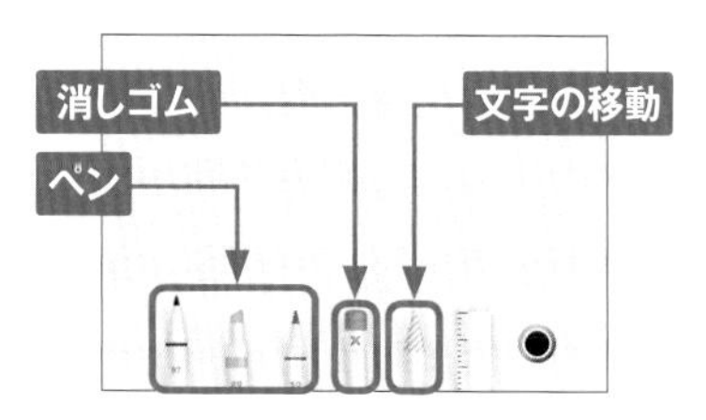

④ 手順③の画面で●をタップして好きな色をタップすると、線の色を変えることができます。

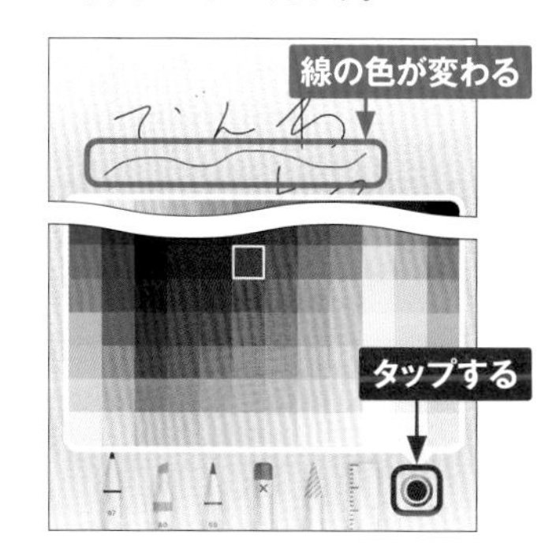

MEMO 書類のスキャン

手順①の画面で📷をタップし、<書類をスキャン>をタップするとカメラを使って書類をスキャンし、メモに取り込むことができます。スキャンした書類は、あとから補正することもできます。

Section 55

地図を利用する

iPhoneでは、位置情報を取得して現在地周辺の地図を表示できます。地図の表示方法も航空写真を合わせたものなどに変更して利用できます。

現在地周辺の地図を見る

① ホーム画面で<マップ>をタップします。初回起動時は新機能の紹介が表示されるので、<続ける>をタップします。

② 位置情報に関する画面が表示された場合は、P.76MEMOを参考に設定します。ここでは<Appの使用中は許可>をタップします。

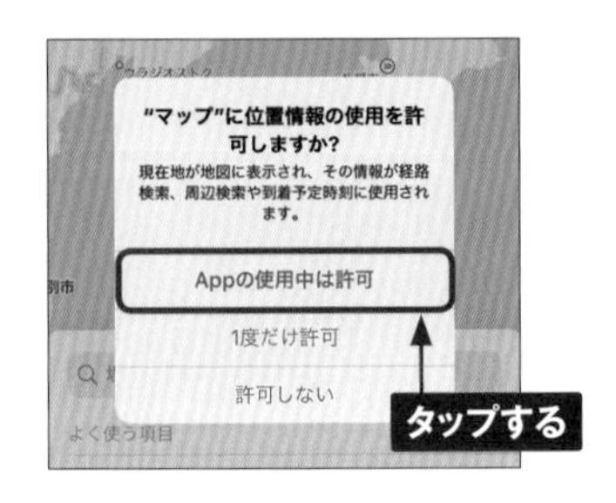

③ マップの改善に関する画面が表示されたら、<許可><詳しい情報><許可しない>から選んでタップします。◁をタップします。

④ 現在地が青色の点で表示されます。地図を拡大表示したいときは、拡大したい場所を中心にピンチオープンします。画面の範囲外を見たいときは、ドラッグすると地図を移動できます。

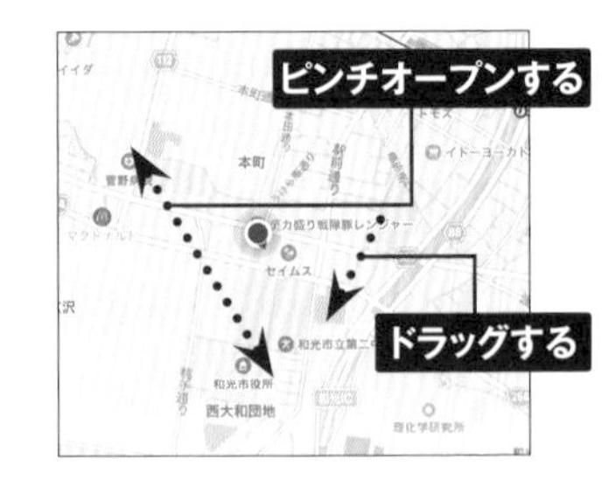

地図を利用する

●表示方法を切り替える

1 ⓘをタップします。

2 <航空写真>をタップします。

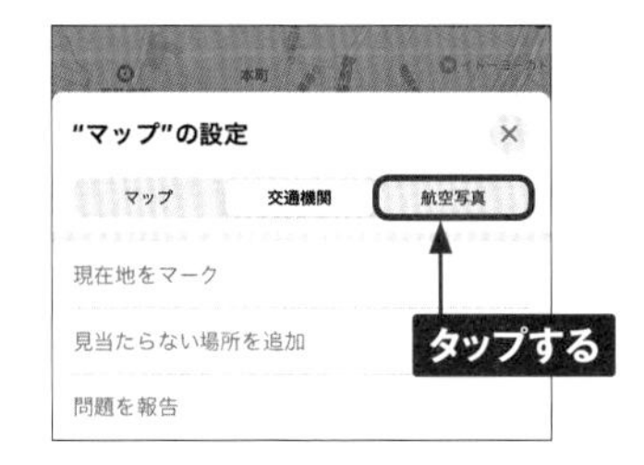

3 地図情報と航空写真を重ねた画面が表示されます。

●建物の情報を表示する

1 建物やお店の名称をタップします。

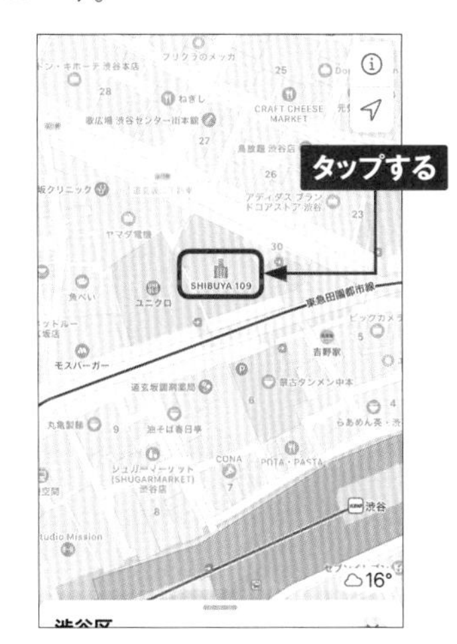

2 建物やお店の名称、写真などが表示されます。上方向にスワイプすると、住所や電話番号などの詳細な情報が表示されます。

7

場所を検索する

1. <場所または住所を検索します>をタップします。

2. 場所の名前や住所を入力して、表示された検索候補をタップします。

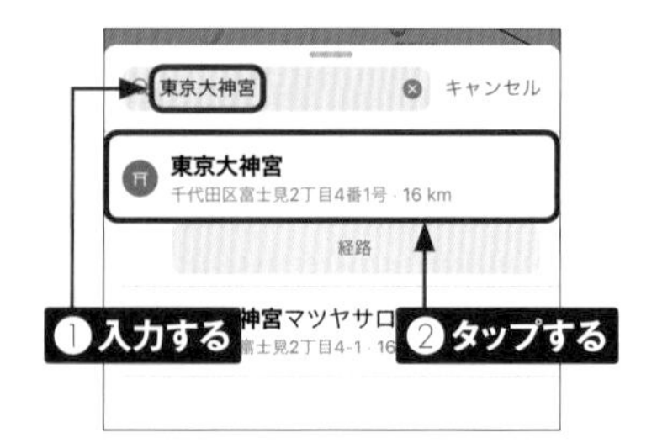

3. 検索した場所の詳細が表示されます。<経路>をタップします。「安全の警告」画面が表示されたら<OK>をタップします。

4. 現在地から目的地までの経路が表示されます。出発地を変更する場合は<現在地>をタップして出発地を入力して、<経路>をタップします。<車>をタップします。

5. 車での経路が表示されます。<出発>をタップすると、音声ナビが開始されて、現在位置と経路の詳細が表示されます。経路は青い線で指示されます。終了するときは<終了>→<終了>の順にタップします。

通行料金や高速道路使用の設定をする

① ホーム画面で<設定>→<マップ>の順にタップします。

② <車とナビゲーション>をタップします。

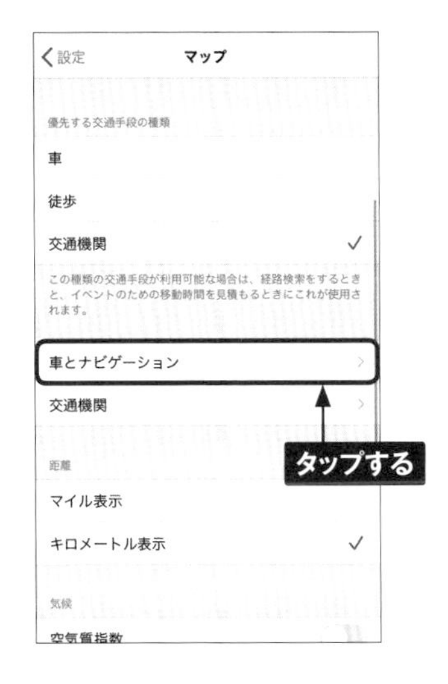

③ 「通行料金」や「高速道路」の をタップして にすると、経路検索で「通行料金」や「高速道路」を利用しない経路が第1候補に表示されます。

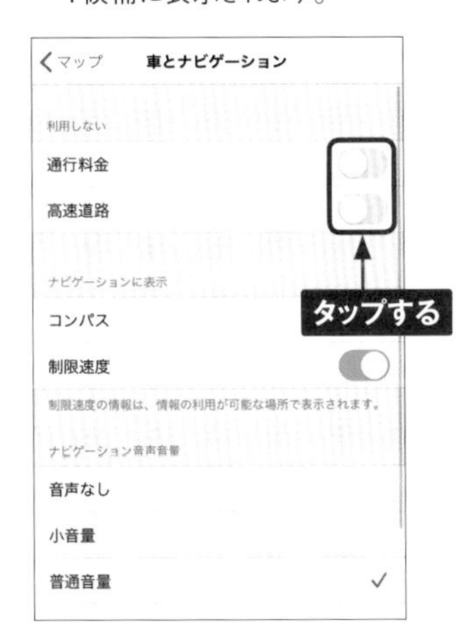

MEMO 乗り換え検索や配車サービス

P.198手順⑤の画面で<交通機関>をタップすると、交通機関を利用した経路が表示されます。また、<配車サービス>→<Appを表示>の順にタップすると、現在地で利用可能な配車サービスアプリを確認できます。

7

Section 56

<ファイル>アプリを利用する

<ファイル>アプリでは、iPhoneに保存されているファイルやiCloud上に保存しているファイルを閲覧したり、管理したりすることができます。iOS 13では、外付けのドライブと接続し、ファイルを閲覧できます。

ファイルを閲覧する

1 ホーム画面で<ファイル>をタップします。

2 閲覧したいファイルをタップします。

3 ファイルを閲覧できます。<完了>をタップします。

4 手順②の画面に戻ります。

新規フォルダを作成してファイルを保存する

① P.200手順②の画面下部の<ブラウズ>をタップし、ここでは<このiPhone内>をタップします。

② <選択>をタップします。

③ フォルダに追加したいファイルをタップして選択し、をタップします。

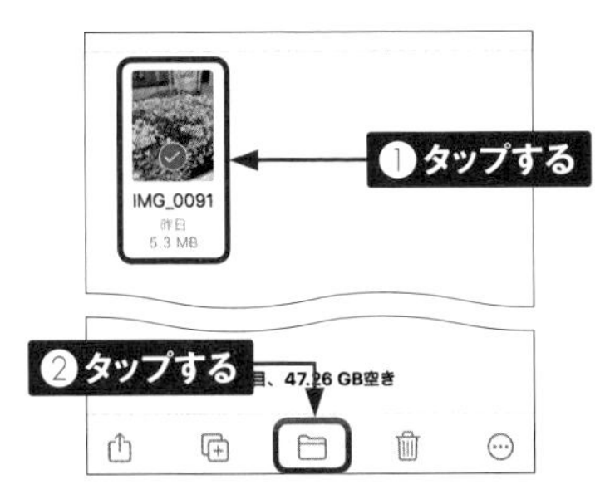

④ をタップします。

⑤ フォルダの名前を入力し、<完了>をタップすると、フォルダが作成されます。

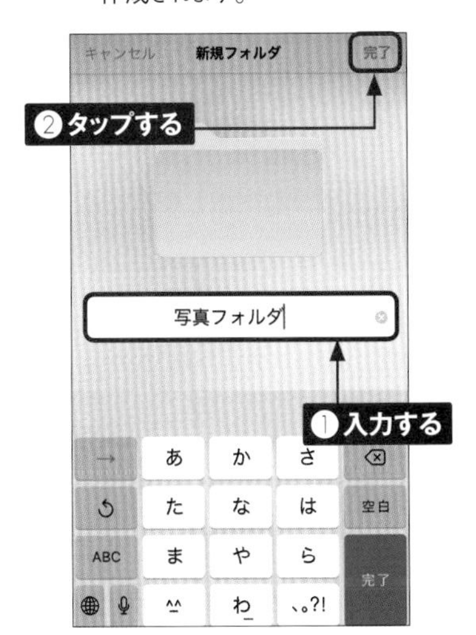

ファイルを圧縮・展開する

●ファイルを圧縮する

1 圧縮したいファイルをタッチします。

2 <圧縮>をタップします。

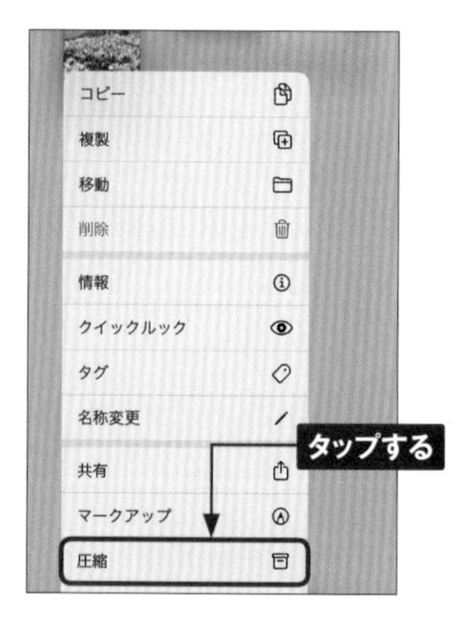

3 ファイルが圧縮されます。

●ファイルを展開する

1 展開したいファイルをタッチします。

2 <展開>をタップします。

3 ファイルが展開されます。

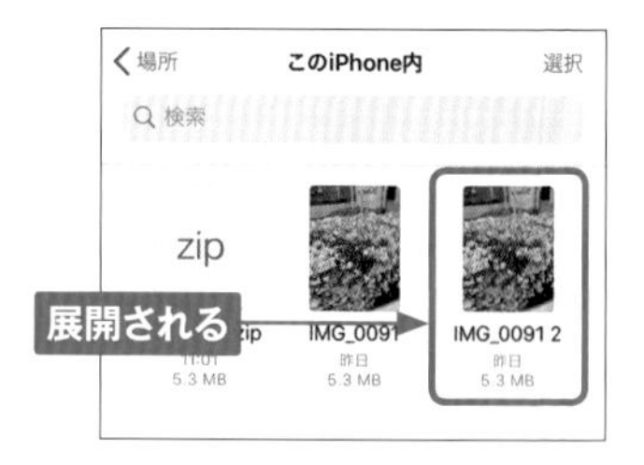

外付けドライブやサーバーのファイルを見る

① 外付けドライブとiPhoneをLightning - USBケーブルやLightning - USBカメラアダプタなどを利用して接続します。P.201手順①の画面に表示される接続した外付けドライブをタップします。外付けドライブのフォーマットによっては認識されない場合があります。

② 閲覧したいファイルをタップします。

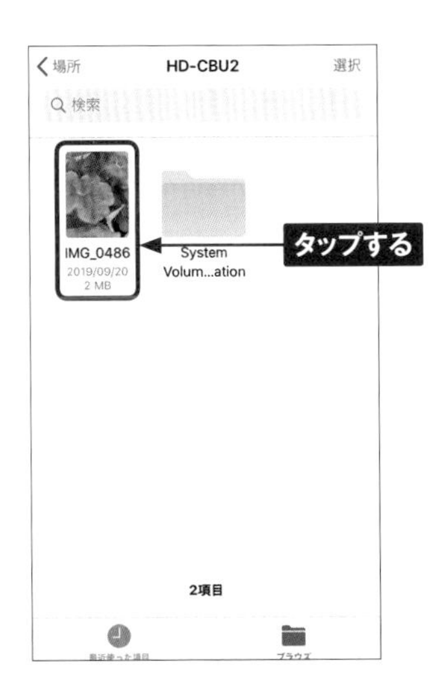

③ ファイルを閲覧できます。<完了>をタップすると手順②の画面に戻ります。

MEMO SMBサーバーのファイルを見る

SMBサーバーのファイルを見たいときは手順①の画面の⋯→<サーバへ接続>の順にタップし、画面に従って設定して接続します。

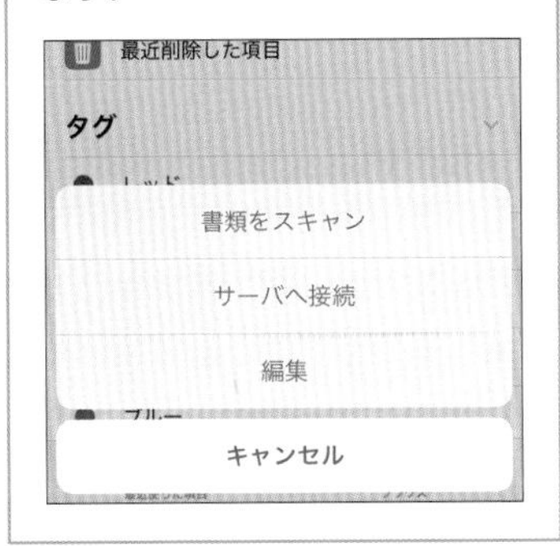

Section 57

Apple PayでSuicaを利用する

Apple Payに対応したデバイスにSuicaやクレジットカードを登録しておくと、交通機関を利用するときや、店舗で買い物をするときにスムーズに支払いができるので便利です。

<Wallet>アプリにクレジットカードを登録する

1 ホーム画面で<Wallet>をタップします。位置情報の確認画面が表示されたら<Appの使用中は許可>をタップします。

2 <追加>→<続ける>の順にタップします。Touch IDを設定していない場合は、Sec.72を参考にして設定します。

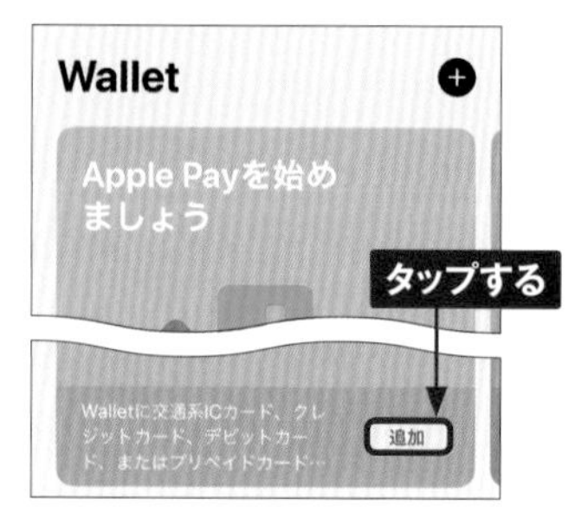

3 <クレジット/プリペイドカード>をタップします。

4 iPhoneのファインダーに登録したいカードを写します。

5 「カード詳細」画面で「名前」の欄をタップしてカードの名義を入力し、<次へ>をタップします。

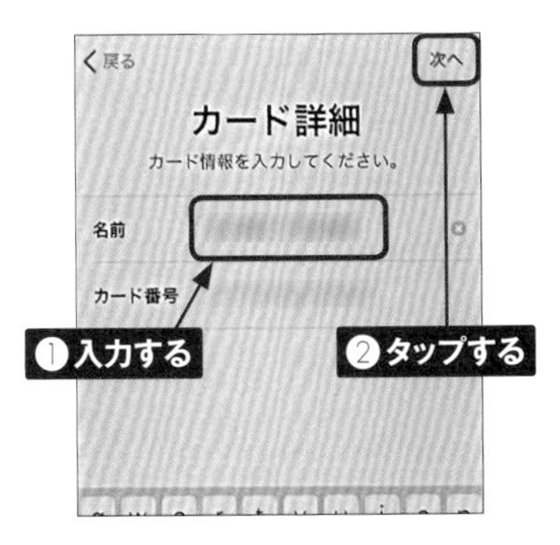

6 有効期限とセキュリティコードを入力して、<次へ>をタップします。

7 「利用条件」画面が表示されたら、内容を確認し、<同意する>をタップします。

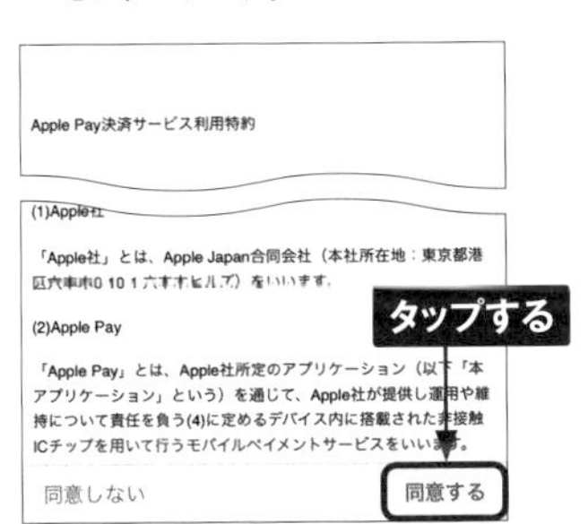

8 <次へ>をタップします。

9 「カード認証」画面が表示されたら、画面の指示に従って認証を行います。

MEMO **VISAはApple Payでのチャージ非対応**

<Wallet>アプリからSuicaへチャージするためには、チャージに対応しているクレジットカードの登録が必要です。VISAブランドのクレジットカードはApple Payでのチャージには対応していないため、P.209を参考に<Suica>アプリにカードを登録する必要があります。

7

Suicaを発行する

① Sec.51を参考に事前にiPhoneに<Suica>アプリをインストールしておき、ホーム画面でタップして起動します。

② ⊕または<Suica発行>をタップします。

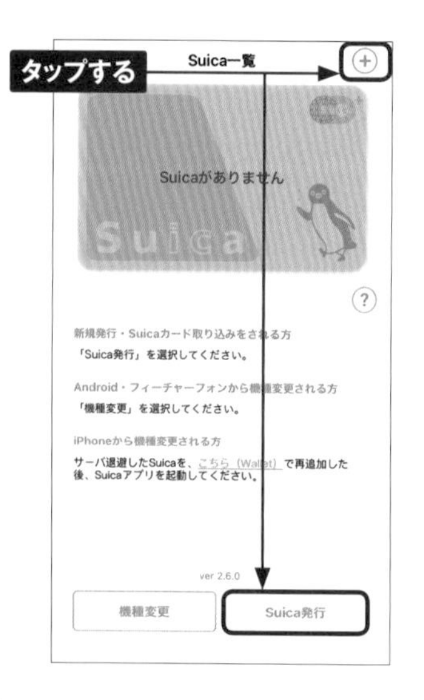

③ 左右にスワイプして、作成したいSuicaの種類（ここでは<Suica（無記名）>）を選択して、<発行手続き>をタップします。

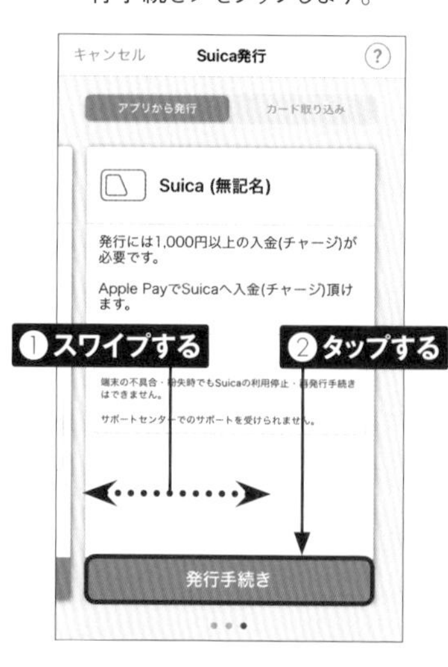

④ 注意事項を確認し、問題なければ<次へ>→<同意する>の順にタップします。

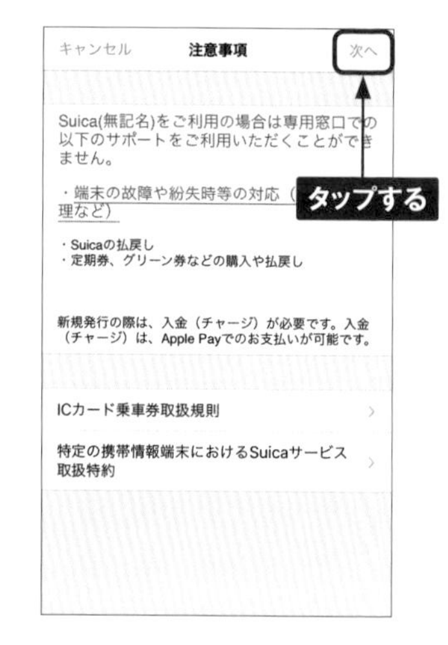

⑤ Suicaにチャージする金額を設定します。<金額を選ぶ>をタップします。

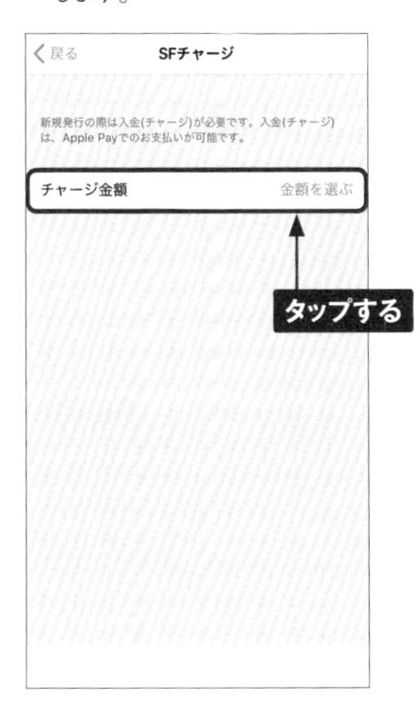

⑥ チャージしたい金額をタップします。

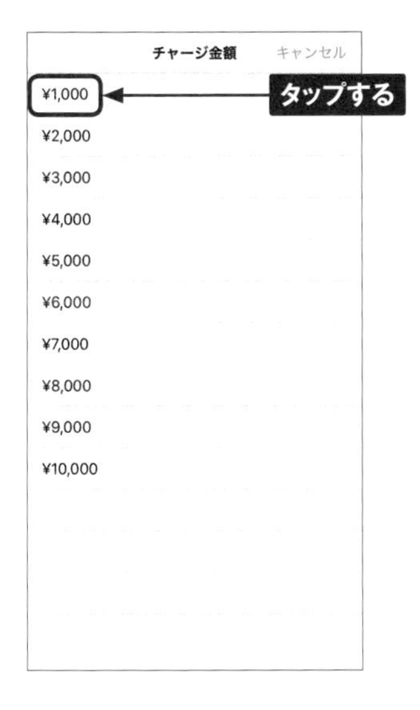

⑦ <Pay>をタップし、画面の指示に従って支払いをします。

MEMO Suicaを取り込む

手元にあるSuicaを取り込みたい場合は、P.204手順③の画面で、<カード取り込み>をタップします。<発行手続き>→<続ける>→<Suica>の順にタップし、画面の指示に従ってカードの情報を入力したら、<次へ>→<同意する>の順にタップします。SuicaカードのL上にiPhoneを置いて取り込みましょう。なお、この操作を行うと、手元のSuicaカードは無効になり、利用できなくなります。

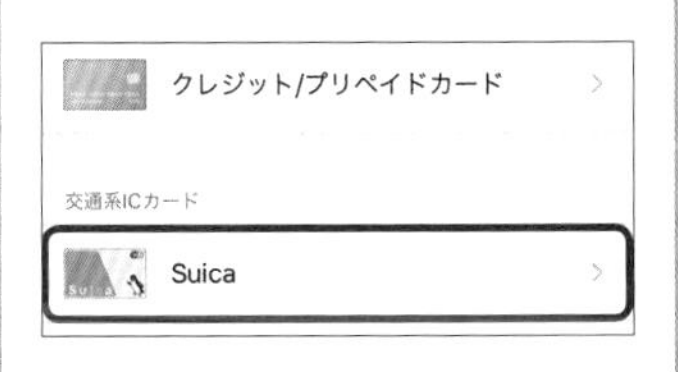

＜Wallet＞アプリからSuicaにチャージする

① ホーム画面で＜Wallet＞をタップします。

② チャージしたいSuicaをタップします。

③ 画面右上の●をタップします。

④ ＜チャージ＞をタップし、画面の指示に従って操作します。

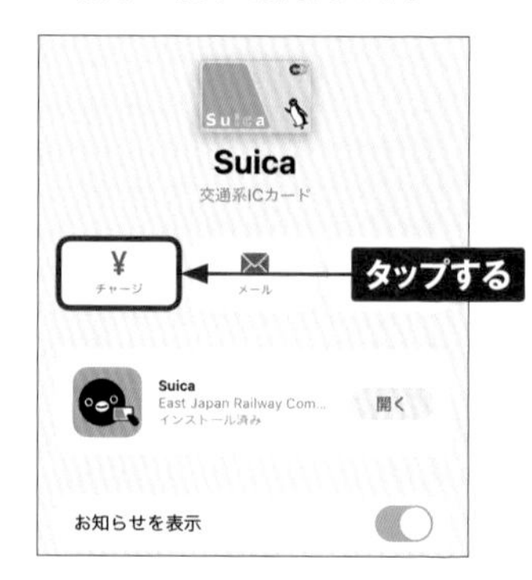

MEMO **現金をチャージする**

現金でのSuicaへのチャージは、Suica加盟店の各種コンビニやスーパーのレジで行えます。店員にSuicaを現金でチャージしたいことを伝えましょう。また、一部の駅の券売機でも、現金でのチャージが可能です。

＜Suica＞アプリにクレジットカードを登録する

① ホーム画面で＜Suica＞アプリをタップして起動し、＜チケット購入 Suica管理＞をタップします。

② ＜登録クレジットカード情報変更＞をタップします。

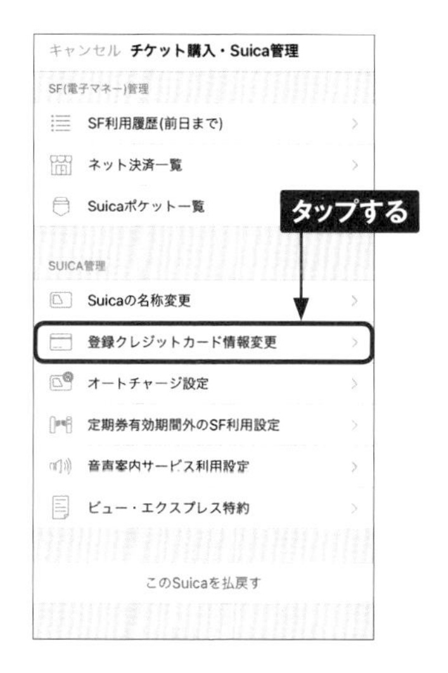

③ 「カード番号」と「カード有効期限」を半角で入力し、＜次へ＞をタップして、画面の指示に従ってクレジットカードを登録します。登録後、手順①の画面で＜入金(チャージ)＞をタップすると、チャージ可能です。

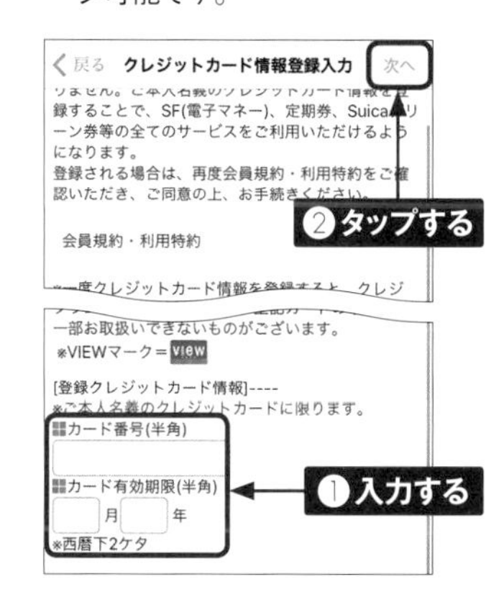

MEMO Suicaを管理する

手順②の画面では、Suicaへのオートチャージ（ビューカードが必要）や定期券の購入、Suicaグリーン券やモバイルSuica特急券、JR東海のエクスプレス予約など、Suicaに関するさまざまな操作が行えます。

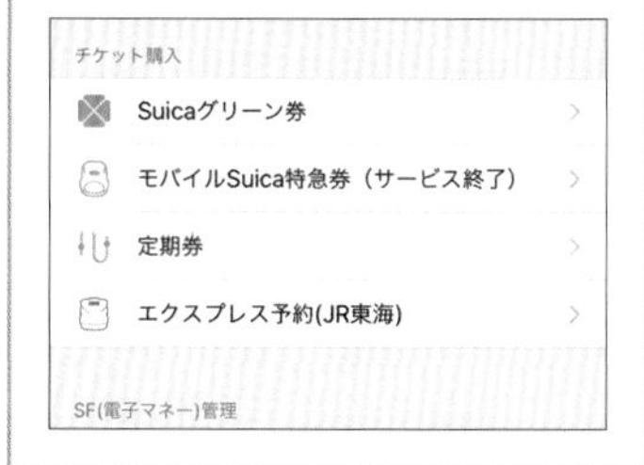

FaceTimeを利用する

FaceTimeは、Appleが無料で提供している音声／ビデオ通話サービスです。iPhoneやiPadなど、FaceTimeに対応した端末同士での通話が可能です。

FaceTimeの設定を行う

① ホーム画面で＜設定＞をタップします。なお、必要であればあらかじめSec.22を参考に、Wi-Fiに接続しておきます。

② ＜FaceTime＞をタップします。

③ 「FaceTime」が になっている場合はタップします。

④ FaceTimeがオンになります。Apple IDにサインインしている場合は自動的にApple IDが設定されます。

5 「FACETIME着信用の連絡先情報」に電話番号と、Apple IDのメールアドレスが表示されます。

6 手順⑤の画面の「発信者番号」で、FaceTimeの発信先として利用したい電話番号かメールアドレスをタップして、チェックを付けます。

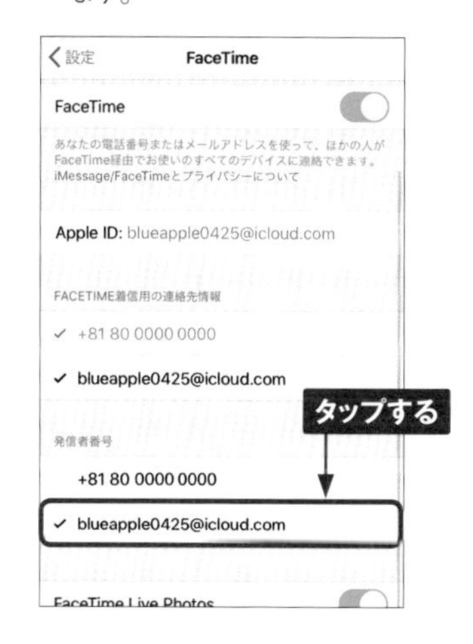

FaceTimeをWi-Fi接続時のみ利用する

ホーム画面で<設定>→<モバイル通信>の順にタップし、「FaceTime」の をタップして にすると、Wi-Fi接続時のみFaceTimeが利用できるように設定できます。

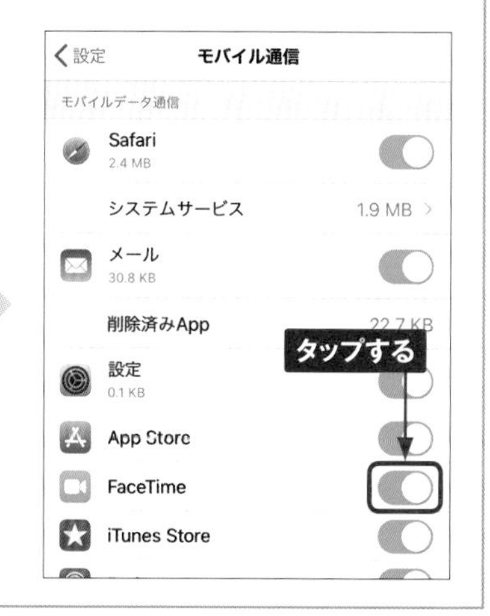

FaceTimeでビデオ通話する

① ホーム画面で<FaceTime>をタップします。

② 右上の＋をタップします。

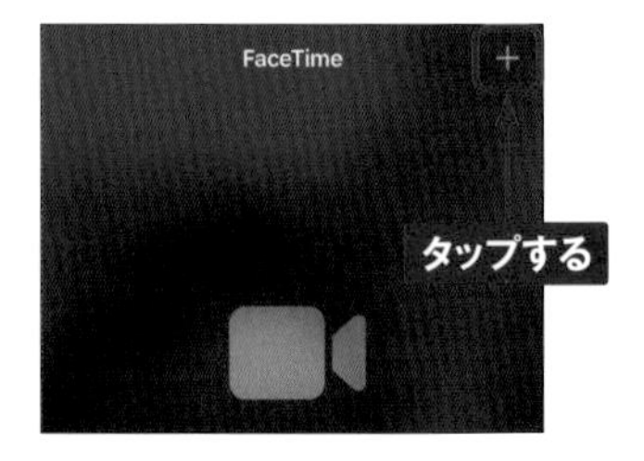

③ 名前の一部を入力すると、連絡先に登録され、FaceTimeをオンにしている人が表示されます。FaceTimeでビデオ通話をしたい相手をタップし、<ビデオ>をタップします。

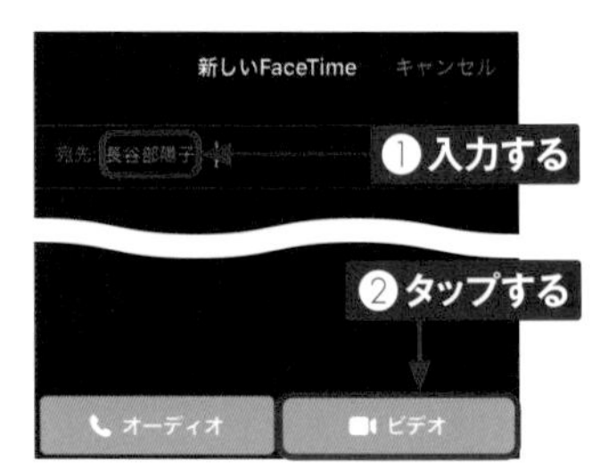

④ 呼び出し中の画面になります。間違えてタップしてしまった場合は、✕をタップすると、呼び出しを終了できます。

⑤ 相手がFaceTimeの着信に応答すると、FaceTimeでの通話が始まります。✕をタップすると通話が終了します。

FaceTimeで音声通話する

1 P.212手順③の画面で＜オーディオ＞をタップします。

2 呼び出し中の画面になります。間違えてタップしてしまった場合は、をタップすると、呼び出しを終了できます。

3 相手がFaceTimeの着信に応答すると、FaceTimeでの通話が始まります。をタップすると、通話が終了します。なお、をタップすると、ビデオ通話に切り替わります。

MEMO 登録済みの相手と音声通話をする

一度FaceTimeで音声通話をした相手は、P.212手順②の画面に自動で表示されます。名前の横のをタップし、＜発信＞→＜FaceTime＞の順にタップすると発信できます。

Section 59

家具などの寸法を測る

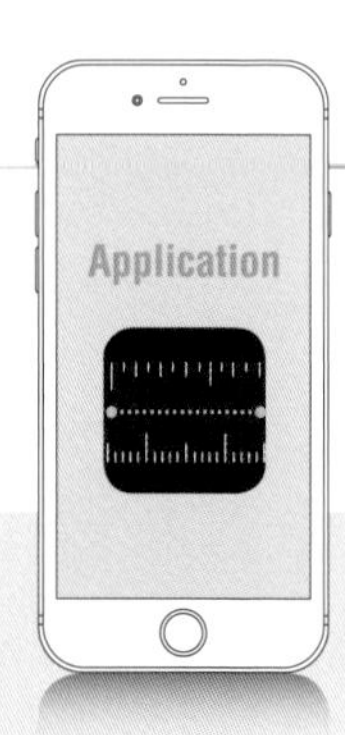

iPhoneの標準アプリの<計測>アプリを使うと、家具などの寸法を測ることができます。<計測>アプリはAR技術を使って、立体的に寸法を測ってくれる大変便利なアプリです。

iPhoneで寸法を測る

1 ホーム画面から<ユーティリティ>→<計測>の順にタップします。

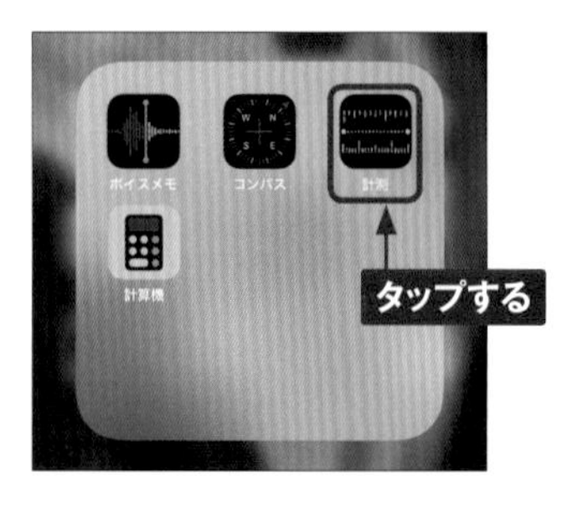

2 計測したい家具を画面に映し、ゆっくりとiPhoneを動かして認識させます。計測したい開始位置に画面の中央を合わせて＋をタップします。

3 計測したい終了位置に画面の中央を合わせて＋をタップします。

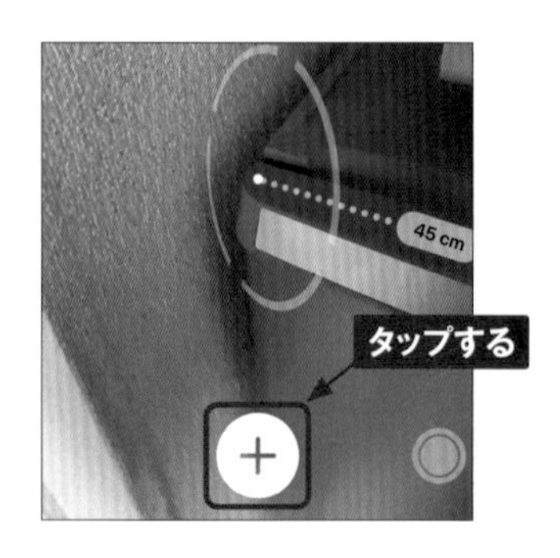

4 手順②と手順③の点の中央に計測された長さが表示されます。

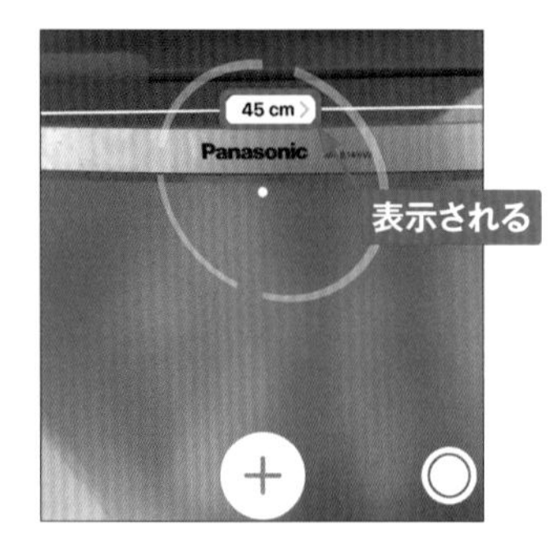

●寸法を削除する

① P.214を参考に寸法を測り、🗑をタップします。

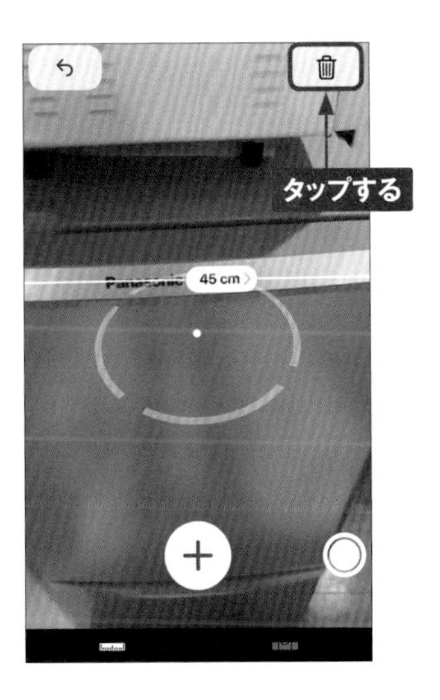

② 計測結果が削除されます。

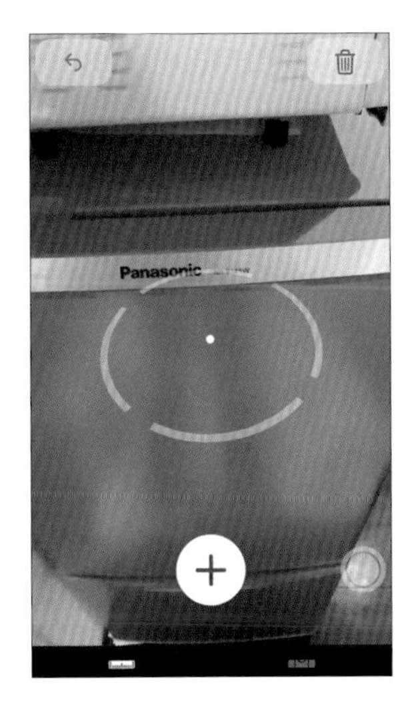

●水平かどうかを測る

① P.214手順②の画面で＜水準器＞をタップします。

② 水準器が表示され、家具などが水平かどうかを測ることができます。

Section 60

AirDropを利用する

AirDropを使うと、AirDrop機能を持つ端末同士で、近くにいる人とかんたんにファイルをやり取りすることができます。写真や動画などを目の前の相手にすばやく送りたいときに便利です。

AirDropでできること

すぐ近くの相手と写真や動画などさまざまなデータをやり取りしたい場合は、AirDropを利用すると便利です。AirDropを利用するには、互いにWi-FiとBluetoothを有効にし、受信側がAirDropの設定を＜連絡先のみ＞もしくは＜すべての人＞にする必要があります。写真や動画のほか、連絡先、閲覧しているWebサイトなどがやり取りできます。対象機種はiOS 7以降を搭載したiPhone、iPad、iPod touchとOS X Yosemite以降を搭載したMacです。
また、見知らぬ人からAirDropで写真を送り付けられることを防ぐために、普段はAirDropの設定を＜連絡先のみ＞もしくは＜受信しない＞にしておくとよいでしょう。

画面下端を上方向にスワイプしてコントロールセンターを開き、左上にまとめられているコントロールをタッチします。Wi-FiとBluetoothがオフの場合はタップしてオンにします。受信側は＜AirDrop＞が＜受信しない＞の場合はタップします。

＜すべての人＞をタップすると周囲のすべての人が、＜連絡先のみ＞をタップすると連絡先に登録されている人のみが自分のiPhoneを検出できるようになります（iCloudへのサインインが必要）。AirDropの利用が終わったら、＜受信しない＞をタップします。

AirDropで写真を送信する

① ホーム画面で＜写真＞をタップします。

② 送信したい写真を表示して、⎙をタップします。

③ ＜AirDrop＞をタップします。

④ 送信先の相手が表示されたらタップします。なお、送信先の端末がスリープモードのときは、表示されません。送信先の端末で＜受け入れる＞をタップすると、写真が相手に送信されます。

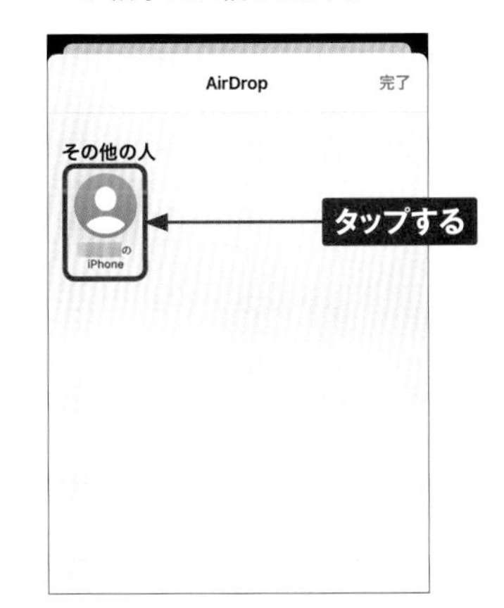

Section 61

音声でiPhoneを操作する

音声でiPhoneを操作できる機能「Siri」を使ってみましょう。iPhoneに向かって操作してほしいことを話しかけると、内容に合わせた返答や操作をしてくれます。

Siriを使ってできること

SiriはiPhoneに搭載された人工知能アシスタントです。ホームボタンを長押ししてSiriを起動し、Siriに向かって話しかけると、リマインダーの設定や周囲のレストランの検索、流れている音楽の曲名を表示してくれるなど、さまざまな用事をこなしてくれます。「Hey Siri」機能をオンにすれば、iPhoneに「Hey Siri」(ヘイシリ)と話しかけるだけでSiriを起動できるようになります。

「Hey Siri」機能をオンにする際に、自分の声だけを認識するように設定できます。

「SIRIからの提案」では、使用者の行動を予想して、使う時間帯や場所に合わせたアプリなどを表示してくれます。

Siriに「翻訳して」と話しかけ、翻訳してほしい言葉を話すと、英語に翻訳してくれます。

聞いている曲の曲名がわからない場合は、Siriに「曲名を教えて」と話しかけ、曲を聞かせると曲名を教えてくれます。

Siriの設定を確認する

① ホーム画面で<設定>をタップします。

② <Siriと検索>をタップします。

③ 「ホームボタンを押してSiriを使用」が になっている場合はタップして<Siriを有効にする>をタップし、Siriをオンにします。

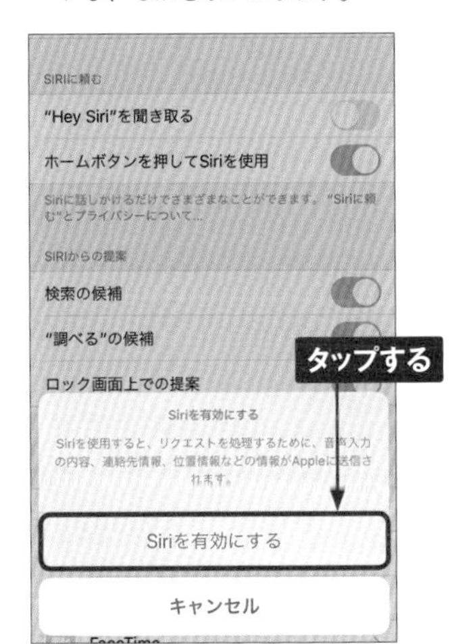

MEMO Siriの位置情報をオンにする

現在地の天気を調べるなど、Siriで位置情報に関連した機能を利用する場合は、ホーム画面で<設定>→<プライバシー>→<位置情報サービス>の順にタップします。<Siriと音声入力>をタップして、<このAppの使用中のみ許可>をタップしてチェックを付けます。

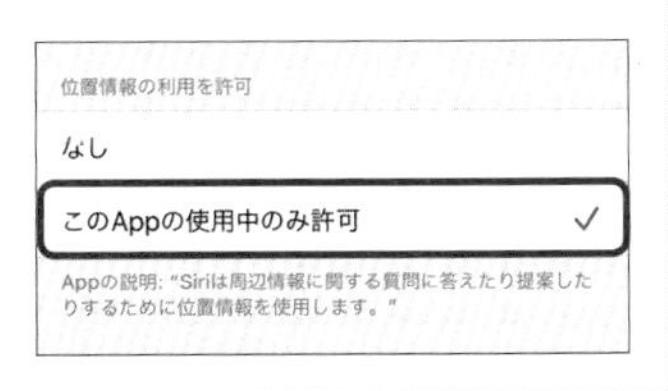

Siriの利用を開始する

① ホームボタンを長押しします。

② Siriが起動するので、iPhoneに操作してほしいことを話しかけます。ここでは例として、「午前8時に起こして」と話してみます。

③ アラームが午前8時に設定されました。終了するにはホームボタンを押します。

MEMO 話しかけてSiriを呼び出す

Siriをオンにしたあとで、P.219手順③のあとの画面で<“Hey Siri”を聞き取る>の をタップして、<続ける>をタップし、画面の指示に従って数回iPhoneに向かって話しかけます。最後に<完了>をタップすれば、ホームボタンを押さずに「Hey Siri」と話しかけるだけで、Siriを呼び出すことができるようになります。なお、この方法であれば、iPhoneがスリープ状態でも、話しかけるだけでSiriを利用できます。

“Hey Siri”を設定

“Hey Siri”と話しかけたときに、Siriがあなたの声を認識します。

Siriや音声入力の履歴を削除する

① P.219手順②の画面で＜Siriと検索＞をタップします。

② ＜Siriおよび音声入力の履歴＞をタップします。

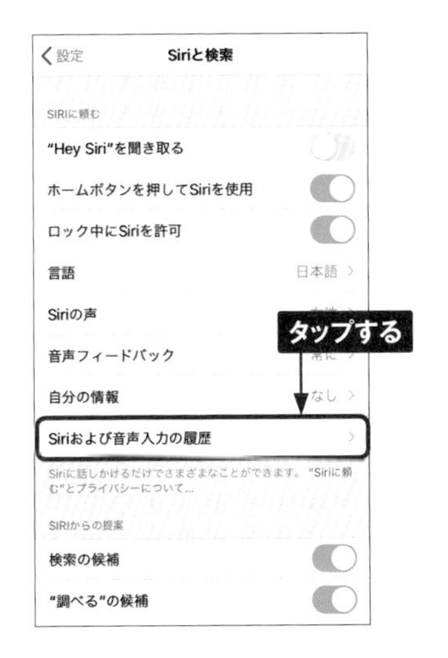

③ ＜Siriおよび音声入力の履歴を削除＞をタップします。

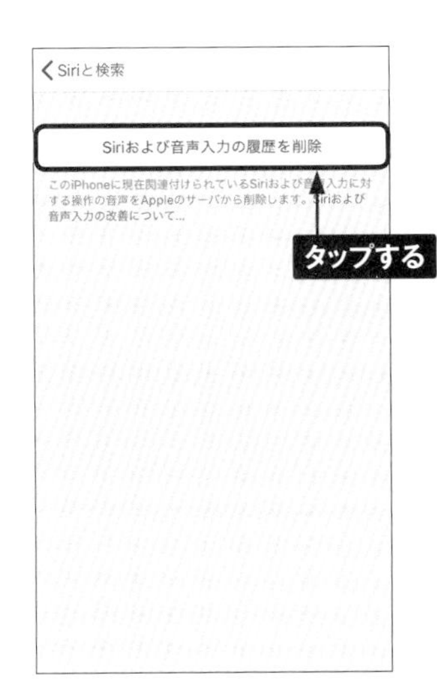

④ ＜Siriおよび音声入力の履歴を削除＞をタップします。

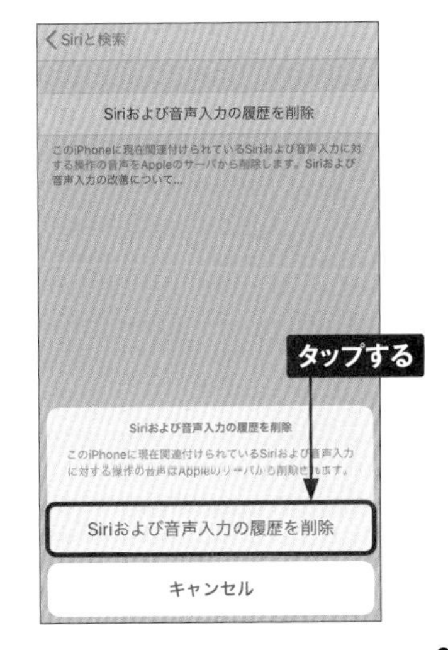

7

Siriショートカットとは

Siriショートカットとは、Siriに1つ指示を与えるだけで、複数のタスクを行ってくれるという便利な機能です。<ショートカット>アプリには、さまざまなサンプルのショートカットが用意されているので、そのまま使えます。さらに、自分で自由に組み合わせて、オリジナルのショートカットを作成することもできます。

<ショートカット>アプリでは、サンプルのショートカットのほかにも、自分で自由にショートカットを作成することができます。

ショートカットを設定する

1. ホーム画面から<ショートカット>をタップしてアプリを起動し、<続ける>をタップします。

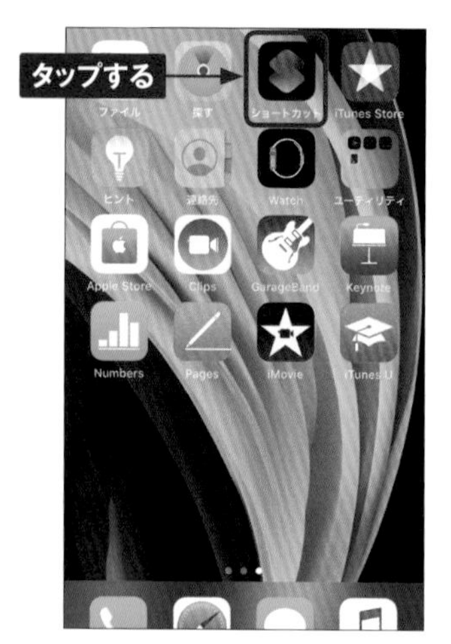

2. <ギャラリー>をタップします。

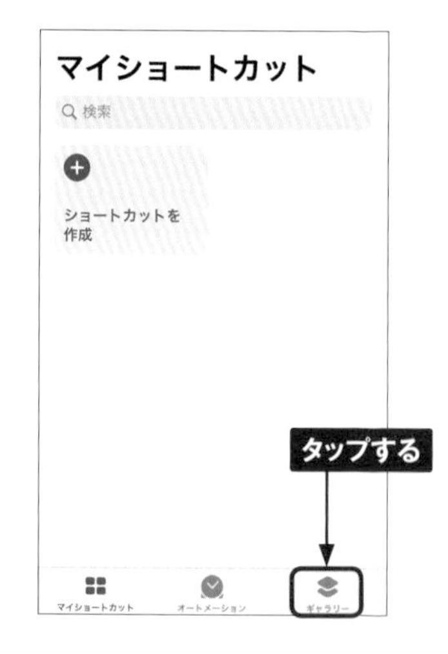

③ 画面を上方向にスワイプして、設定したいショートカット（ここでは＜洗濯タイマー＞）をタップします。

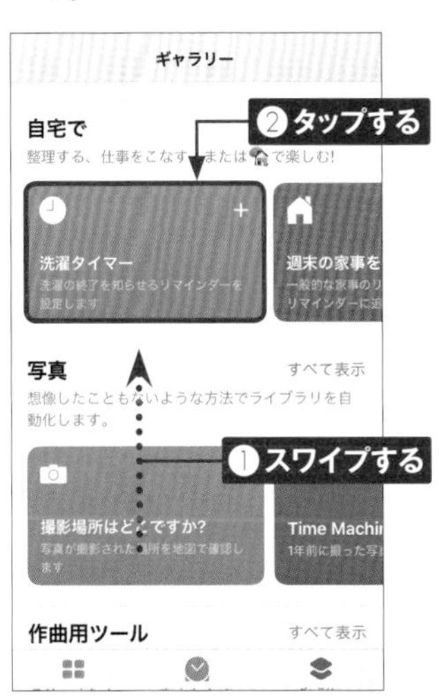

④ ＜ショートカットを追加＞をタップします。

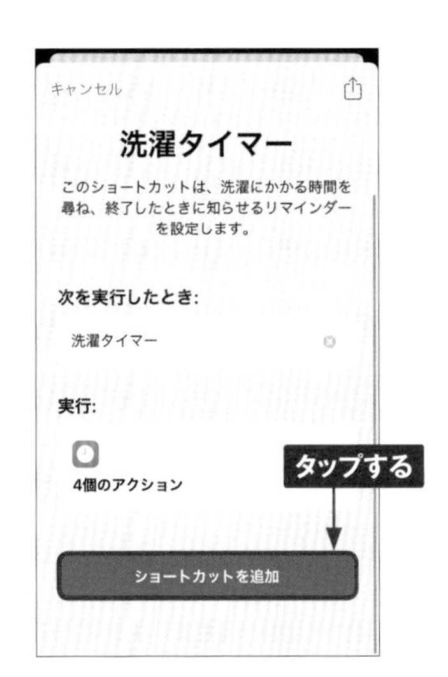

⑤ ＜マイショートカット＞をタップすると、「マイショートカット」画面にショートカットが追加されます。

⑥ P.220手順①を参考にSiriを呼び出し、「洗濯タイマー」と話しかけます。以降はSiriの指示に従って、話しかけながら時間などを設定します。

7

オリジナルのショートカットを作成する

① 「マイショートカット」画面で<ショートカットを作成>をタップします。

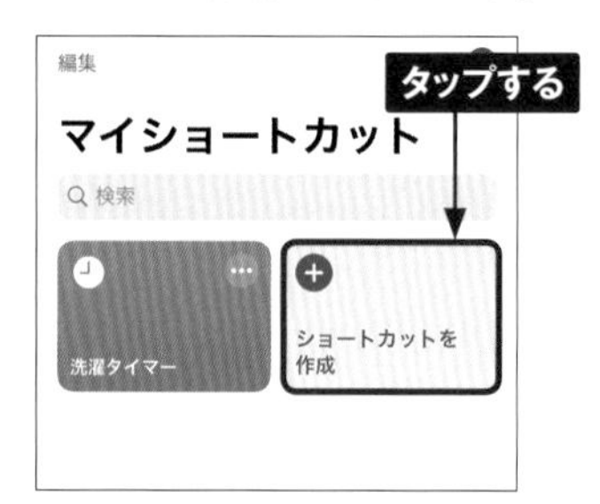

② <アクションを追加>をタップします。

③ アクションが一覧で表示されます。ここでは、「アラームを作成」の<8:00>をタップします。

④ アラームの名称を入力して、<次へ>をタップします。

⑤ ショートカットの名前を入力して、<完了>をタップすると、「マイショートカット」画面にショートカットが作成されます。

⑥ P.220手順①を参考にSiriを呼び出し、手順⑤で入力したショートカット名（ここでは「出発時刻」）を話しかけると、アラームが設定されます。

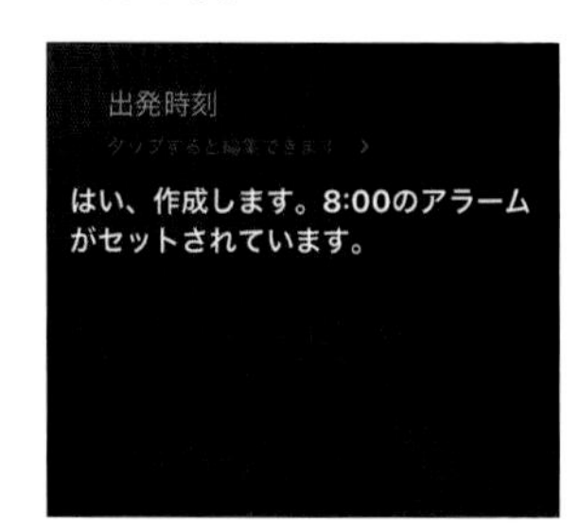

Chapter 8

iCloudを活用する

Section 62

iCloudでできること

iCloudとは、Appleが提供するクラウドサービスです。メール、連絡先、カレンダーなどのデータを、iCloudを経由してパソコンと同期できます。

インターネットの保管庫にデータを預けるiCloud

iCloudは、Appleが提供しているクラウドサービスです。クラウドとはインターネット上の保管庫のようなもので、iPhoneに保存しているさまざまなデータを預けておくことができます。またiCloudは、iPhone以外にもiPad、iPod touch、Mac、Windowsパソコンにも対応しており、それぞれの端末で登録したデータを、互いに共有することができます。

8

●iCloudのしくみ

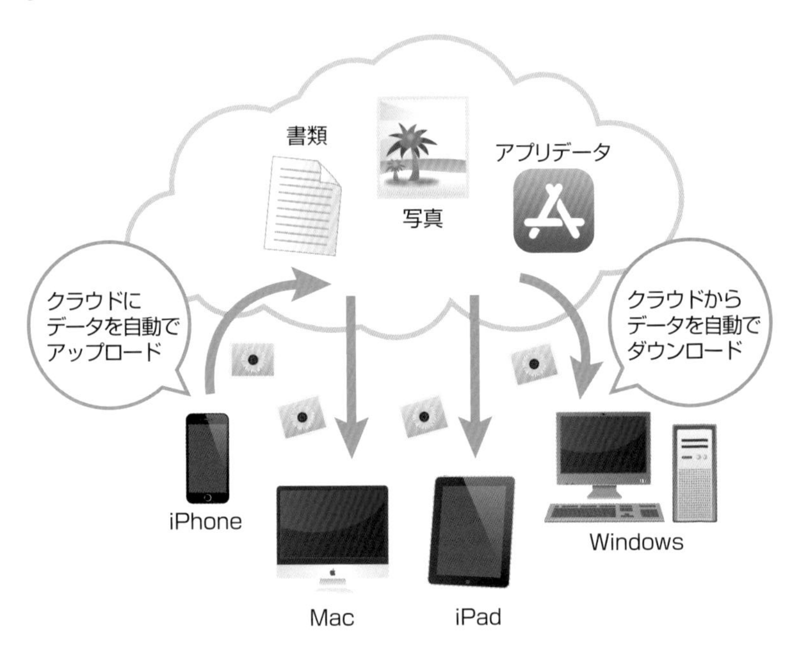

iCloudで共有できるデータ

iPhoneにiCloudのアカウントを設定すると、メール、連絡先、カレンダーやSafariのブックマークなど、さまざまなデータを自動的に保存してくれます。また、「@icloud.com」というiCloud用のメールアドレスを取得できます。
さらに、App StoreからiCloudに対応したアプリをインストールすると、アプリの各種データをiCloud上で共有できます。

●iCloudの設定画面

カレンダーやメール、連絡先をiCloudで共有すれば、ほかの端末で更新したデータがすぐにiPhoneに反映されるようになります。

●「探す」機能

「探す」機能を利用すると、万が一の紛失時にも、iPhoneの現在位置をパソコンで確認したり、リモートで通知を表示させたりできます。

iCloudで利用できる機能

iPhoneでは、iCloudの下記の機能が利用できます。

- ・iCloud Drive
- ・書類とデータの同期
- ・連絡先やカレンダーの同期
- ・リマインダーの同期
- ・探す
- ・ファミリー共有
- ・メール（@icloud.com）
- ・メモの同期
- ・バックアップ
- ・Safariの同期
- ・iCloudキーチェーン
- ・iCloud写真

8

Section 63

iCloudに バックアップする

iPhoneは、パソコンのiTunesと同期する際に、パソコン上に自動でバックアップを作成します。このバックアップをパソコンのかわりにiCloud上に作成することも可能です。

iCloudバックアップをオンにする

① ホーム画面から＜設定＞→＜自分の名前＞→＜iCloud＞の順にタップして「iCloud」画面を表示し、＜iCloudバックアップ＞をタップします。

② 「バックアップ」画面が表示されるので、「iCloudバックアップ」が になっていることを確認します。「iCloudバックアップ」が になっている場合はタップします。

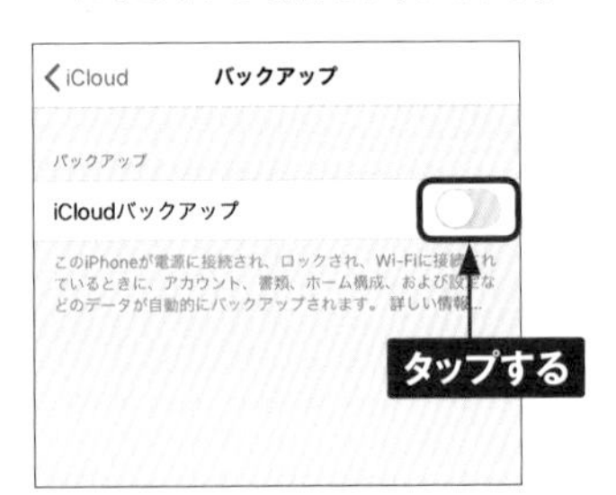

③ 「iCloudバックアップを開始」のポップアップが表示されるので、＜OK＞をタップします。Apple IDのパスワード確認画面が表示されたら、パスワードを入力して＜OK＞をタップします。

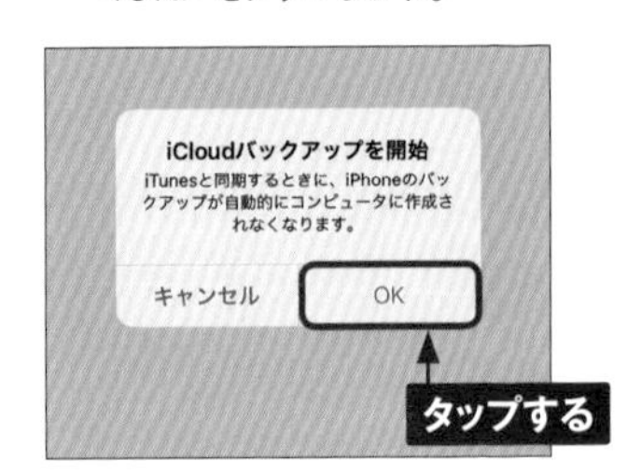

④ 「iCloudバックアップ」が になりました。以降は、P.229MEMOの条件を満たせば、自動でバックアップが行われるようになります。

iCloudにバックアップを作成する

1 手動でiCloudにバックアップを作成したいときは、Wi-Fiに接続した状態で、「バックアップ」画面の、<今すぐバックアップを作成>をタップします。

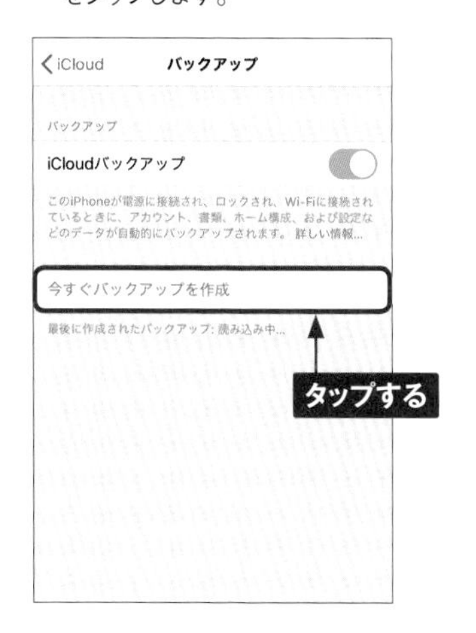

2 バックアップが作成されます。バックアップの作成を中止したいときは、<バックアップの作成をキャンセル>をタップします。

3 バックアップの作成が完了しました。最後にiCloudバックアップが行われた日時が表示されます。

自動バックアップが行われる条件

自動でiCloudにバックアップが行われる条件は以下のとおりです。

・電源に接続されている
・スリープモードになっている
・Wi-Fiに接続されている

なお、バックアップの対象となるデータは、撮影した動画や写真、アプリのデータやiPhoneに関する設定などです。アプリ本体などはバックアップされませんが、復元後、自動的にApp StoreからiPhoneにダウンロードされます。

8

Section 64

iCloudの同期項目を設定する

カレンダーやリマインダーはiCloudと同期し、連絡先はパソコンのiTunesと同期するといったように、iCloudでは、個々の項目を同期するかしないかを選択することができます。

8

iPhoneのiCloudの同期設定を変更する

●同期をオフにする

1 P.228手順①を参考に「iCloud」画面を表示し、iCloudと同期したくない項目の をタップして にします。ここでは、「Safari」の をタップします。

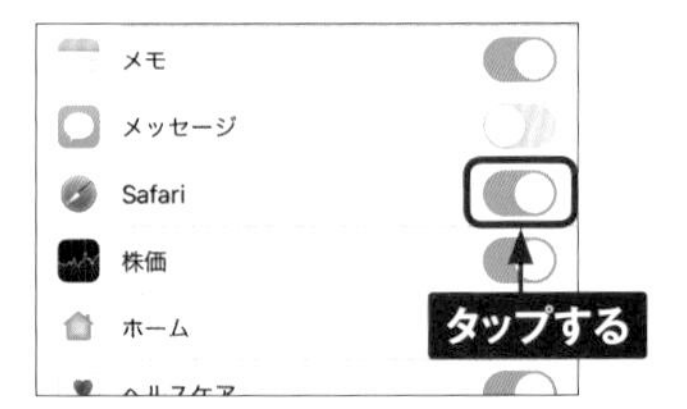

2 以前同期したiCloudのデータを削除するかどうか確認されます。iCloudのデータをiPhoneに残したくない場合は、＜iPhoneから削除＞をタップします。

●同期をオンにする

1 iCloudと同期したい項目の をタップして、 にします。ここでは「Safari」の をタップします。

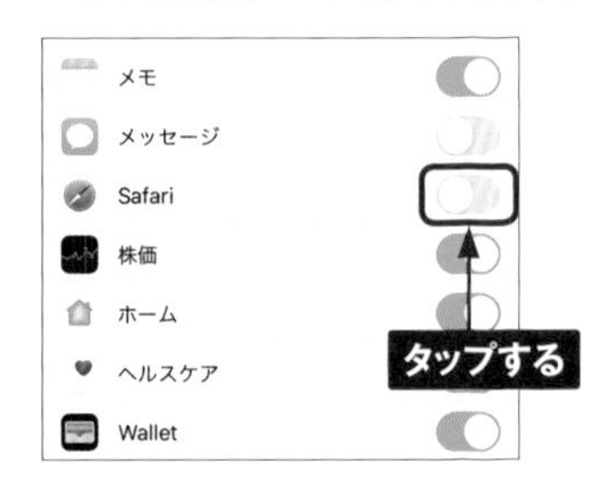

2 ＜Safari＞アプリに既存のデータがある場合は、iCloudのデータと結合してよいか確認するメニューが表示されます。＜結合＞をタップします。

Section 65

iCloud写真や iCloud共有アルバムを利用する

「iCloud写真」は、撮影した写真や動画を自動的にiCloudに保存するサービスです。保存された写真はほかの端末などからも閲覧できます。また、写真を友だちと共有する「iCloud共有アルバム」機能もあります。

iCloudを利用した写真の機能

iCloudを利用した写真の機能には、大きく分けて次の2つがあります。

●写真の自動保存

「iCloud写真」機能により、iPhoneで撮影した写真や動画を自動的にiCloudに保存します。保存された写真は、ほかの端末やパソコンなどからも閲覧することができます。初期設定では有効になっており、iCloudストレージの容量がいっぱいになるまで（無料プランでは5GB）保存できます。

●写真の共有

「iCloud共有アルバム」機能により、作成したアルバムを友だちと共有して閲覧してもらうことができます。なお、iCloudのストレージは消費しません。

iCloudストレージの容量を買い足す

iCloud写真で写真やビデオをiCloudに保存していると、無料の5GBの容量はあっという間にいっぱいになってしまいます。有料で容量を増やすには、P.228手順①の画面で「容量」の<ストレージを管理>または<iCloud>をタップします。<さらに容量を購入>または<ストレージプランを変更>をタップして、「50GB」「200GB」「2TB」のいずれかのプランを選択します。

8

iCloud写真の設定を確認する

1 P.228手順①を参考に「iCloud」画面を表示し、<写真>をタップします。

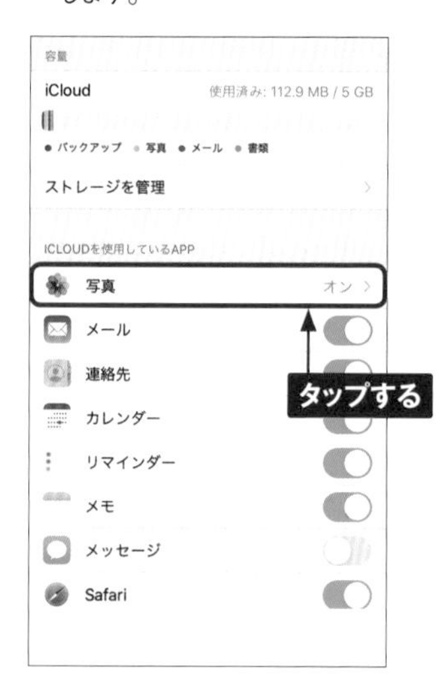

2 「iCloud写真」と「共有アルバム」がになっていることを確認します。iCloud写真を無効にしたい場合は、「iCloud写真」のをタップします。

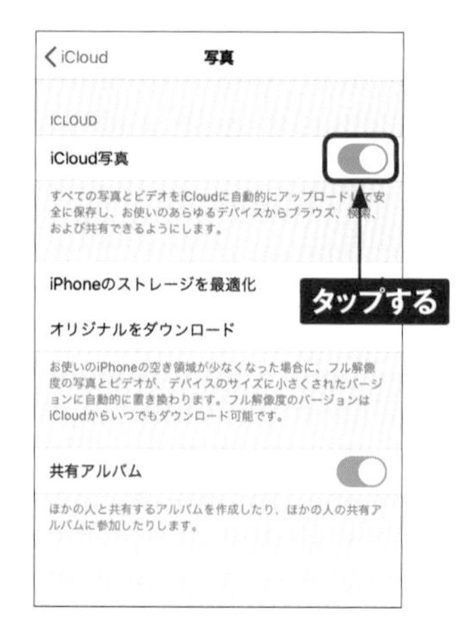

3 iCloud写真が無効になり、自動で保存されないようになります。

MEMO マイフォトストリームとは

古いApple IDを使用している場合、手順②の画面で「マイフォトストリーム」の項目が表示されることがあります。マイフォトストリームは、従来使われていた写真のiCloudへの自動保存機能です。保存枚数や保存期間に制限がありますが、iCloudストレージを消費しないという利点があります。写真のバックアップが目的でなければマイフォトストリームのほうが便利に使える場合もあるので、目的に応じて使い分けるとよいでしょう。

友だちと写真を共有する

1 <写真>アプリを起動して、「アルバム」タブを開き、画面左上の+をタップし、<新規共有アルバム>をタップします。

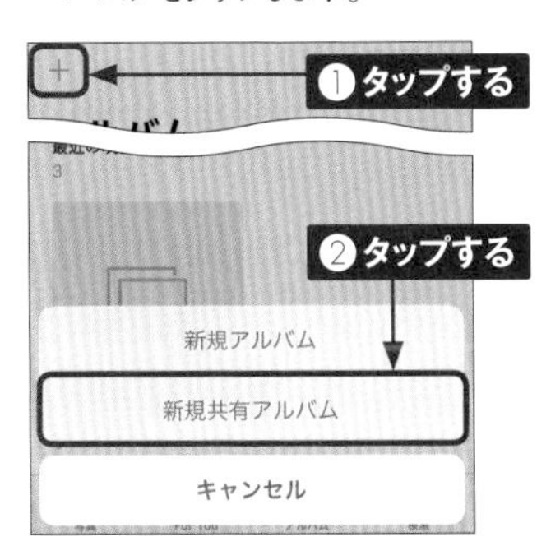

2 アルバム名を入力し、<次へ>をタップします。

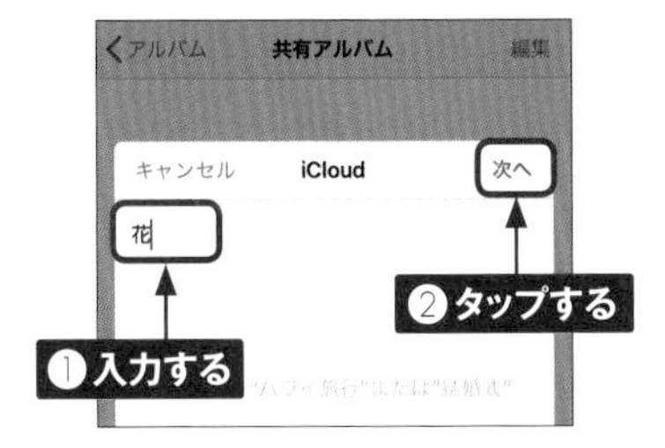

3 写真を共有したい相手のアドレスや名前を入力し、<作成>をタップします。

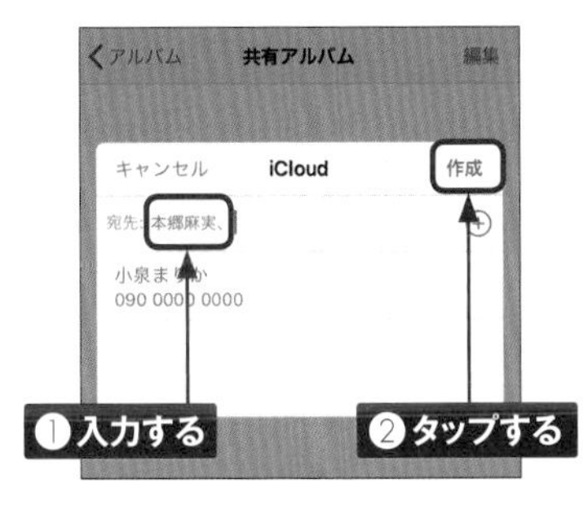

4 画面下部の<アルバム>をタップすると、作成された共有アルバムが確認できます。

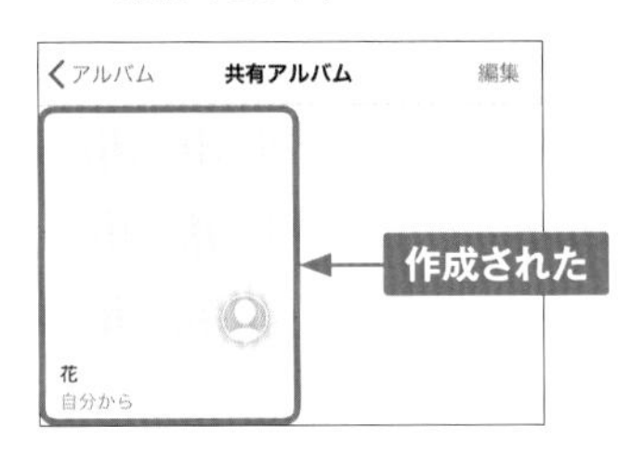

5 共有先の相手には「○○さんから"(共有アルバム名)"への参加依頼が届きました」という通知が届きます。通知をタップし、<写真>アプリで<参加>をタップすると、以降は相手も閲覧ができるようになります。

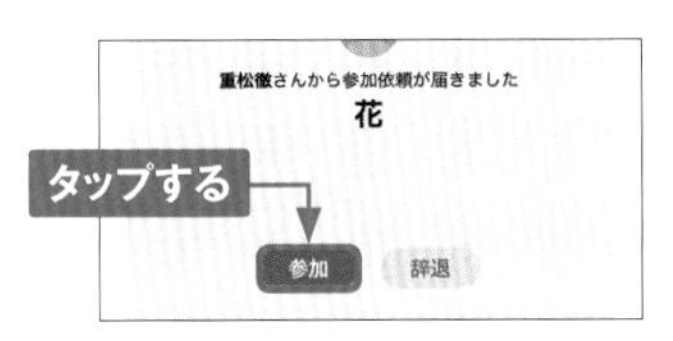

MEMO

共有アルバムに写真を追加する

手順④の画面で、作成した共有アルバムをタップし、+をタップします。追加したい写真をタップして<完了>→<投稿>の順にタップすると、写真が追加されます。

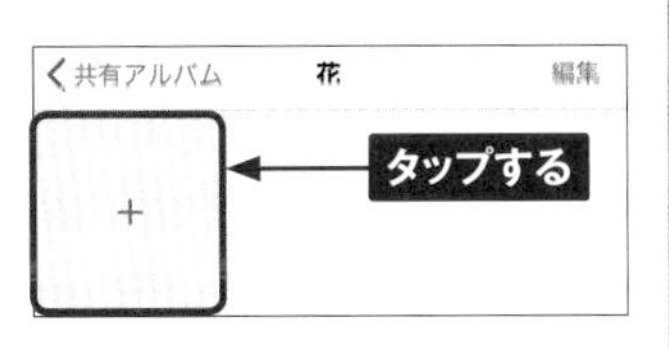

Section 66

iCloud Driveを利用する

iCloud Driveを利用すれば、複数のアプリのファイルを、iCloudの中に安全に保存しておけます。保存したファイルは、Windowsパソコンやmac、iPadなどのApple製品からいつでもアクセスできます。

iCloud Driveとは

iCloud Driveは、iCloudのクラウドストレージ機能です。「OneDrive」や「Googleドライブ」、「Dropbox」といったサービスと同様の位置付けと考えてよいでしょう。iPhoneやiPadだけでなく、MacおよびWindows搭載のパソコンでも利用できます。iCloud自体にもiCloud写真やバックアップ機能によって、さまざまな形式のファイルをアップロードできますが、iCloud Driveに保存できるファイル形式に制限はありません。画像ファイルや動画ファイルはもちろん、PDFファイルや文書ファイルなども保存できます。

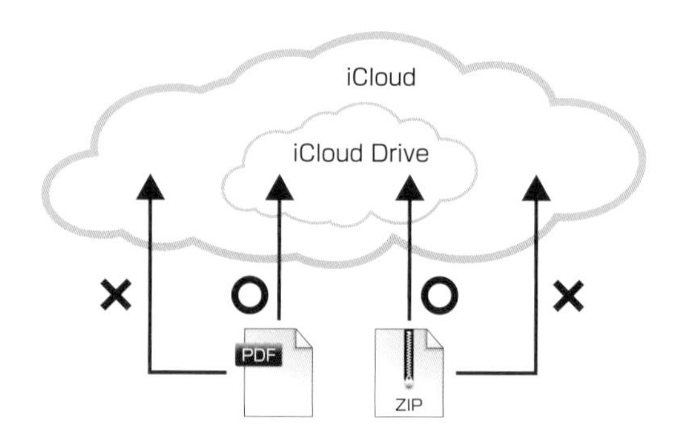

パソコンからiCloud Driveを利用する

パソコンからiCloud Driveを利用する場合は、Webブラウザを利用します。P.238手順①～②を参考にしてiCloudにサインインし、手順③の画面で2ファクタ認証のコードを入力して<iCloud Drive>をクリックします。Webブラウザ上でファイルの閲覧やアップロード、ダウンロードが行えるので、パソコンからPDFファイルをアップロードして、iPhoneで閲覧するといった使い方が可能です。

iCloud Driveにファイルを保存する

① P.166手順①〜④の方法で、iCloud Driveに保存したい写真を表示し、画面左下のをタップします。

② 共有メニューが表示されます。上方向にスワイプし、<ファイルに保存>をタップします。

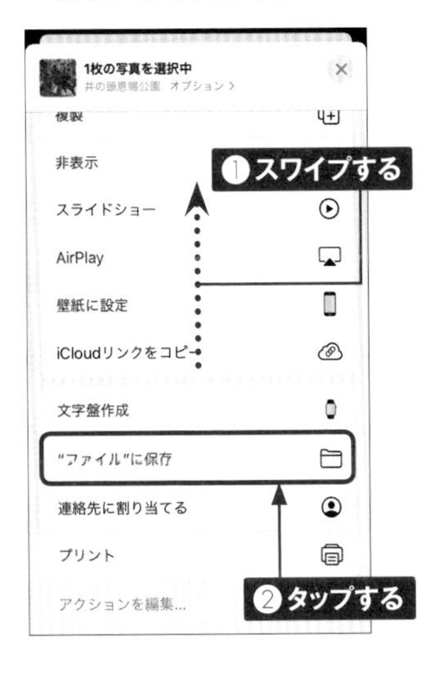

③ <iCloud Drive>をタップして<保存>をタップすると、写真がiCloud Driveに保存されます。

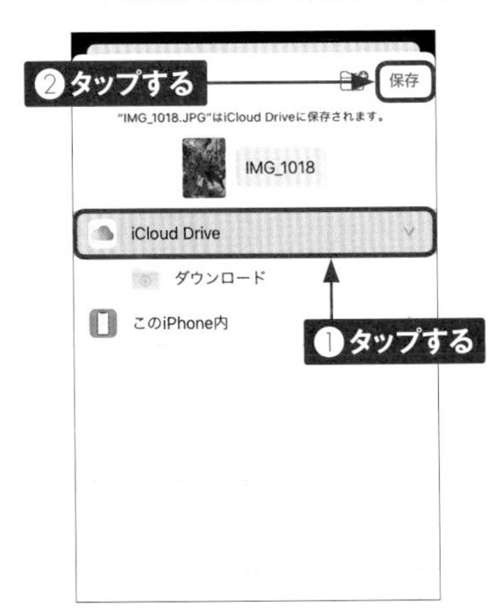

MEMO アプリのフォルダ

iCloudドライブに対応したアプリ（「Pages」「Numbers」「Keynote」など）をインストールすると、そのアプリ用のフォルダがiCloudドライブに作成されます。そのアプリで作成、編集したファイルは、このフォルダに保存されます。

8

iCloud Driveのファイルを閲覧する

1 ホーム画面から<ファイル>をタップします。

2 <ブラウズ>をタップし、<iCloud Drive>をタップします。

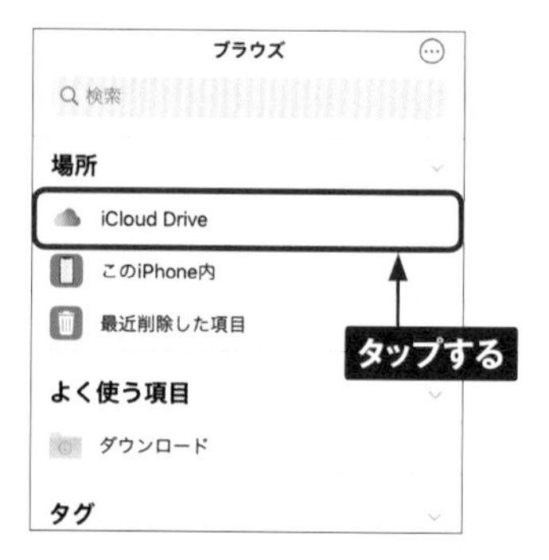

3 任意のフォルダをタップし、閲覧したいファイルをタップします。

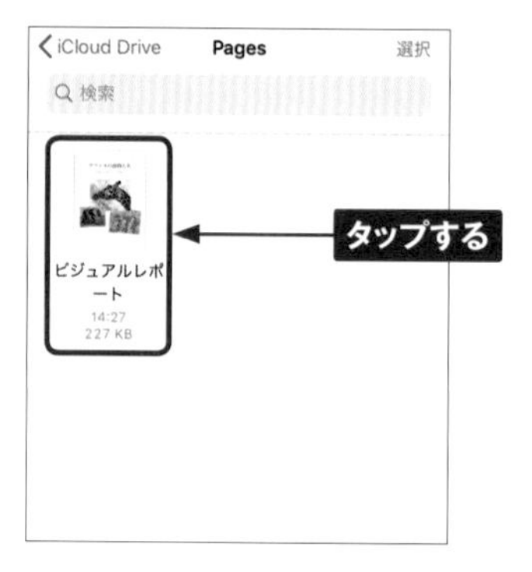

4 ファイルの内容が表示されます。

MEMO <ファイル>アプリでほかのストレージサービスを利用する

<ファイル>アプリでは、「Dropbox」や「Googleドライブ」「Box」「OneDrive」など、ほかのクラウドストレージサービスのアプリと連携して、ファイル管理を行うことができます。あらかじめこれらのクラウドサービスのアプリをインストールし、アカウントにログインしておき、<ファイル>アプリで、<ブラウズ>→<その他の場所>（または右上の…→<編集>）の順にタップします。インストールしたクラウドサービスが表示されるので、利用したいクラウドサービスを有効にすると、「ブラウズ」画面に表示されるようになります。

iCloud Driveのファイルを共有する

1 P.236手順③の画面で<選択>をタップします。

2 共有したいファイルをタップし、をタップします。

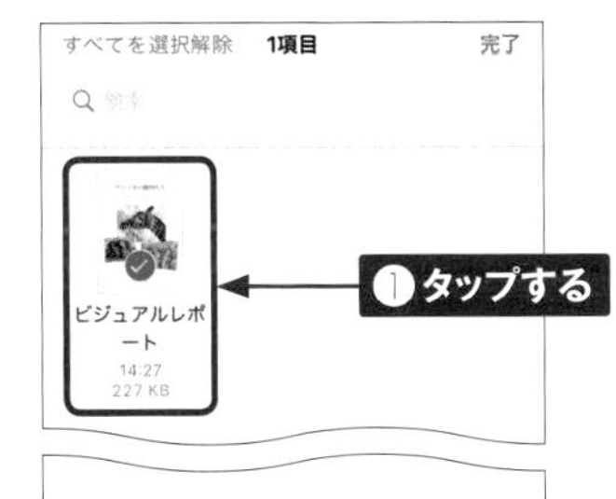

3 <人を追加>をタップします。

4 参加依頼の送信方法（ここでは<メッセージ>）をタップします。

5 宛先を設定し、をタップすると、共有したいファイルのリンクが相手に届きます。

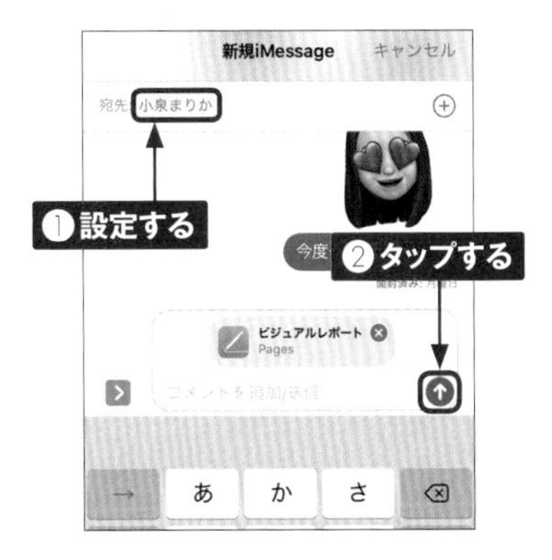

フォルダを共有する

手順②の画面でフォルダをタップすると、フォルダを共有することができます。なお、アプリのフォルダは共有できません。

8

Section 67

iPhoneを探す

iCloudの「探す」機能で、iPhoneから警告音を鳴らしたり、遠隔操作でパスコードを設定したり、メッセージを表示したりすることができます。万が一に備えて、確認しておきましょう。

iPhoneから警告音を鳴らす

1 パソコンのWebブラウザでiCloud（https://www.icloud.com/）にアクセスします。iPhoneに設定しているApple IDを入力し、➔をクリックします。

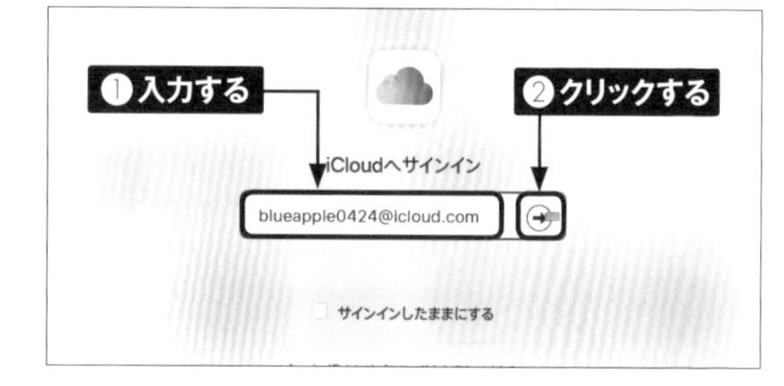

2 パスワードを入力し、➔をクリックします。

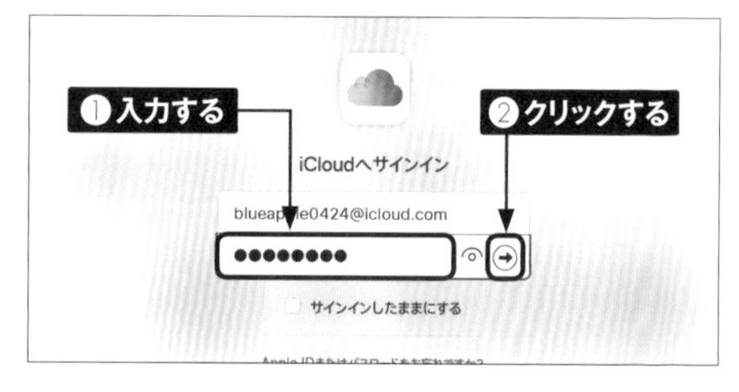

3 「またはすぐにアクセスする」の<iPhoneを探す>をクリックします。

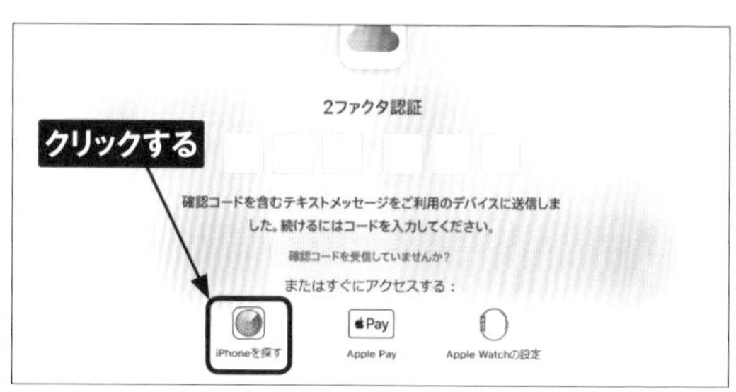

8

4 Apple IDのパスワードを求められた場合は入力して、<サインイン>をクリックします。iPhoneの位置が表示されるので、●をクリックしてⓘをクリックします。

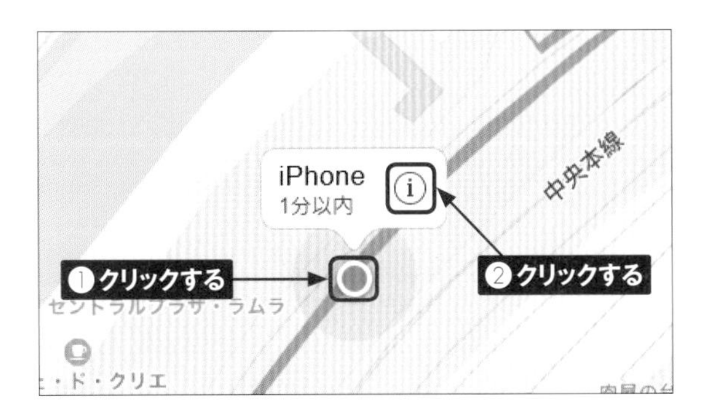

5 <サウンド再生>をクリックします。

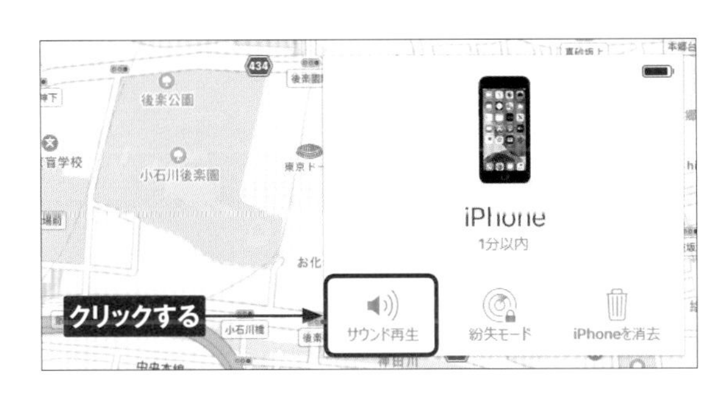

6 iPhoneの画面に、メッセージが表示され、警告音が鳴ります。

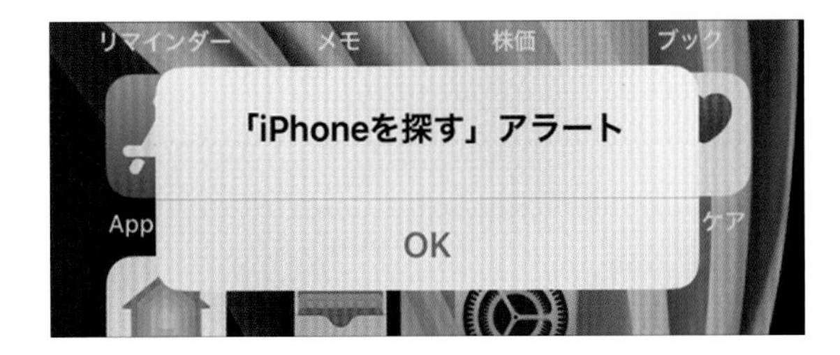

最後の位置情報を送信する

「iPhoneを探す」機能は、iPhoneの電源がオンになっている状態でしか利用できません。しかし、<設定>→自分の名前→<探す>→<iPhoneを探す>の順にタップして「最後の位置情報を送信」をオンにすると、バッテリーが切れる少し前に、iPhoneの位置情報が自動で、Appleのサーバーに送信されます。そのためiPhoneのバッテリーがなくなって電源がオフになる寸前に、iPhoneがどこにあったかを知ることができます。

紛失モードを設定する

1 P.239手順⑤の画面で<紛失モード>をクリックします。

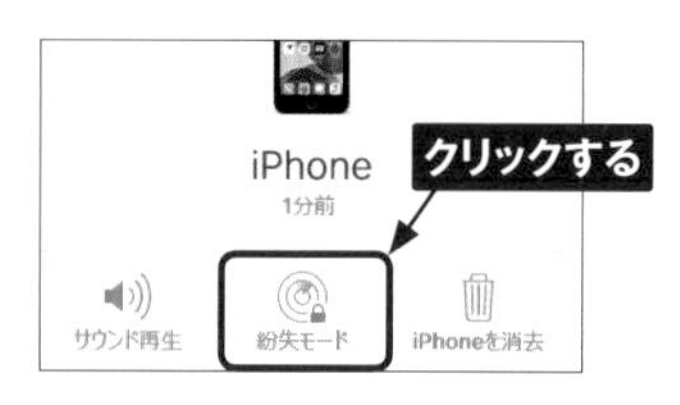

2 iPhoneにパスコードを設定していない場合は、パスコードを2回入力します。

3 iPhoneの画面に表示する任意の電話番号を入力し、<次へ>をクリックします。

4 電話番号と一緒に表示するメッセージを入力し、<完了>をクリックすると、紛失モードが設定されます。

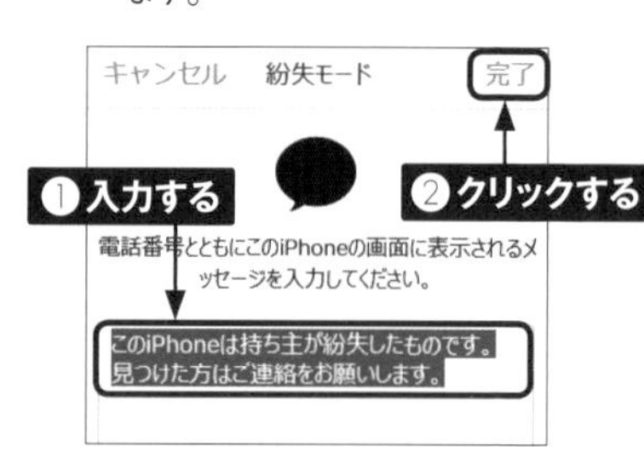

5 iPhoneの画面に、入力した電話番号とメッセージが表示されます。<電話>をタップすると、入力した電話番号に発信できます。ホームボタンを押すと、パスコードの入力画面が表示されます。手順②で設定したパスコードを入力してロックを解除すると、紛失モードの設定も解除されます。

iPhoneの消去

手順①の画面で<iPhoneを消去>をクリックして画面の指示に従って操作すると、iPhoneのデータが消去されます。この場合、所有者のApple IDでサインインしないと利用できなくなります。

Chapter 9

iPhoneを もっと使いやすくする

Section 68

ホーム画面をカスタマイズする

アプリをインストールすると、ホーム画面にアイコンが増えていきます。アイコンの移動やフォルダによる整理を行い、利用しやすいホーム画面にしましょう。

アプリアイコンを移動する

① ホーム画面上のいずれかのアプリのアイコンをタッチし、表示されるメニューで<ホーム画面を編集>をタップします。

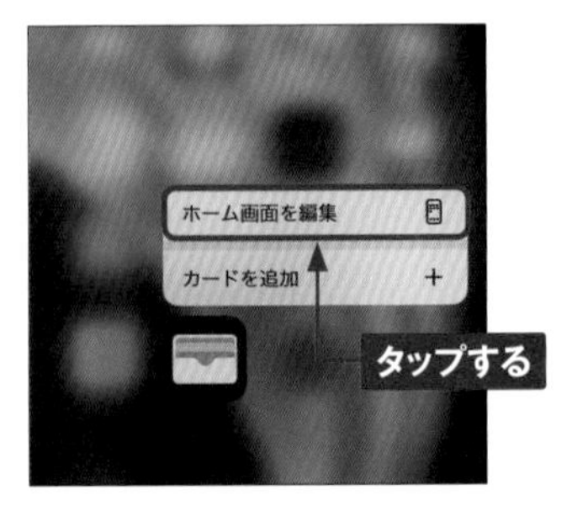

② アイコンが細かく揺れ始めるので、移動させたいアイコンをほかのアイコンの間までドラッグします。

③ 画面から指を離すと、アイコンが移動します。ホームボタンを押すと、変更が確定します。

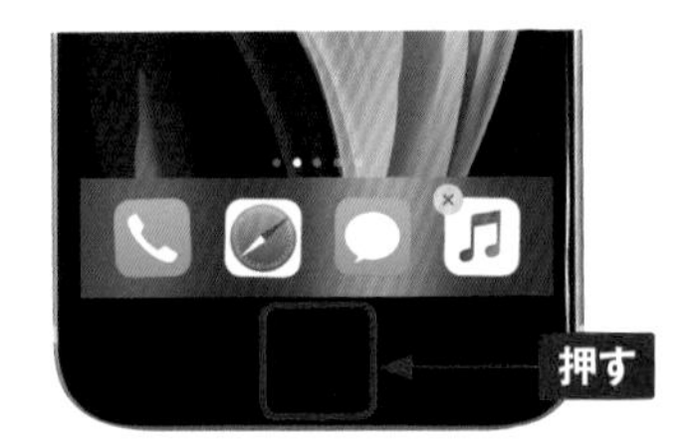

MEMO ほかのページに移動する

ホーム画面のほかのページに移動する場合は、移動したいアイコンをタッチし、画面の端までドラッグすると、ページが切り替わります。アイコンを配置したいページで指を離すとアイコンが移動するので、ホームボタンを押して確定します。

フォルダを作成する

① ホーム画面でフォルダに入れたいアプリのアイコンをタッチし、表示されるメニューで＜ホーム画面を編集＞をタップします。

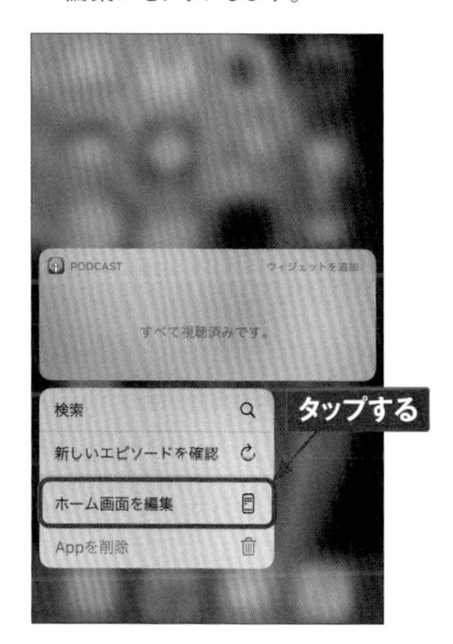

② 同じフォルダに入れたいアプリのアイコンの上にドラッグし、画面から指を離すとフォルダが作成され、両アプリのアイコンがフォルダ内に移動します。

③ フォルダ名は好きな名前に変更できます。名前欄をタップして入力し、＜完了＞（または＜Done＞）をタップします。

④ ホームボタンを2回押し、ホーム画面の変更を保存します。

9

アイコンをフォルダの外に移動する

① ホーム画面でフォルダをタップします。

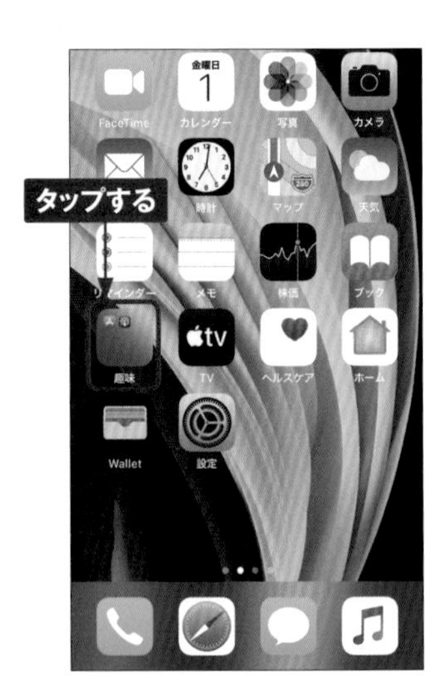

② フォルダの外に移動したいアイコンをタッチし、表示されるメニューで<ホーム画面を編集>をタップします。

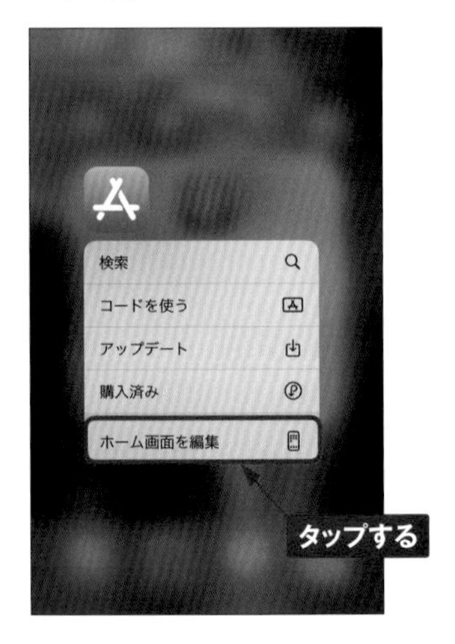

③ アイコンが細かく揺れ始めるので、移動したい場所までドラッグします。

④ 移動したい場所で指を離し、ホームボタンを押して、ホーム画面の変更を保存します。フォルダの中のアイコンをすべて外に移動すると、自動的にフォルダが削除されます。

Dockのアイコンを変更する

① いずれかのアプリのアイコンをタッチし、＜ホーム画面を編集＞をタップしてアイコンが揺れ始めたら、Dockから移動したいアイコンをDockの外にドラッグします。

② Dockのアイコンが3つになるので、新しくDockに配置したいアイコンをDockにドラッグします。

③ 画面から指を離すと、Dockにアイコンが移動します。ホームボタンを押すと、変更が保存されます。

MEMO **Dockのカスタマイズ**

Dockには、プリインストールされているアプリだけでなく、App Storeからインストールしたアプリや、作成したフォルダも配置できます。最大で4つまで配置できますが、1つも配置せずに利用することも可能です。

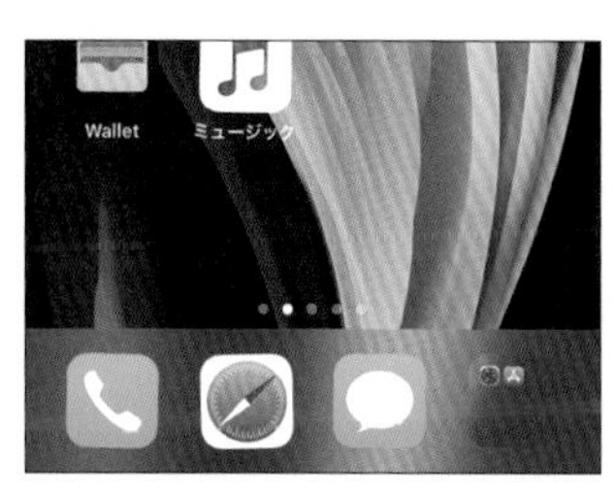

Section 69

壁紙を変更する

iPhoneの壁紙を変更しましょう。標準で多数の壁紙が用意されており、カメラで撮影した写真や、常に動いているダイナミック壁紙を設定することができます。

ロック画面の壁紙を変更する

① ホーム画面で<設定>をタップします。

② <壁紙>をタップします。

③ <壁紙を選択>をタップします。

④ <静止画>をタップします。なお、<ダイナミック>をタップすると、動きのある壁紙を選択できます。

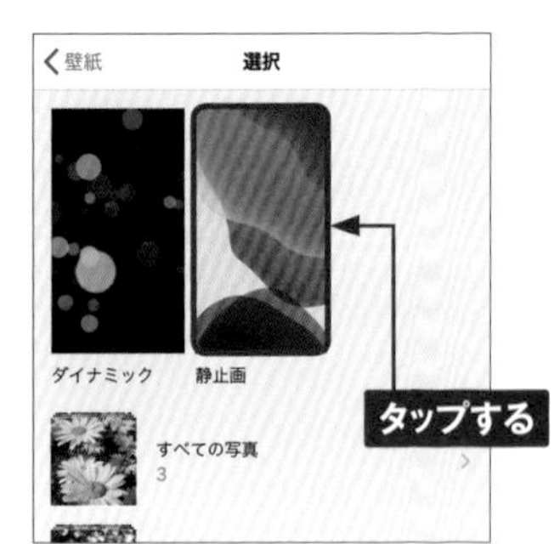

9

5 設定する壁紙のサムネイルをタップします。

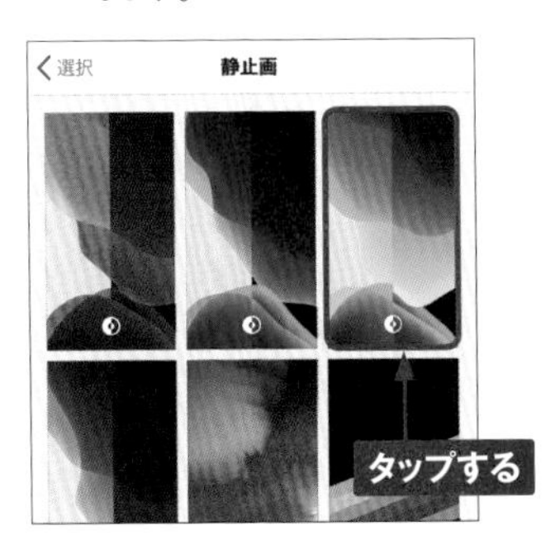

6 選択した壁紙のプレビューが表示されます。<設定>をタップします。

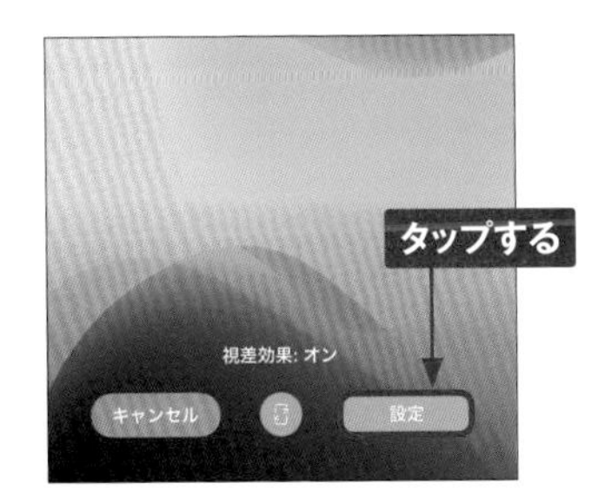

7 <ロック中の画面に設定>をタップします。<ホーム画面に設定>をタップすると、ホーム画面の壁紙が変更されます。

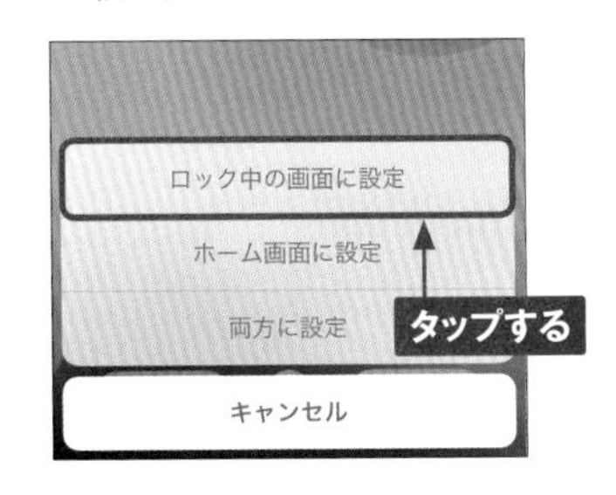

8 ロック画面の壁紙が変更されます。

撮影した写真を壁紙に設定する

壁紙の変更は、iPhoneにあらかじめ入っている画像以外にも、<写真>アプリに入っている自分で撮影した写真などを設定できます。P.246手順④で<すべての写真>など、アルバムをタップして、壁紙に設定したい写真をタップします。Live Photosを設定すると、Live壁紙になります。

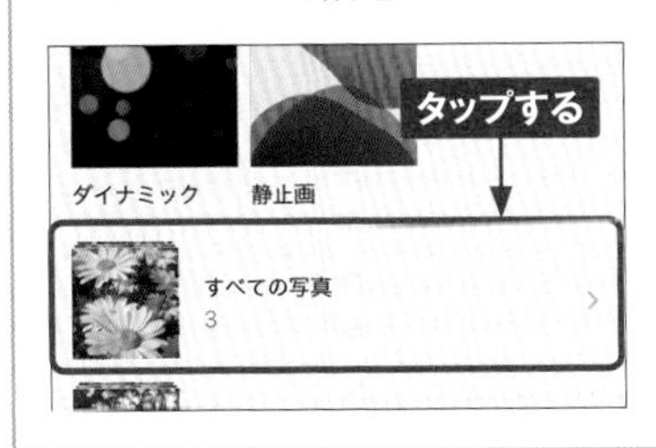

Section 70

コントロールセンターをカスタマイズする

コントロールセンターでは、機能の追加や削除、移動など、自由にカスタマイズすることができます。また、触覚タッチを利用できる機能もあります。

コントロールセンターにアイコンを追加する

1 ホーム画面で＜設定＞→＜コントロールセンター＞の順にタップします。

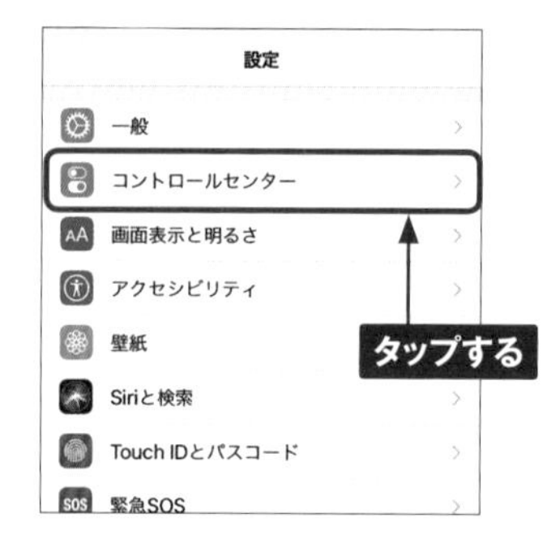

2 ＜コントロールをカスタマイズ＞をタップします。

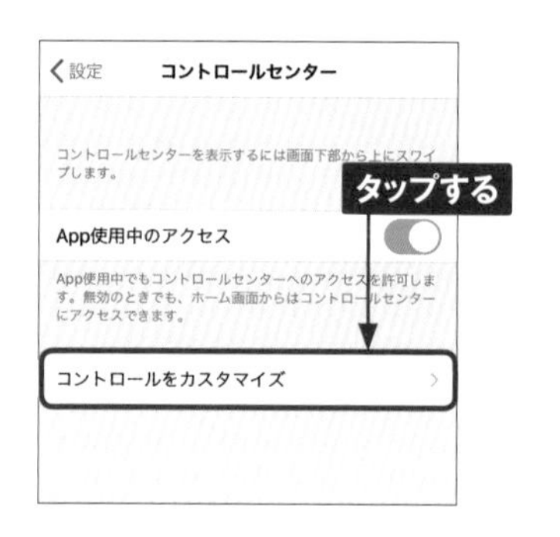

3 追加したい機能の⊕をタップして追加します。

アイコンを削除する

手順③の画面で、⊖→＜削除＞の順にタップすると、アイコンを削除できます。また、☰を上下にドラッグすると、順番を入れ替えることができます。

追加できる機能

コントロールセンターに追加できる機能は21種類です。なお、「フラッシュライト」「タイマー」「計算機」「カメラ」「QRコードをスキャン」は、初期状態で設定されている機能です（P.25参照）。

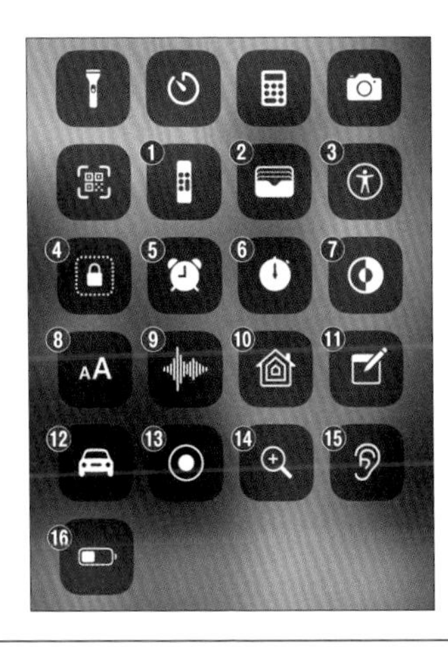

❶Apple TV Remote
Apple TV用のリモコンです。再生や一時停止などの操作が可能です。

❷Wallet
＜Wallet＞アプリが起動し、すべてのパスにアクセスできます。タッチするとパスを表示させたり、カードを追加したりできます。

❸アクセシビリティのショートカット
AssistiveTouchのオン／オフを切り替えられます。

❹アクセスガイド
アクセスガイドのオン／オフを切り替えられます。

❺アラーム
＜時計＞アプリが起動し、アラームを設定できます。

❻ストップウォッチ
＜時計＞アプリが起動し、ストップウォッチを利用できます。

❼ダークモード
ダークモードに切り替わり、暗い色を基調とした画面配色になります。

❽テキストサイズ
テキストサイズを調節できます。

❾ボイスメモ
＜ボイスメモ＞アプリが起動します。タッチすると、すばやく新規録音の操作ができます。

❿ホーム
＜ホーム＞アプリに登録した照明などのHomeKit対応アクセサリにアクセスできます。

⓫メモ
＜メモ＞アプリが起動します。タッチすると新規メモや新規チェックリスト、新規スケッチなどの操作にすばやくアクセスできます。

⓬運転中の通知を停止
運転中の通知のオン／オフを切り替えられます。

⓭画面収録
画面の録画ができます。録画した動画は、＜写真＞アプリで確認できます。

⓮拡大鏡
カメラを拡大鏡として利用できます。

⓯ヒアリング
iPhoneのマイクで集音した周囲の音をAirPodsで聴くことができる補聴器のような機能です。

⓰低電力モード
低電力モードのオン／オフを切り替えられます。

Section 71

画面ロックを設定する

iPhoneが勝手に使われてしまうのを防ぐために、iPhoneにパスコードを設定しましょう。初期状態では数字6桁のパスコードを設定することができます。

画面ロックを設定する

1 ホーム画面で<設定>をタップします。

2 <Touch IDとパスコード>をタップします。

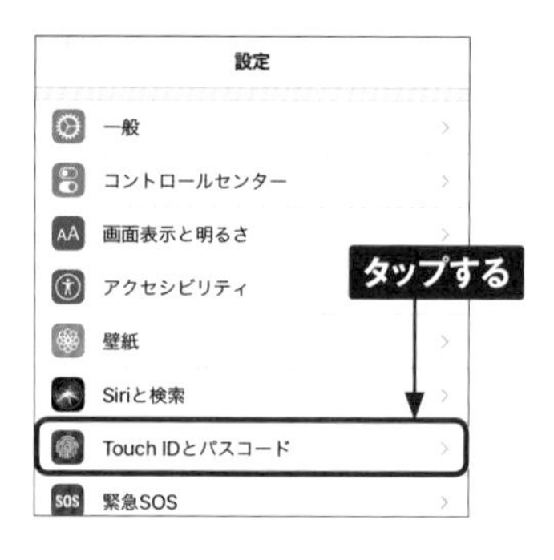

3 <パスコードをオンにする>をタップします。

4 6桁の数字を2回入力します。

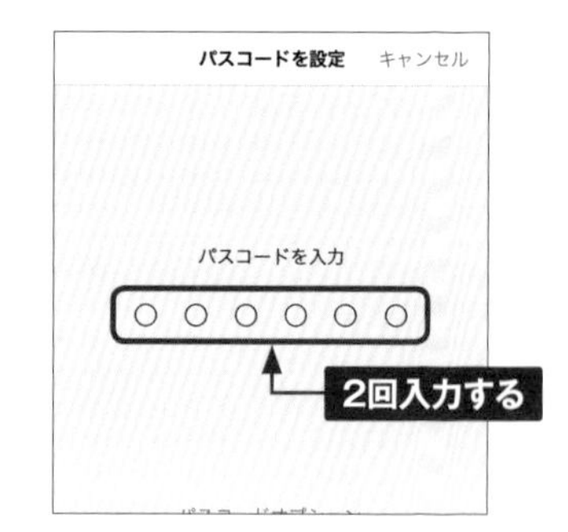

9

⑤ Apple IDのパスワードを入力し、<サインイン>をタップします。

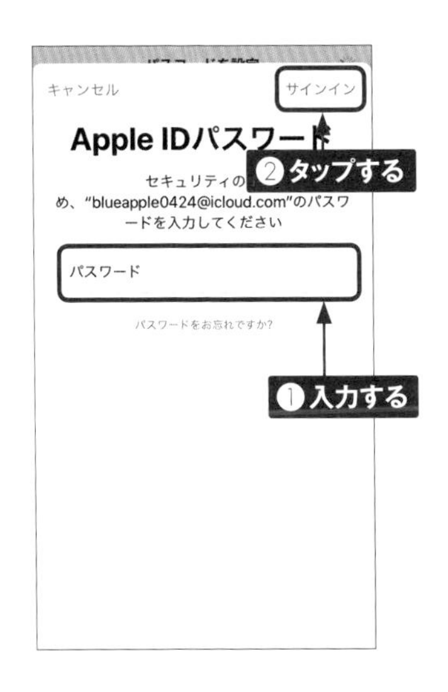

⑥ パスコードを設定すると、iPhoneの電源を入れたときや、スリープモードから復帰したときなどにパスコードの入力を求められます。

パスコードを変更・解除する

パスコードを変更するには、P.250手順③で<パスコードを変更>をタップします。はじめに現在のパスコードを入力し、次に新しく設定するパスコードを2回入力します。また、パスコードの設定を解除するには、P.250手順③で<パスコードをオフにする>をタップし、パスコードを入力します。

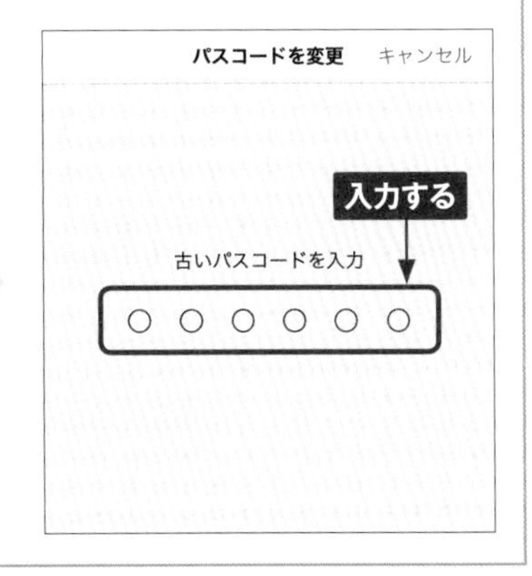

Section 72

指紋認証機能を利用する

iPhoneには、指紋認証（Touch ID）機能が搭載されています。指紋を認証登録すると、ロックの解除やiTunes Store、App Storeなどでパスワードの入力を省略することができます。

iPhoneにTouch IDを設定する

① ホーム画面で＜設定＞をタップします。

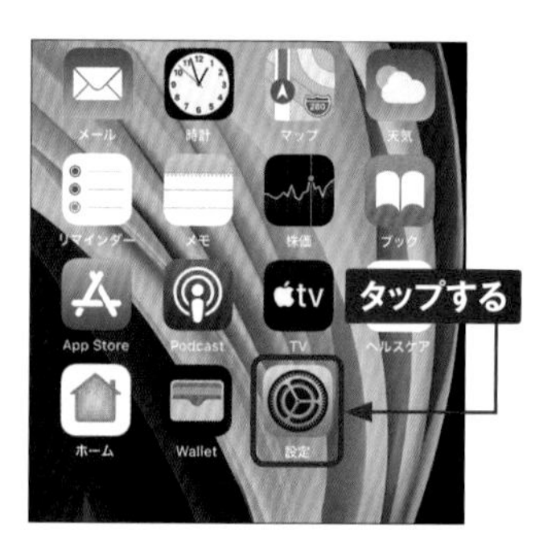

② ＜Touch IDとパスコード＞をタップします。パスコードが設定されている場合はパスコードを入力します。

③ ＜指紋を追加＞をタップします。

④ いずれかの指をホームボタンの上に置くと、指紋の登録が始まります。画面の指示に従って、指をタッチする、離すをくり返します。

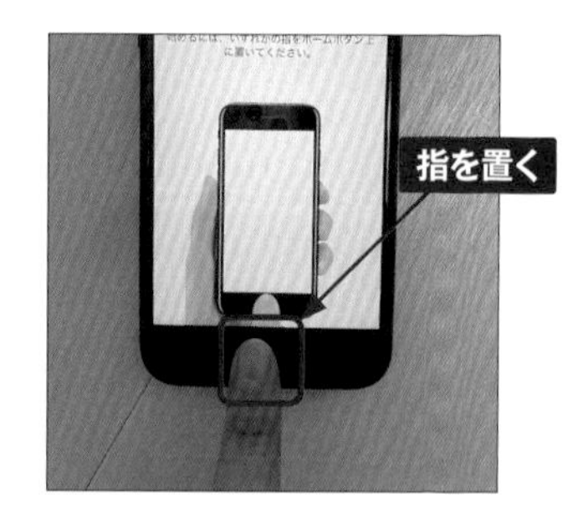

5 「グリップを調整」画面が表示されたら<続ける>をタップして、指紋認証を続けます。

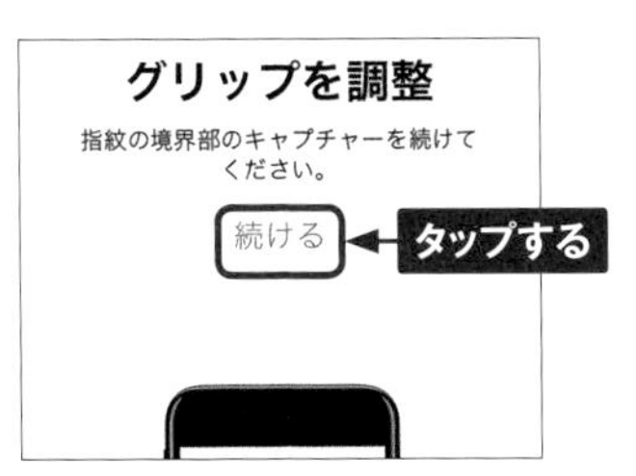

6 「完了」画面が表示されたら、<続ける>をタップします。

7 Touch IDが利用できない場合に使用するパスコードを、2回入力します。なお、すでにパスコードが設定されている場合は、この手順は省略されます。

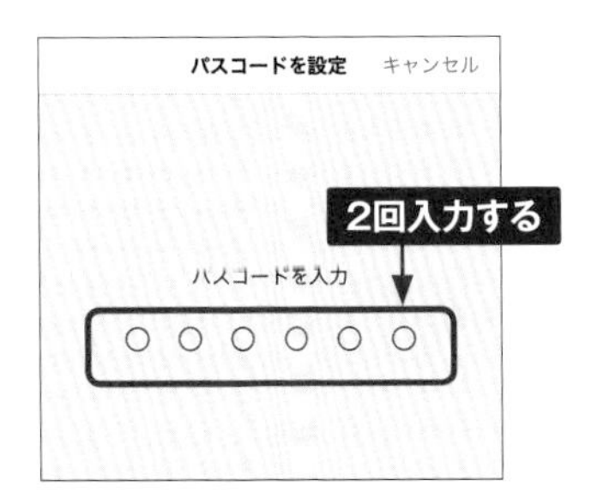

8 Apple IDのパスワードを入力し、<サインイン>をタップします。

9 <設定>をタップして完了します。

9

指紋認証でアプリをインストールする

① ＜App Store＞でSec.51を参考に、インストールしたいアプリを表示し、＜入手＞をタップします。

② 「Touch ID」画面が表示されたら、P.252手順④～P.253手順⑥で登録した指でホームボタンをタッチします。

③ インストールが自動で始まり、インストールが終わると、ホーム画面にアプリが追加されます。

MEMO 登録した指紋を削除する

登録した指紋を削除するには、P.253手順⑨の画面で、削除したい指紋をタップし、＜指紋を削除＞をタップします。

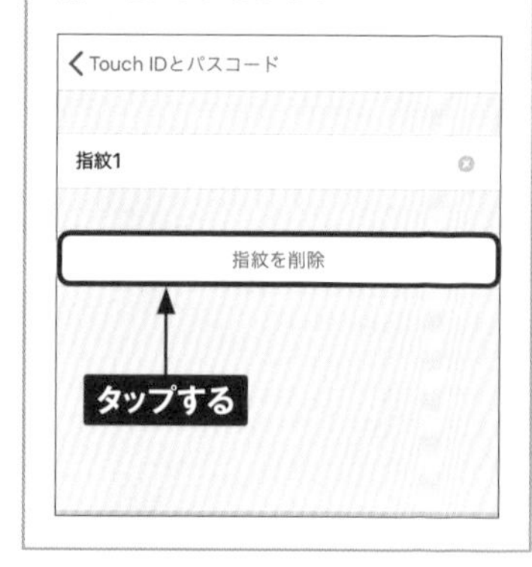

指紋認証でロック画面を解除する

① スリープ状態のiPhoneを手前に傾けると、ロック画面が表示されます。指紋を登録した指以外の指でホームボタンを押すと、パスコード入力で解除することもできます。

② P.252手順④～P.253手順⑥で登録した指でホームボタンを押します。

③ ロックが解除されます。なお、iPhoneを再起動した際は、必ずパスコードの入力が必要になります。

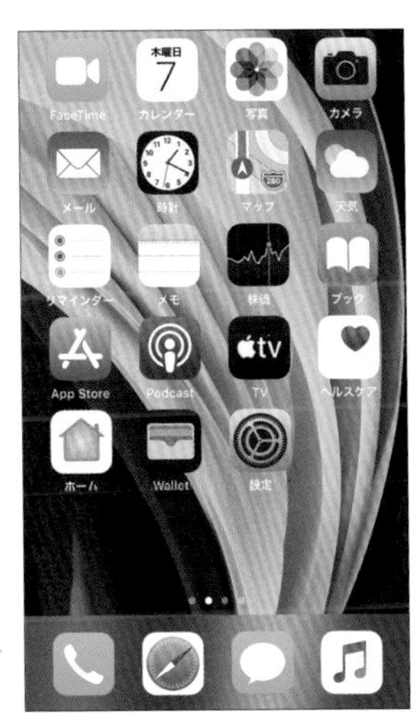

MEMO **パスコード入力が必要になるとき**

指紋認証を設定していても、パスコードの入力が必要になる場合があります。再起動した際や、ロック画面の解除で指紋認証がうまくいかないときです。指紋認証がうまくできないと、パスコード入力画面が表示されます。また、指紋認証やパスコードの設定を変更する際にも<設定>の<Touch IDとパスコード>から行いますが、このときもパスコードの入力が必要になります。

Section 73

Apple IDの2ファクタ認証の番号を変更する

iOS 13では、Apple IDを作成した際に確認コードを受信したSMSなどの電話番号が、自動的に2ファクタ認証の電話番号として登録されます。電話番号はあとから変更することもできます。

2ファクタ認証の電話番号を変更する

① ホーム画面から<設定>→自分の名前→<パスワードとセキュリティ>の順にタップします。

② 「信頼できる電話番号」の<編集>をタップします。

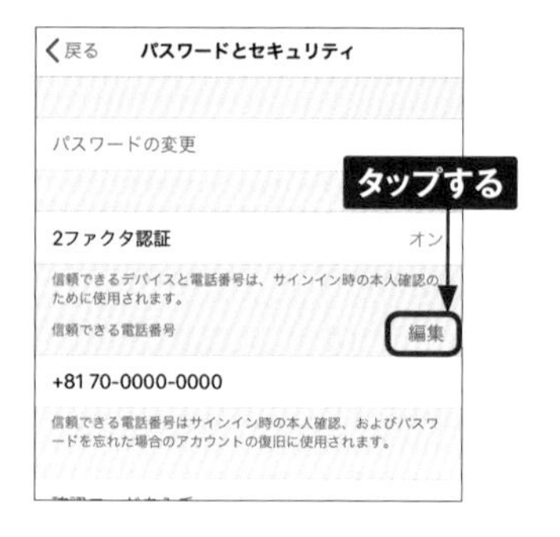

③ <信頼できる電話番号を追加>をタップします。

④ パスコードを登録している場合は、パスコードを入力します。

⑤ 追加する電話番号を入力して、番号の確認方法（ここでは<SMS>）をタップして選択し、<送信>をタップします。

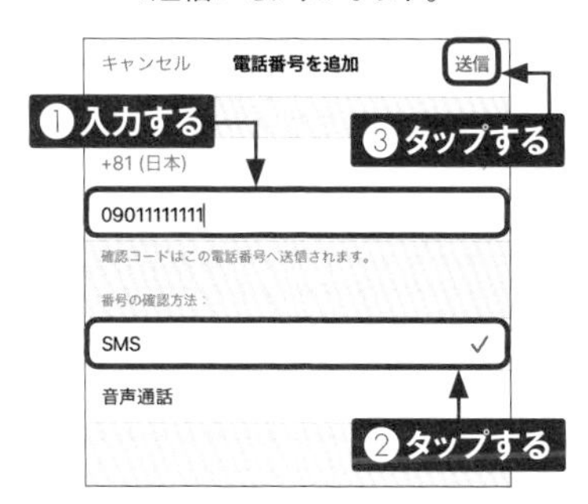

⑥ 電話番号が追加されます。<編集>をタップします。

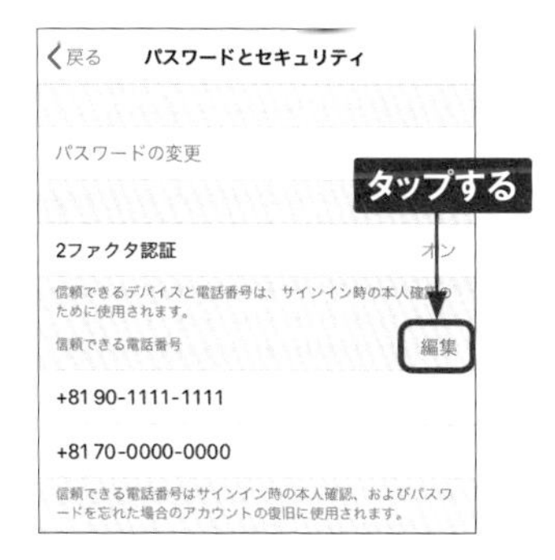

⑦ 古い電話番号の⊖をタップします。

⑧ <削除>をタップします。

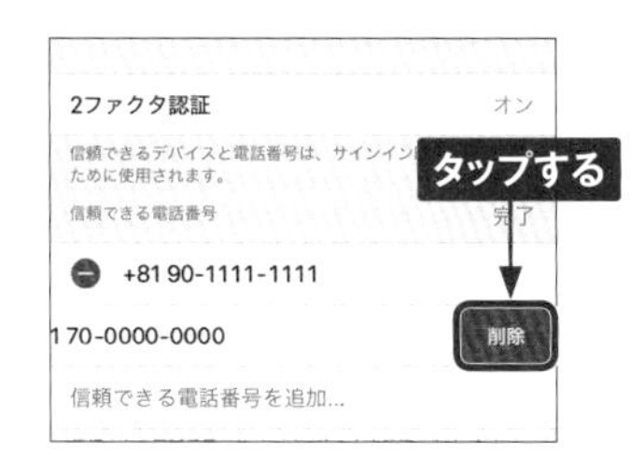

⑨ <削除>をタップします。

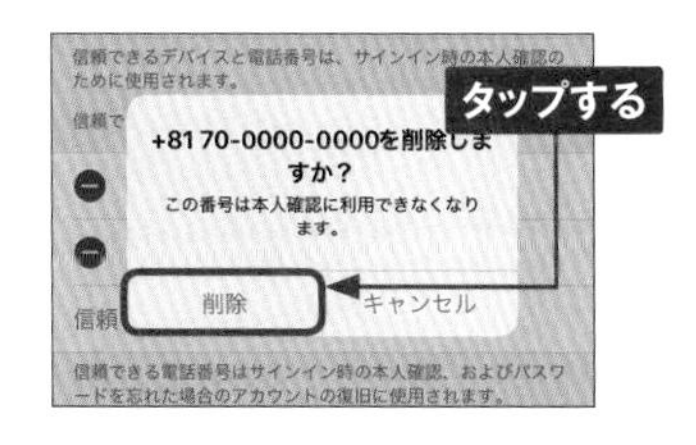

⑩ 古い電話番号が削除され、変更が完了します。

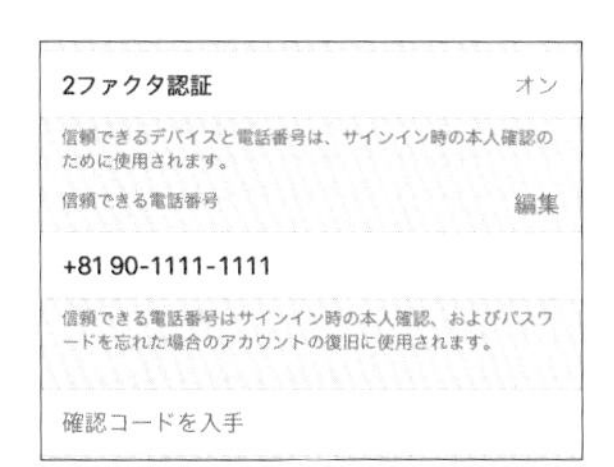

MEMO

確認コードが届いた場合

手順⑤の操作のあとに、入力した電話番号へ確認コードが送信される場合があります。その場合は、コードを確認したあとに、コードを入力すると、手順⑥の画面が表示されます。

9

Section 74

通知を活用する

通知や通知センターから、さまざまな機能が利用できます。通知からSMSに返信したり、カレンダーの出席依頼に返答したりなど、アプリを立ち上げずにいろいろな操作が可能です。

バナーを活用する

メッセージに返信する

① 画面にSMSメールのバナーが表示されたら、バナーを下方向にスワイプします。

② 入力欄に返信メッセージを入力し、をタップすると、メッセージが送信されます。

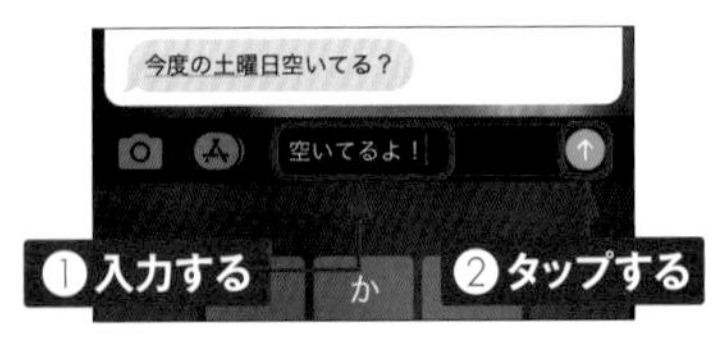

メールを開封済みにする

① 画面にメールのバナーが表示されたら、バナーを下方向にスワイプします。

② <開封済みにする>をタップするとメールを開封済みに、<ゴミ箱>をタップするとメールをゴミ箱に移動させることができます。

バナーが消えたときは

バナーが消えてしまった場合は、ステータスバーを下方向にスワイプして通知センターを表示すると、バナーに表示された通知が表示されます。その通知を左方向にスワイプして<表示>をタップすると、メッセージの返信やメールの開封操作が行えます。

通知をアプリごとにまとめる

① ホーム画面で＜設定＞をタップし、＜通知＞をタップします。

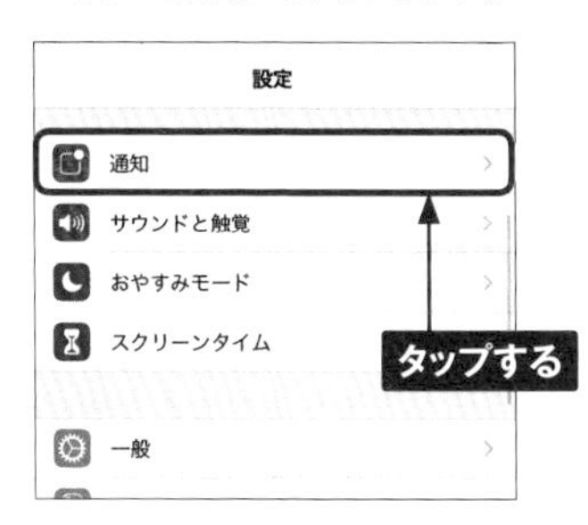

② 通知をまとめたいアプリ（ここでは＜メッセージ＞）をタップします。

③ ＜通知のグループ化＞をタップします。なお、グループ化できないアプリもあります。

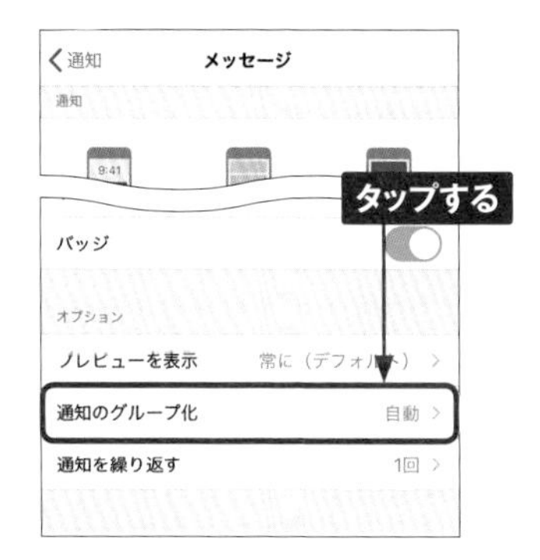

④ ＜App別＞をタップします。同様の手順で通知をまとめたいアプリを設定します。

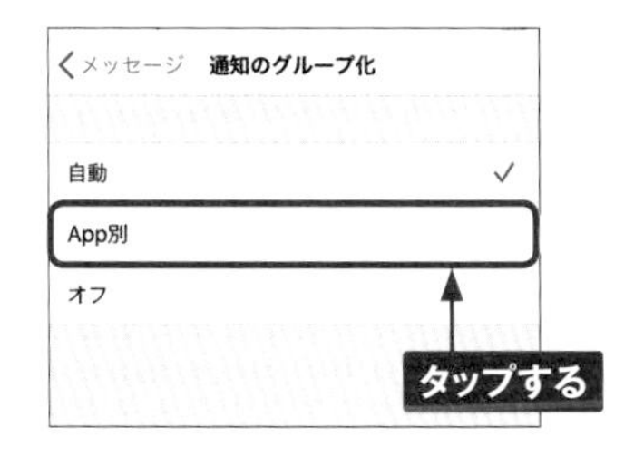

⑤ 設定したアプリの通知がまとまって表示されます。

グループ化の違い

「通知のグループ化」は標準では＜自動＞になっており、これはiPhoneが通知状況を判断して自動的にグループ化する設定です。一方、＜App別＞はアプリに複数の通知があった場合、必ずグループ化する設定です。＜オフ＞に設定すると、グループ化は一切されません。

通知センターから通知を管理する

●通知をオフにする

① Sec.07を参考に、通知センターを表示します。通知を左方向にスワイプします。

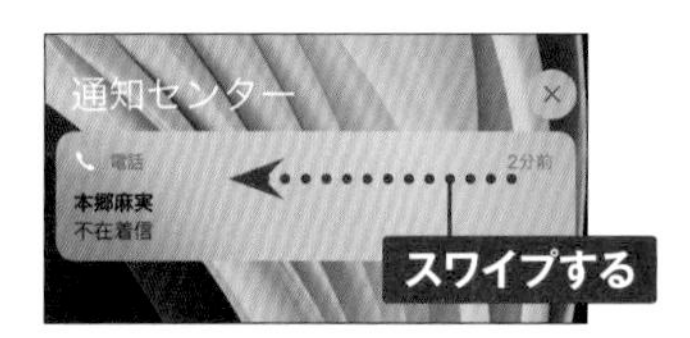

② <管理>をタップします。<表示>をタップするとかんたんな内容が表示され、<消去>をタップすると、通知が消去されます。

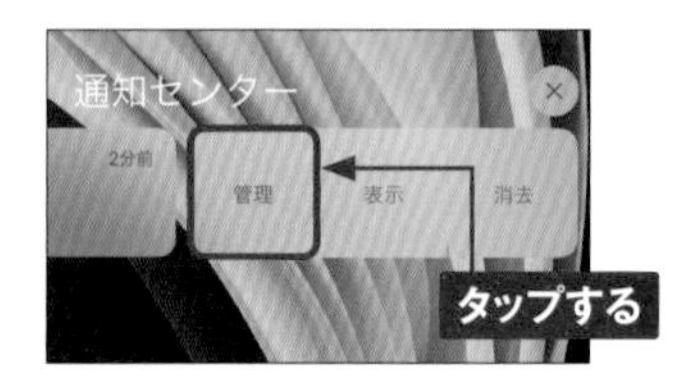

③ <目立たない形で配信>をタップすると、そのアプリの通知が通知センターのみに表示され、<オフにする>をタップすると通知されなくなります。<設定>をタップすると、P.261の画面が表示されます。

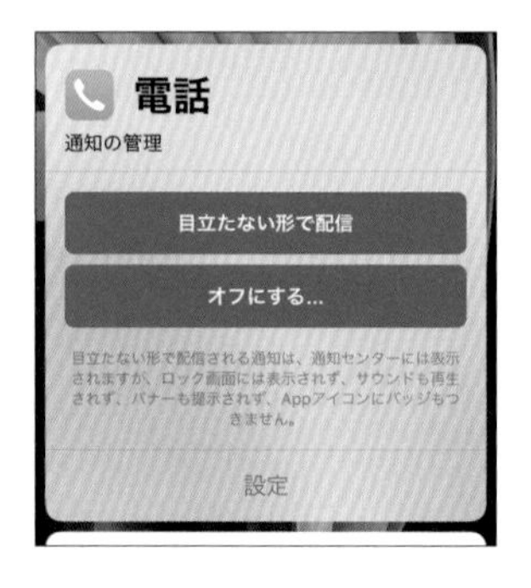

●グループ化した通知を管理する

① グループ化した通知をタップします。なお、左方向にスワイプすると、左の手順②で<消去>が<すべて消去>に変わったメニューが表示されます。

② グループ化された通知が展開されます。各通知を左方向にスワイプすると、左の手順②の画面が表示されます。「通知センター」の右の[×]→<消去>の順にタップすると通知の全消去、アプリ名の右の[×]→<消去>の順にタップすると、そのアプリの通知をすべて消去できます。

通知設定の詳細を知る（メッセージの場合）

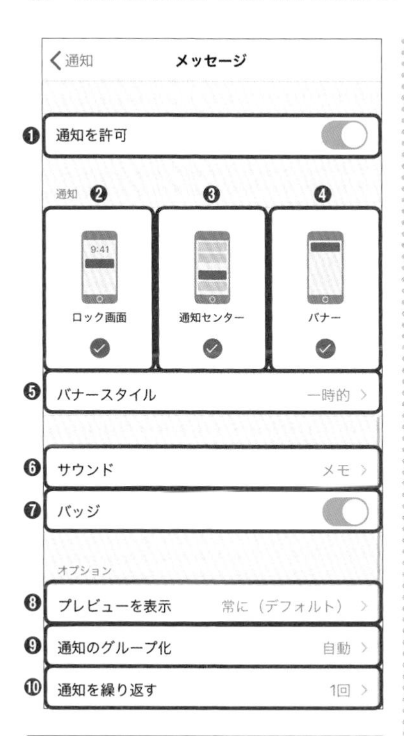

❶「通知を許可」をオフにすると、すべての通知が表示されなくなります。

❷「ロック画面」をタップしてチェックを付けると、ロック画面に通知が表示されます。

❸「通知センター」をタップしてチェックを付けると、ステータスバーを下方向にスライドすると表示される通知センターに通知が表示されます。

❹「バナー」をタップしてチェックを付けると、通知が画面上部に表示されます。

❺「バナー」の通知方法を変更できます。＜一時的＞を選ぶと、通知が画面上部に表示され、一定時間が経過すると消えます。＜持続的＞を選ぶと、通知をタップするまで表示され続けます。

❻「サウンド」では、通知の際の通知音やバイブレーションが設定できます。

❼「バッジ」をオンにすると、ホーム画面に配置されている該当するアプリのアイコンの右上に、新着通知の件数が表示されます。

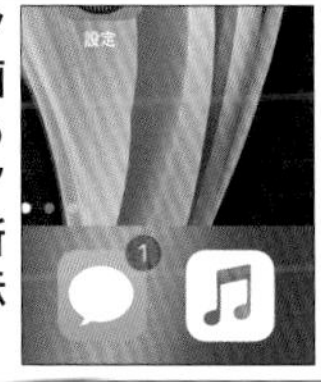

❽「プレビューを表示」を＜しない＞にすると、通知にメッセージなどの内容が表示されず、何に関する通知かが表示されます。

❾「通知のグループ化」では、いくつかの異なるスレッドをまとめて通知されるように設定できます（P.259参照）。

❿「通知を繰り返す」では、2分ごとに通知音を何回くり返すかを設定できます。くり返しはロック画面などでオンになり、＜しない＞＜1回＞＜2回＞＜3回＞＜5回＞＜10回＞から選択できます。

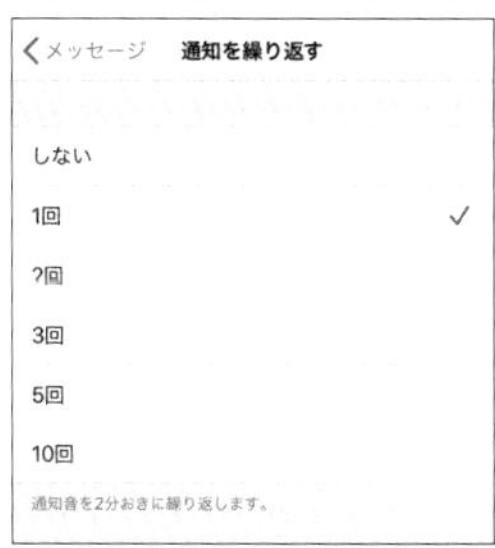

Section 75

ストレージを管理する

本体のストレージの空き容量が少なくなってきたと感じたら、アプリごとの使用状況を確認しましょう。不要なアプリや容量の大きいアプリを削除することができます。

容量の大きいアプリを削除する

① ホーム画面で＜設定＞をタップし、＜一般＞をタップして、＜iPhoneストレージ＞をタップします。

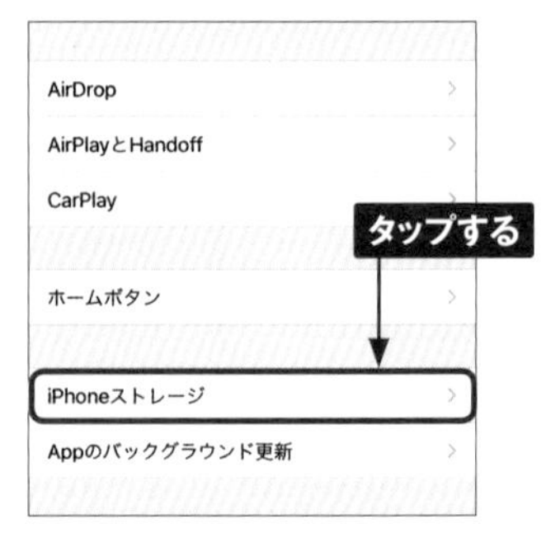

② アプリのストレージ使用状況が表示されます。削除したいアプリをタップします。

③ ＜Appを取り除く＞→＜Appを取り除く＞の順にタップすると、データを残してアプリを削除することができます。再度アプリをインストールすると、データはもとに戻ります。

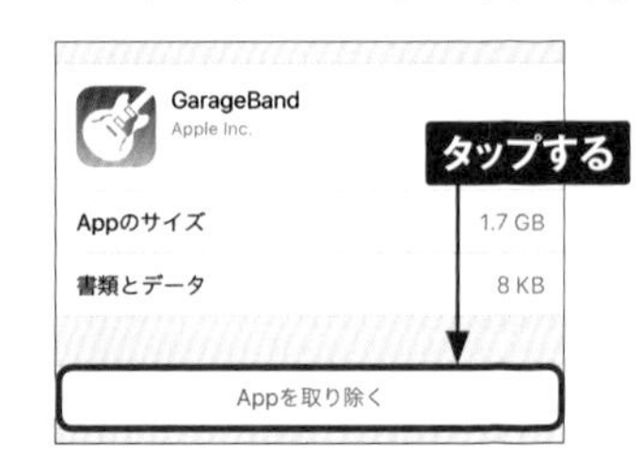

MEMO 非使用のアプリを取り除く

空き容量が少ないとき、使っていないアプリを自動的に取り除いて容量を確保してくれる機能があります。手順②の画面で、「非使用のAppを取り除く」の＜有効にする＞をタップしましょう。なお、この設定は、ホーム画面で＜設定＞→＜iTunes StoreとApp Store＞の順にタップしても変更できます。

Section 76

画面の文字サイズを変更する

iPhoneでは、＜設定＞アプリや＜メール＞アプリ、＜メモ＞アプリなどのテキストサイズを変更することができます。文字サイズを変更して画面を見やすくしてみましょう。

文字サイズを変更する

① ホーム画面で＜設定＞をタップします。

② ＜画面表示と明るさ＞をタップします。

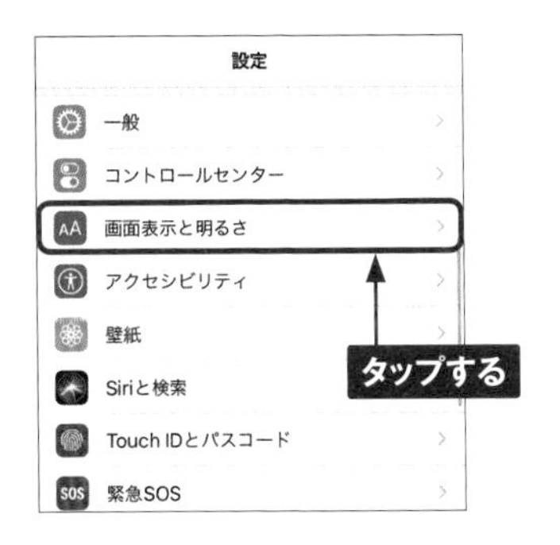

③ ＜テキストサイズを変更＞をタップします。

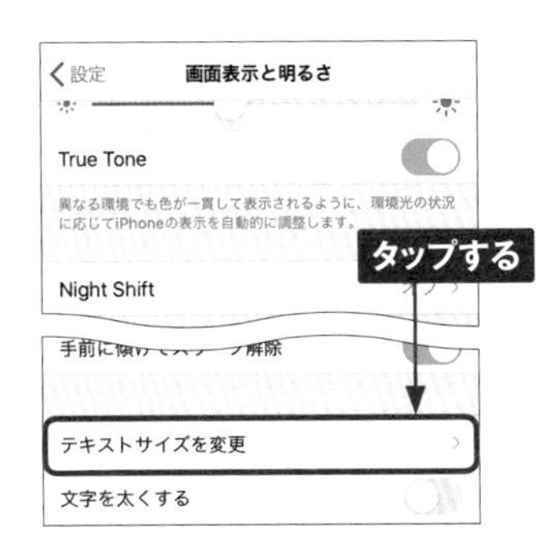

④ を左右にドラッグすると、文字サイズを変更できます。

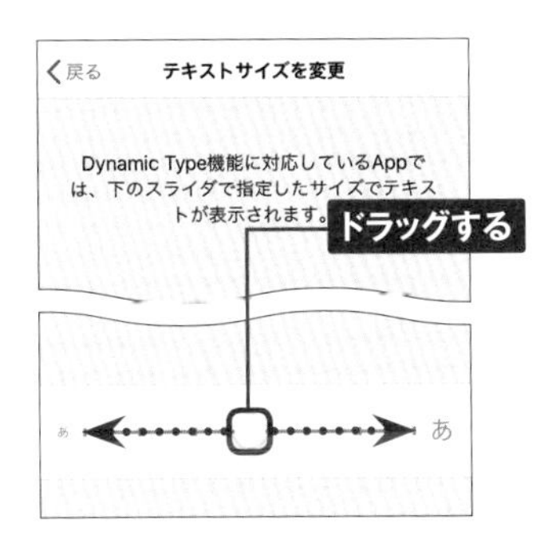

Section 77

アプリの利用時間を確認する

「スクリーンタイム」を利用して、アプリの利用時間の確認や利用を制限できます。子供の使い過ぎ防止などに便利な機能です。

利用時間を確認する

1 ホーム画面で＜設定＞をタップし、＜スクリーンタイム＞をタップします。

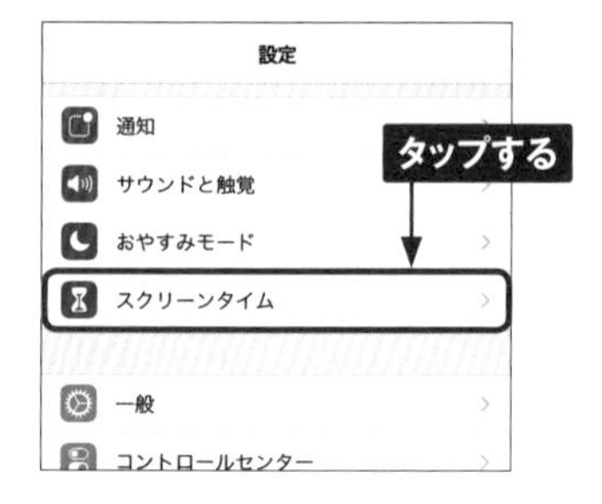

2 スクリーンタイムの説明が表示されたら、＜続ける＞をタップして、自分用か子供用のiPhone（ここでは＜これは自分用のiPhoneです＞）をタップします。

3 「スクリーンタイム」画面が表示されます。＜すべてのアクティビティを確認する＞をタップします。

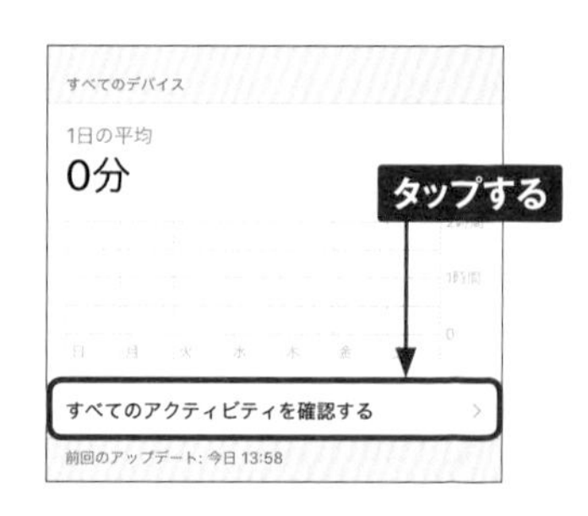

4 アプリの利用時間が確認できます。また、＜日＞をタップすると、今日の利用時間が確認できます。

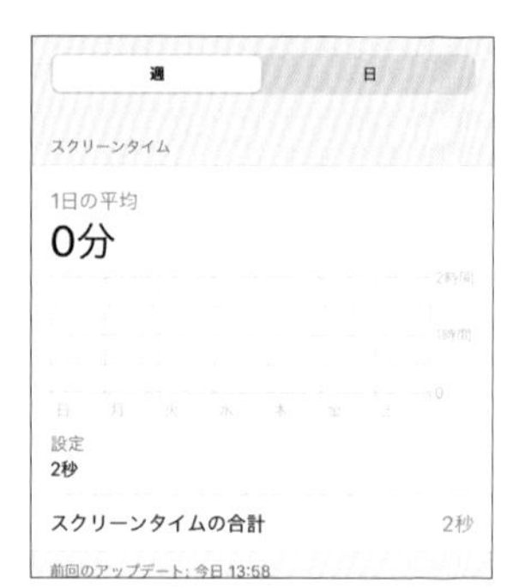

利用を制限する

1 P.264手順③の画面で<スクリーンタイム・パスコードを使用>をタップします。

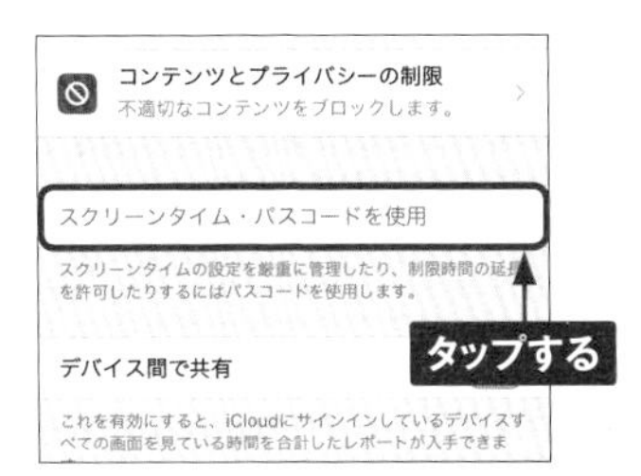

2 使用したい4桁のパスコードを2回入力し、Apple IDとパスワードを入力して<OK>をタップします。

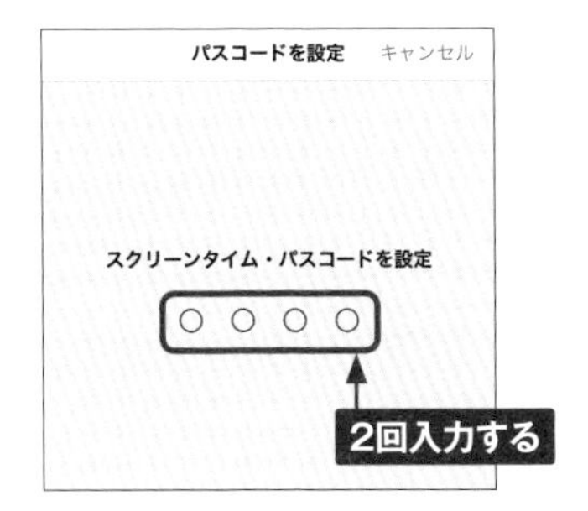

3 手順①の画面に戻ります。<App使用時間の制限>をタップします。

4 <制限を追加>をタップし、手順②で設定したパスコードを入力します。

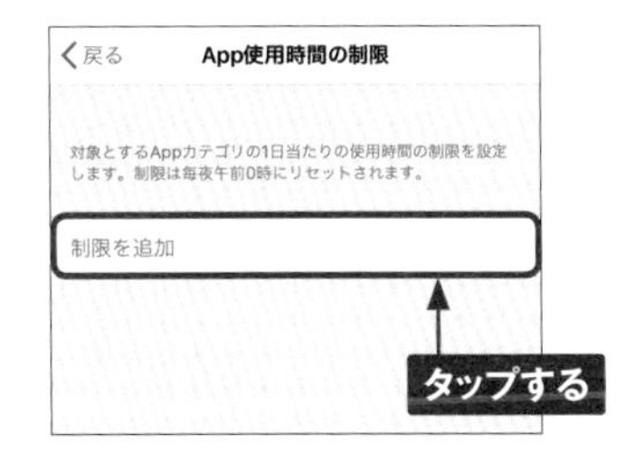

5 使用を制限したいカテゴリをタップし、<次へ>をタップします。

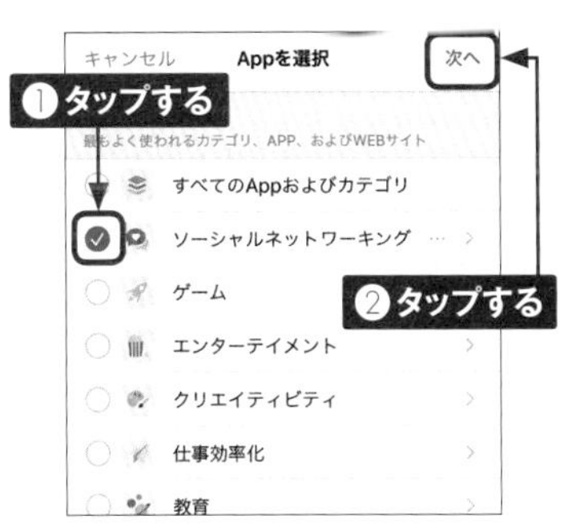

6 制限時間を上下にスワイプして設定し、<追加>をタップすると、利用を制限できます。

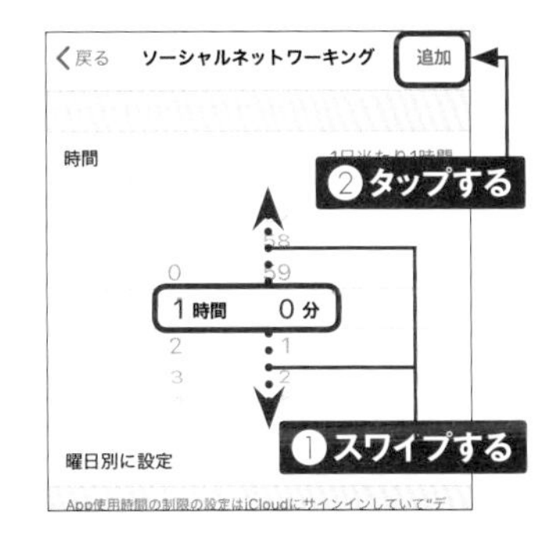

Section 78

目に優しい画面にする

iPhoneには、ブルーライトを軽減できる「Night Shift」機能があります。就寝時や暗い場所で操作するときに目の疲れを軽減できます。

ブルーライトをカットする

① ホーム画面で＜設定＞をタップし、＜画面表示と明るさ＞をタップします。

② ＜Night Shift＞をタップします。

③ 「時間指定」の をタップして、時間を指定すると、指定した時間「Night Shift」が利用できます。

色温度

手順③の画面で、「色温度」の を左右にドラッグすると、色温度を変更することができます。「冷たく」にドラッグすると画面が青く、「暖かく」にドラッグすると画面がオレンジになります。

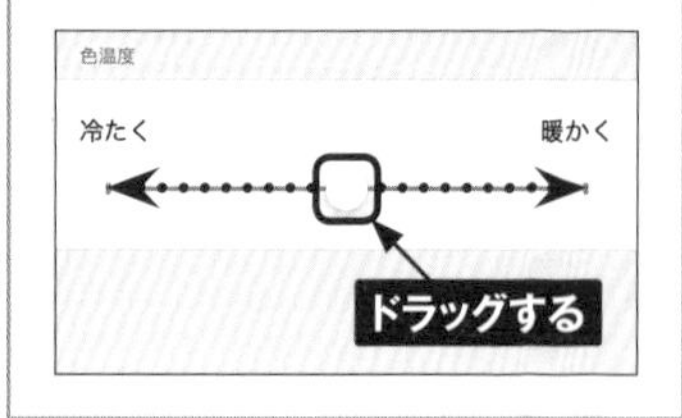

Section 79

ダークモードを利用する

iOS 13では新たに「ダークモード」を利用することができます。ダークモード状態では、暗い場所でも画面が見やすく目が疲れにくくなり、バッテリーの消費を抑えることができます。

ダークモードを利用する

① ホーム画面から＜設定＞をタップします。

② ＜画面表示と明るさ＞をタップします。

③ ＜ダーク＞をタップします。

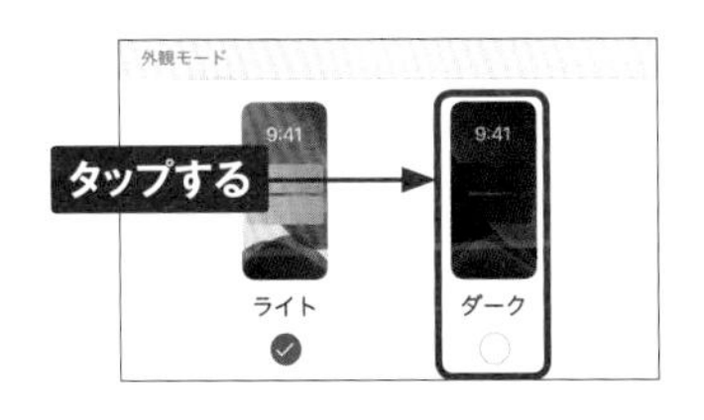

④ ダークモードに切り替わります。もとに戻したい場合は、＜ライト＞をタップします。

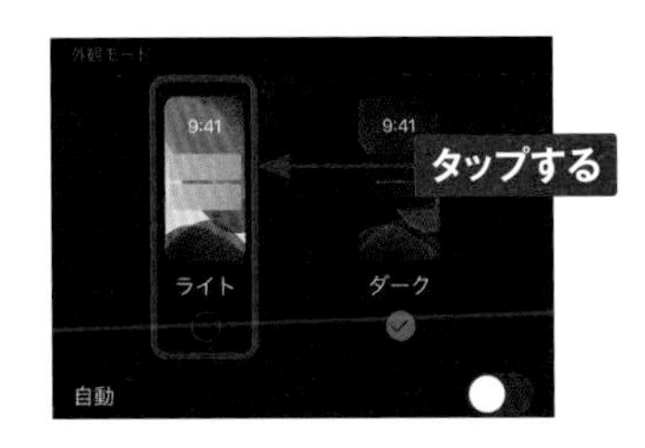

MEMO 初期設定時にも設定できる

Sec.87の初期設定時にも、「ダークモード」を設定することができます。

Section 80

アラームを利用する

iPhoneの<時計>アプリには、アラーム機能が搭載されています。この機能を使えば設定した時間に音で通知するほか、くり返し鳴らす、いろいろなサウンドを鳴らすといったことができます。

アラームで設定した時間に通知させる

① ホーム画面で<時計>をタップします。

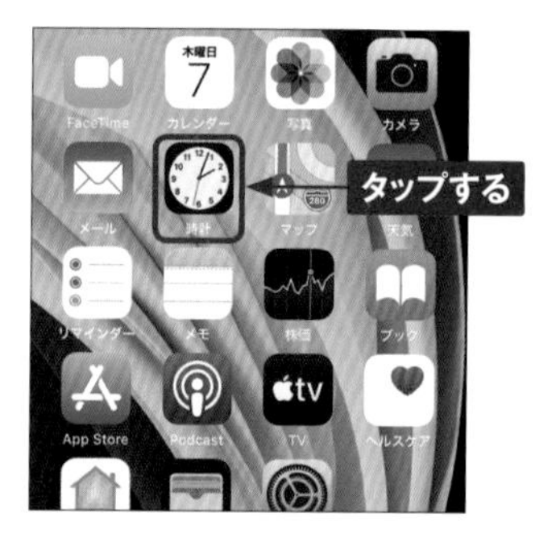

② <アラーム>をタップします。

③ ＋をタップします。

④ 画面上部の時計を上下にスワイプし、アラームを鳴らす時間を設定します。

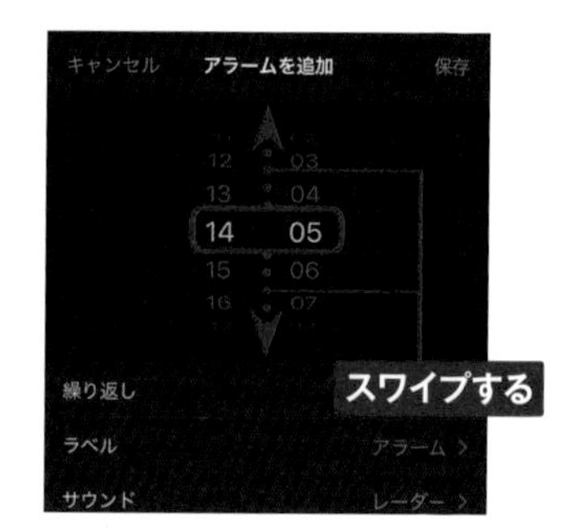

⑤ 画面下部で、アラームのくり返しやサウンドについて、それぞれタップして設定します。設定が完了したら＜保存＞をタップします。

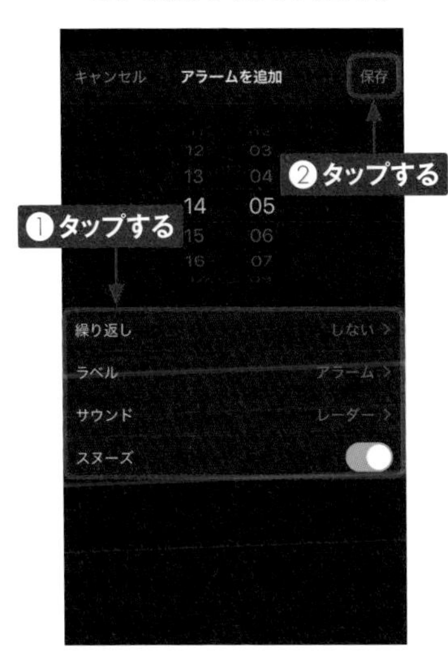

⑥ アラームの設定が完了します。

⑦ 設定した時間になると音が鳴り、ダイアログが表示されます。スリープ状態では＜停止＞をタップすると、アラームが停止します。操作中の場合は、バナーをスワイプして＜停止＞をタップします。

アラームを削除する

手順⑥の画面左上にある＜編集＞をタップします。⊖をタップし、＜削除＞をタップすると、設定したアラームを削除できます。

Section 81

おやすみモードで消音する

就寝時や自動車の運転中など、通知や着信を受けたくない場合は、おやすみモードをオンにしましょう。 時間指定をすると、自動でおやすみモードを適用することもできます。

おやすみモードをオン/オフする

① ホーム画面で<設定>→<おやすみモード>の順にタップします。

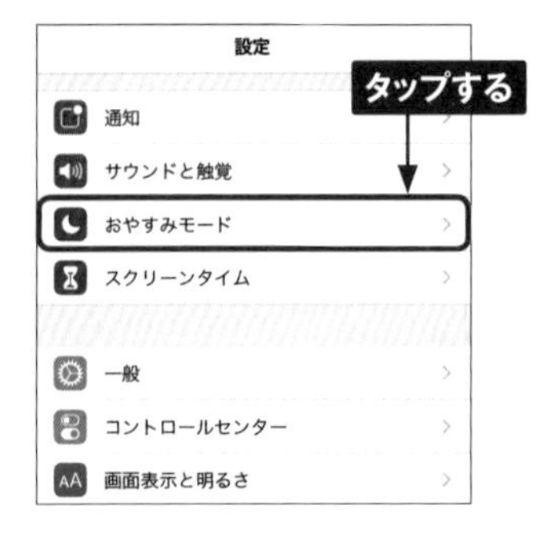

② 「おやすみモード」の  をタップします。

③ おやすみモードがオンになりました。

MEMO コントロールパネルでおやすみモードをオン/オフする

おやすみモードはコントロールパネルでをタップすることでもオン／オフの切り替えができます。また、触覚タッチを利用すると、スケジュールの設定が可能です。

9

設定を変更する

1 P.270手順③の画面で「時間指定」の をタップします。

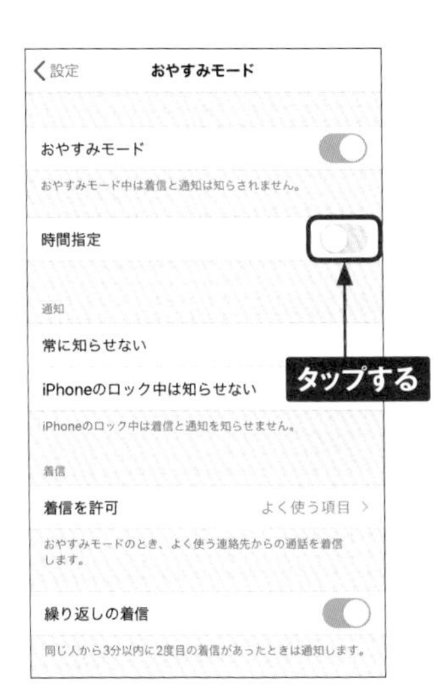

2 > をタップします。

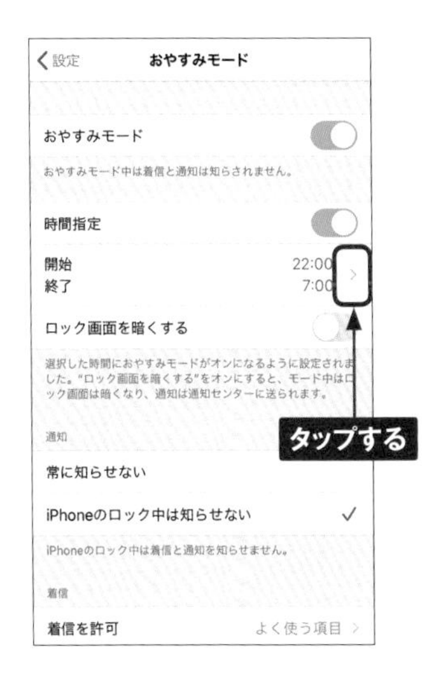

3 開始時刻と終了時刻を設定し、<戻る>をタップすると、毎日指定した時間におやすみモードが適用されます。

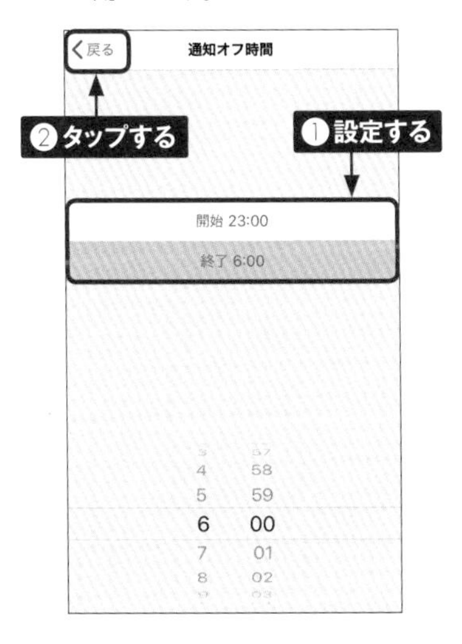

そのほかの設定

手順①の画面では、一部の人の着信をおやすみモード中も許可する設定などもできます。また、「運転中の通知を停止」を有効にする設定や、運転中に「自動返信先」に設定されている連絡先からテキストメッセージを受信したときに、メッセージを自動で返信する設定もできます。

Section 82

Bluetooth機器を利用する

iPhoneは、Bluetooth対応機器と接続して、音楽を聴いたり、キーボードを利用したりすることができます。Bluetooth対応機器を使うには、ペアリング設定をする必要があります。

Bluetoothのペアリング設定を行う

1 ホーム画面で<設定>をタップします。

2 <Bluetooth>をタップします。

3 「Bluetooth」が であることを確認します。

4 Bluetooth接続したい機器の電源を入れ、ペアリングモードにします。ここでは、Bluetooth対応のスピーカーを例に説明します。

9

5 Bluetooth接続できる機器が表示されます。ペアリングしたい機器をタップします。

6 手順⑤のあとで、「PINを入力」画面が表示された場合は、Bluetooth機器のパスコードを入力し、<ペアリング>をタップします。パスコードは、Bluetooth機器の取扱説明書や画面の表示などを確認してください。

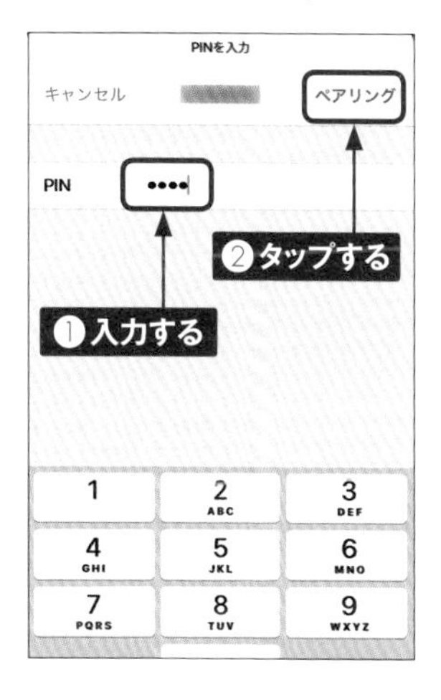

7 ペアリング設定が完了しました。「自分のデバイス」に表示されている接続したBluetooth機器名の右側に「接続済み」と表示されます。

8 Bluetooth機器が接続されると、画面上部のステータスバーにアイコンが表示されます。

Section 83

インターネット共有を利用する

「インターネット共有」(テザリング)は、モバイルWi-Fiルーターとも呼ばれる機能です。iPhoneを経由して、無線LANに対応したパソコンやゲーム機などをインターネットにつなげることができます。

インターネット共有を設定する

① ホーム画面で<設定>をタップします。

② <インターネット共有>をタップします。インターネット共有機能が利用できないときは、タップできません。

③ 「ほかの人の接続を許可」のをタップします。

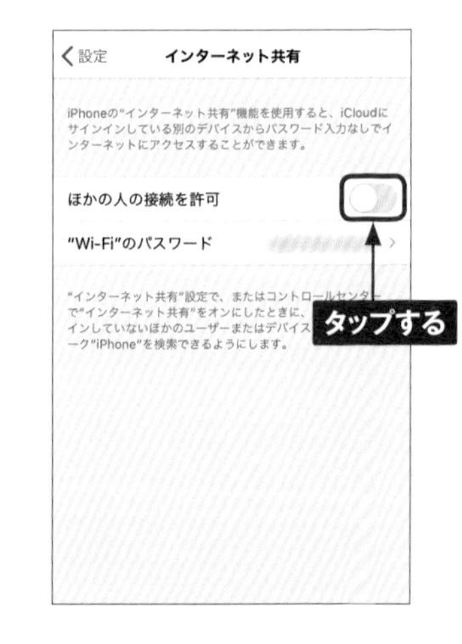

MEMO Wi-Fiのパスワードを変更する

P.275手順⑤の画面で、<"Wi-Fi"のパスワード>をタップし、パスワードを入力して、<完了>をタップすると、Wi-Fiのパスワードを変更することができます。

4 「Wi-FiとBluetoothはオフです」画面が表示された場合は、＜Wi-FiとBluetoothをオンにする＞をタップします。

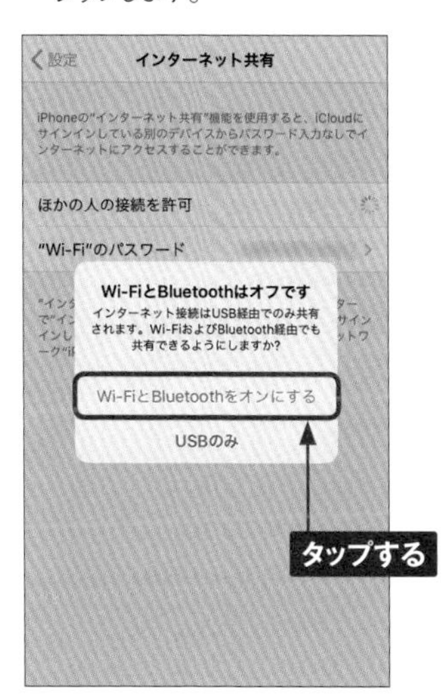

5 インターネット共有がオンになりました。

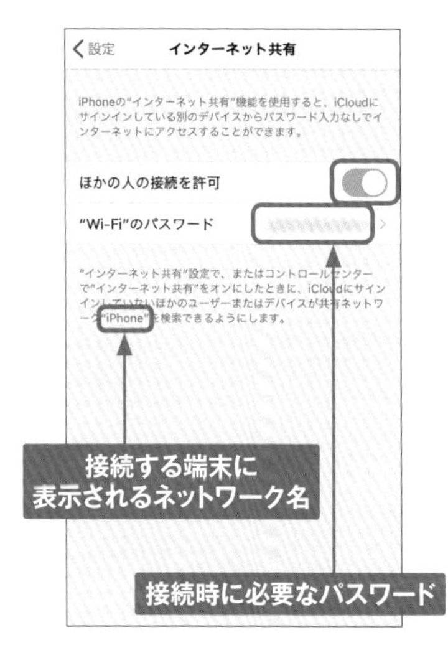

6 Sec.22を参考に、ほかの端末でiPhoneのネットワークに接続します。

7 ほかの端末からWi-Fi接続されると、画面上部に接続台数が表示されます。

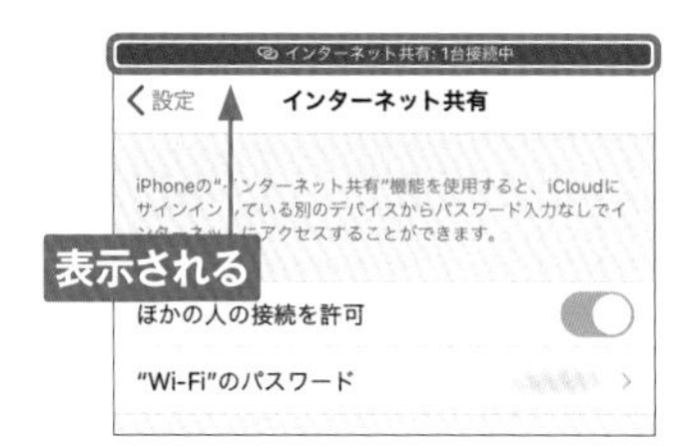

iPhoneの名前の変更

インターネット共有がオンになっているときは、周囲のデバイスに自分のiPhoneの名前が表示されます。表示される名前を変更したいときは、ホーム画面で＜設定＞→＜一般＞→＜情報＞→＜名前＞の順にタップし、任意の名前に変更します。

9

Section 84

スクリーンショットを撮る

iPhoneでは、画面のスクリーンショットを撮影し、その場で文字などを追加することができます。なお、通話中の画面など、一部の画面ではスクリーンショットが撮影できません。

スクリーンショットを撮影する

① スクリーンショットを撮影したい画面を表示し、サイドボタンとホームボタンを同時に押して離します。

② スクリーンショットが撮影されます。画面左下に一時的に表示されるサムネイルをタップします。

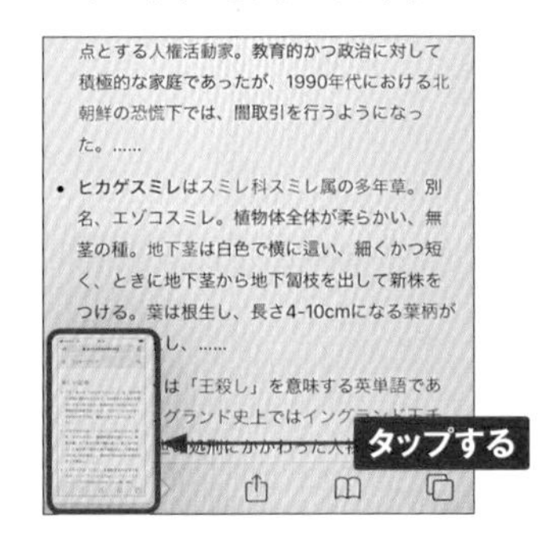

③ 下部のペンをタップして、文字などを追加できます。<完了>をタップします。

④ <"写真"に保存>をタップします。保存したスクリーンショットは、<写真>アプリで確認できます。

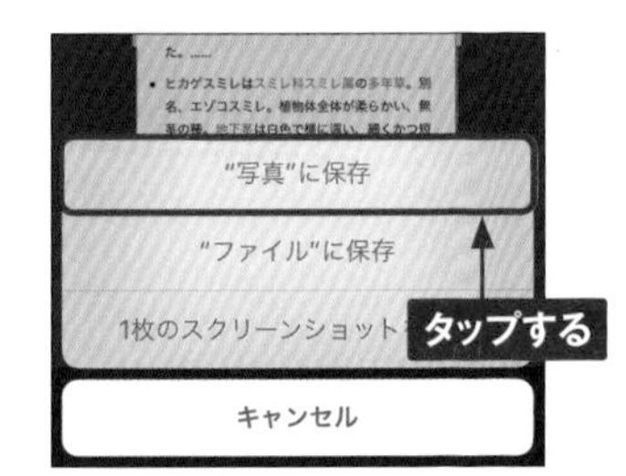

Chapter

10

iPhoneを初期化・再設定する

Section 85

iPhoneを強制的に再起動する

iPhoneを使用していると、突然画面が反応しなくなってしまうことがあるかもしれません。いくら操作してもどうにもならない場合は、iPhoneの強制終了を試してみましょう。

iPhoneを強制的に再起動する

① 音量ボタンの上を押してすぐ離したら、音量ボタンの下を押してすぐ離します。サイドボタンを手順②の画面が表示されるまで長押しして指を離すと、強制的にiPhoneが終了します。

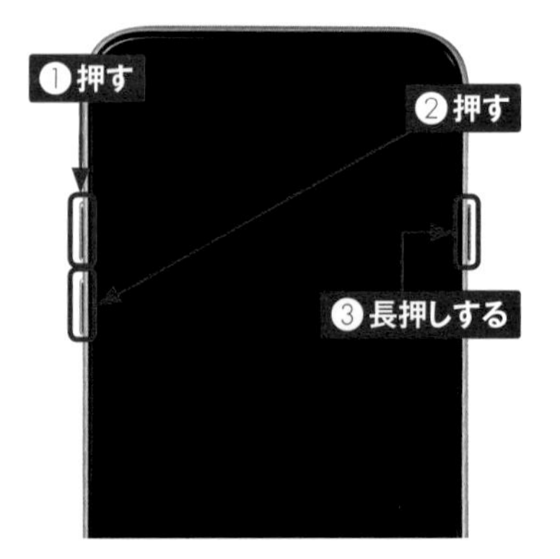

② 自動的に起動して、Appleのロゴが表示されます。

③ 再起動後はロック画面が表示されます。パスコード設定時はパスコード入力が必要です。

MEMO 緊急SOSについて

iPhone SEでは、サイドボタンと音量ボタンのどちらかを同時に押し続け、<SOS>を右方向にドラッグすると、110番や119番などの緊急サービスに連絡することができます。なお、緊急サービスへ自動通報を行いたいときは、ホーム画面で<設定>→<緊急SOS>の順にタップし、「自動通報」をオンにしておきましょう。

Section 86

iPhoneを初期化する

iPhone内の音楽や写真をすべて消去したい場合や、ネットワークの設定やキーボードの設定などを初期状態に戻したい場合は、<設定>アプリから初期化（リセット）が可能です。

iPhoneを初期化する

1 ホーム画面で<設定>→<一般>の順にタップします。

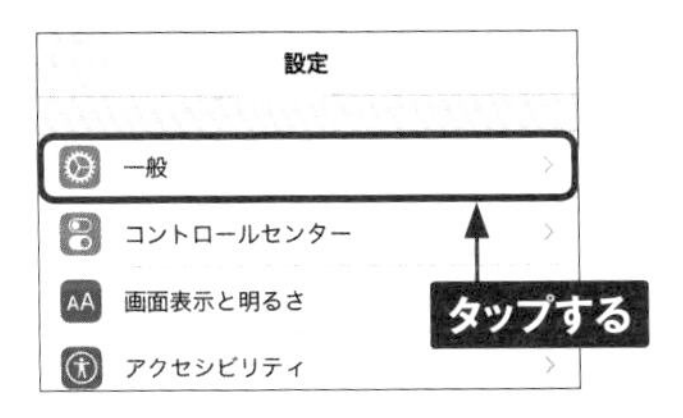

2 <リセット>をタップします。

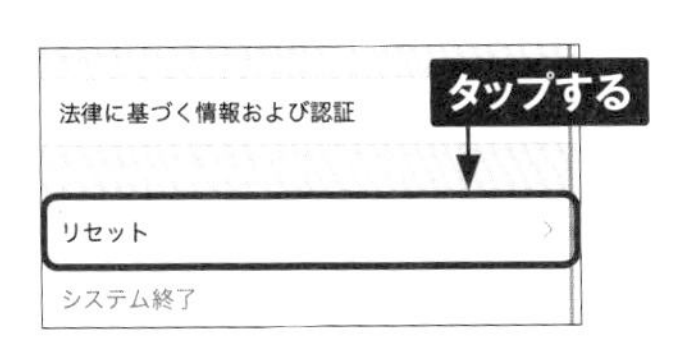

3 <すべてのコンテンツと設定を消去>をタップします。

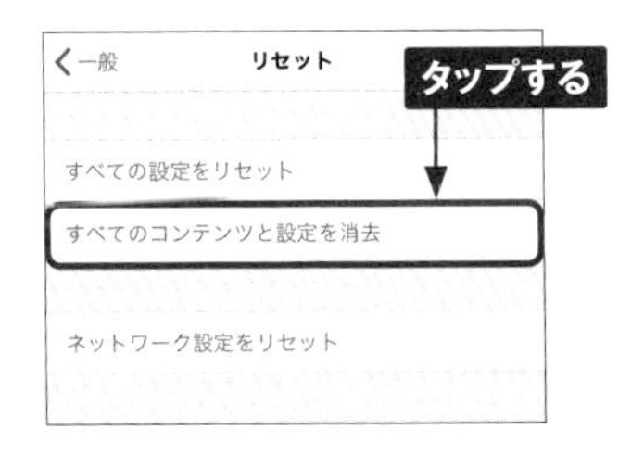

4 <バックアップしてから消去>または<今すぐ消去>をタップします。パスコードを設定している場合は、次の画面でパスコードを入力します。

5 <iPhoneを消去>をタップし、もう一度<iPhoneを消去>をタップします。

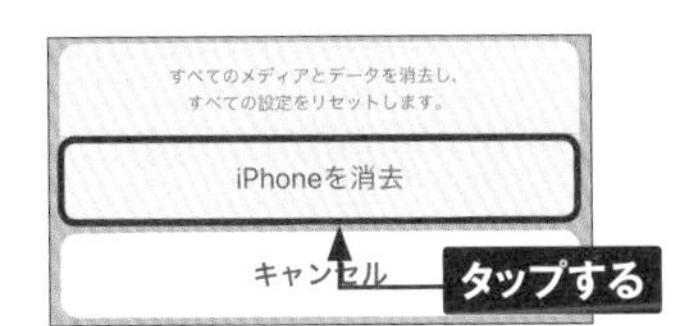

6 Apple IDをiPhoneに設定している場合は、Apple IDのパスワードを入力し、<消去>をタップします。

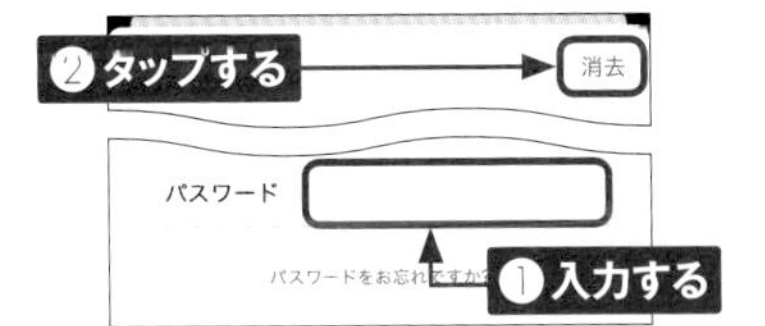

10

Section 87

iPhoneの初期設定を行う

iPhoneを初期化すると、再起動後に初期設定を行う必要があります。初期設定は画面の指示に従って項目を設定するだけなので、かんたんに行うことができます。

初期設定をする

① Sec.86の方法で初期化すると再起動され、下の画面が表示されます。ホームボタンを押します。

② <日本語>をタップします。

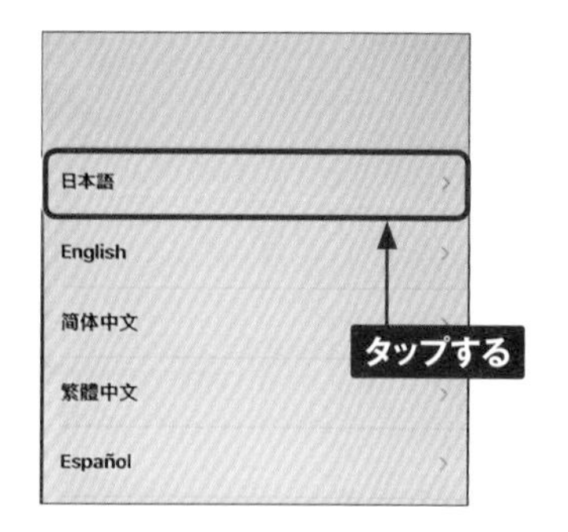

③「国または地域を選択」画面が表示されます。<日本>をタップします。

④「クイックスタート」画面が表示されるので、<手動で設定>をタップします。

10

⑤ 「文字入力および音声入力の言語」画面が表示されたら、<続ける>をタップします。

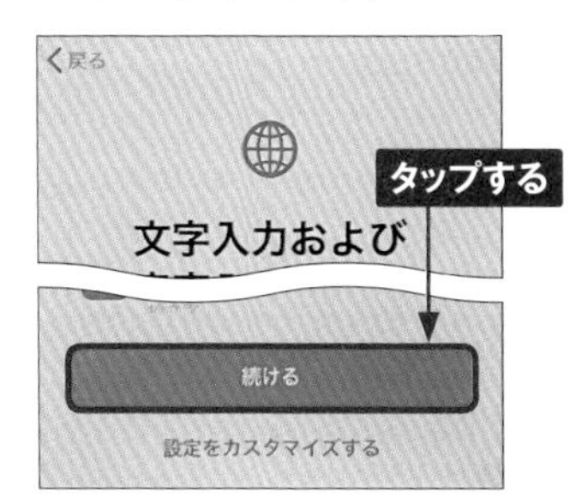

⑥ 「Wi-Fiネットワークを選択」画面が表示されます。回線をタップします。Wi-Fiを設定しない場合は、<モバイルデータ通信回線を使用>をタップします。

⑦ 手順⑥でタップした回線のパスワードを入力し、<接続>→<次へ>の順にタップします。

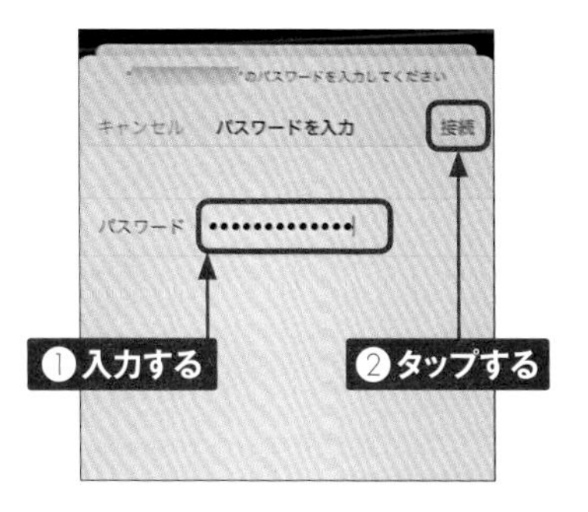

⑧ 「データとプライバシー」画面で<続ける>をタップすると、「Touch ID」画面が表示されます。<Touch IDをあとで設定>→<使用しない>の順にタップします。Touch IDを設定する場合は、Sec.72を参考に設定します。

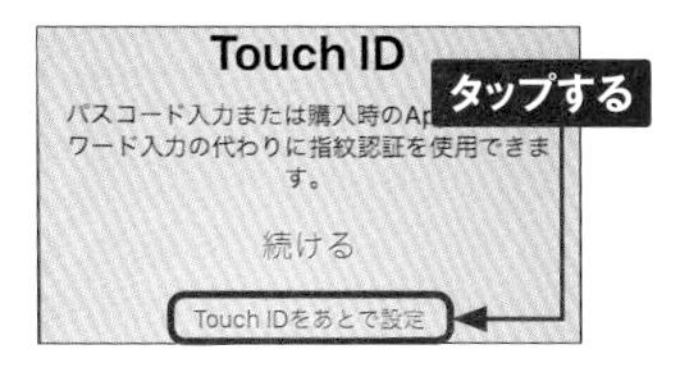

⑨ 「パスコードを作成」画面が表示されます。Sec.71を参考に6桁のパスコードを2回入力します。

MEMO 古いiPhoneからの移行

iPhoneには、かんたんに情報を移行できる「クイックスタート」が用意されています。P.280手順④の画面で古いiPhoneと新しいiPhoneを近付けるだけで、Wi-Fiの設定やApple IDのメールアドレス、パスワードなどの情報を移行できます。また、旧・新iPhoneともに、iOS 12.4以降であれば、全データを直接転送することができます。

⑩ 「Appとデータ」画面が表示されます。ここでは、<Appとデータを転送しない>をタップします。バックアップから復元する場合は、Sec.88を参考にしてください。

⑪ Apple IDのサインイン画面が表示されます。Apple IDのメールアドレスを入力して<次へ>をタップし、パスワードを入力して、<次へ>をタップします。

⑫ 「セキュリティ」画面が表示されたら、<その他のオプション>→<アップグレードしない>の順にタップします。次に「利用規約」画面が表示されるので、問題がなければ<同意する>をタップします。

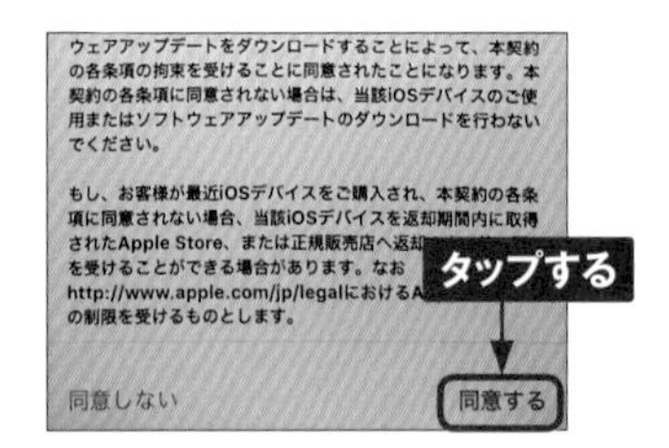

⑬ 「エクスプレス設定」画面が表示されたら、<設定をカスタマイズする>をタップします。「iPhoneを常に最新の状態に」画面が表示されたら、<続ける>をタップします。

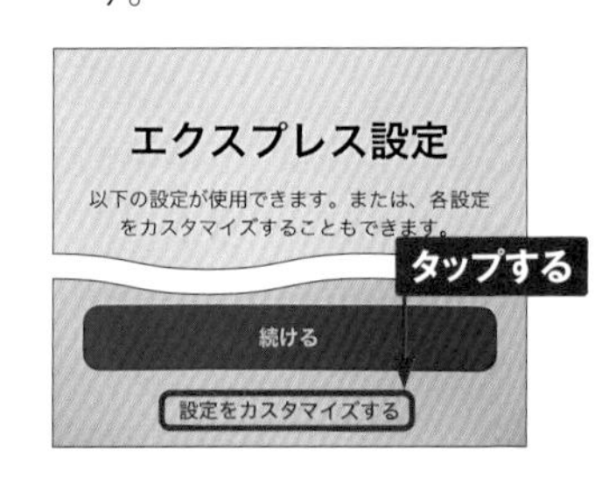

⑭ 「位置情報サービス」画面が表示されたら、<位置情報サービスをオンにする>をタップします。

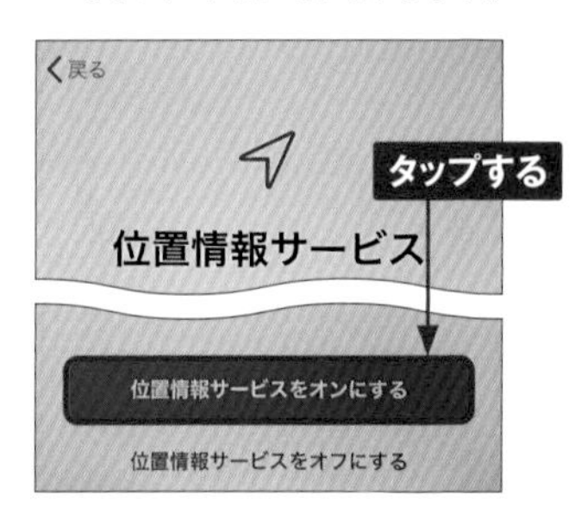

⑮ 「Pay」画面が表示されたら、<あとでWalletでセットアップ>をタップします。「iCloudキーチェーン」画面が表示された場合は、<iCloudキーチェーンを使用しない>をタップします。

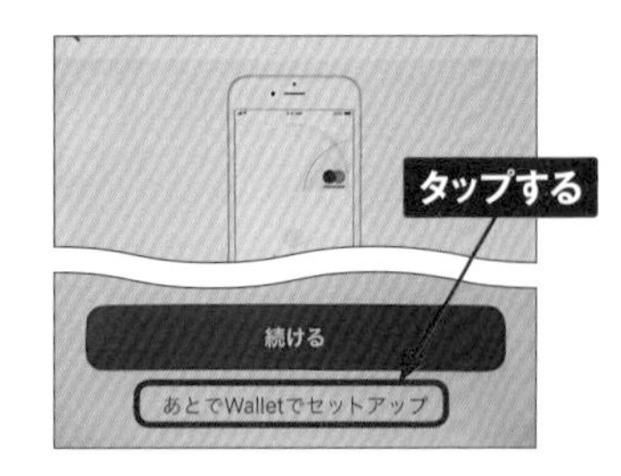

⑯ 「Siri」画面と「スクリーンタイム」画面が表示されます。<あとで"設定"でセットアップ>をタップします。「解析」画面が表示されたら、<Appleと共有>をタップします。

⑰ 「App解析」画面が表示されます。<Appデベロッパと共有>をタップします。「True Toneディスプレイ」画面と「外観モード」画面が表示されます。いずれも<続ける>をタップします。

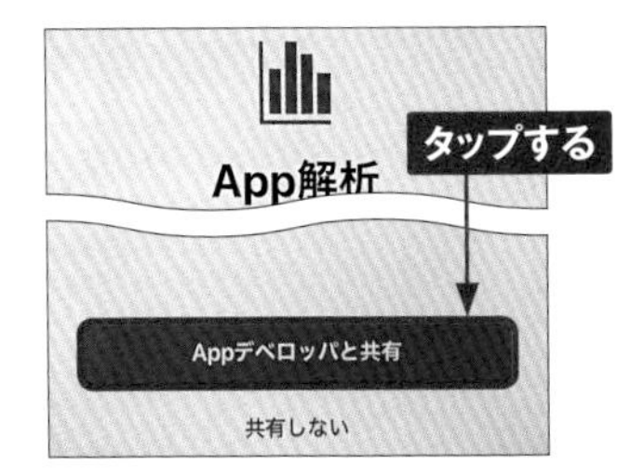

⑱ 「ホームボタンの触覚」画面が表示されたら<続ける>をタップします。

⑲ 「拡大表示」画面で<続ける>をタップして設定します。

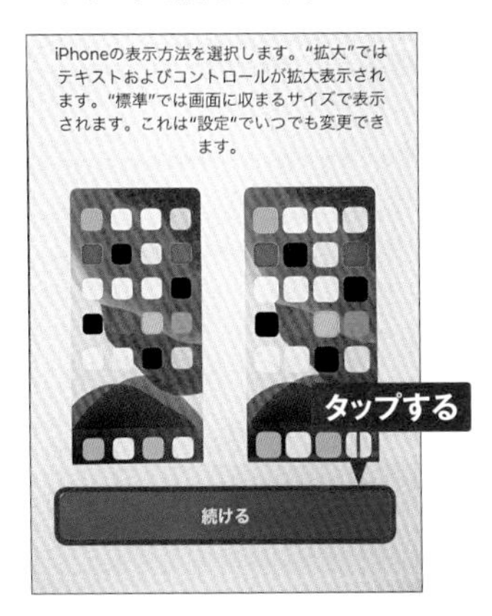

⑳ 「ようこそiPhoneへ」画面が表示されたら、初期設定は完了です。<さあ、はじめよう!>をタップすると、ホーム画面が表示されます。

MEMO キャリア設定アップデート

初期設定終了後など、「キャリア設定アップデート」画面などが表示される場合があります。その場合は、画面の指示に従って設定を行いましょう。

Section 88

iCloudバックアップから復元する

iPhoneの初期設定のときに、iCloudへバックアップ（Sec.63参照）したデータから復元して、iPhoneを利用することができます。ほかのiPhoneからの機種変更のときや、一度リセットしたときなどに便利です。

iCloudバックアップから復元されるデータ

古いiPhoneから機種変更をしたときや、初期化を行ったときには、iCloudへバックアップしたデータの復元が可能です。写真や動画、各種設定などが復元され、App Storeでインストールしたアプリは自動的にダウンロードとインストールが行われます。

●写真・動画

過去に撮影した写真や動画は、iCloudのバックアップから復元されます。

●設定

各種設定やメッセージなども復元されます。

●アプリ

初期化する前にインストールしたアプリが再インストールされ、ホーム画面の配置が復元されます。

MEMO iCloudバックアップの制限

iCloudバックアップの容量は、無料の場合5GBまでなので、大量の写真や動画はすべてバックアップできない可能性があります。その場合はパソコン用のiTunesを使ってバックアップしましょう。なお、P.228手順①の項目は常に同期されており、バックアップの必要はありません。

iCloudバックアップから復元する

1. P.282手順⑩の画面で、<iCloudバックアップから復元>をタップします。

2. iCloudにバックアップしているApple IDへサインインします。Apple IDとパスワードを入力し、<次へ>をタップします。

3. 「セキュリティ」画面が表示されたら、<その他のオプション>→<アップグレードしない>の順にタップします。次に「利用規約」画面が表示されるので、問題がなければ<同意する>をタップします。

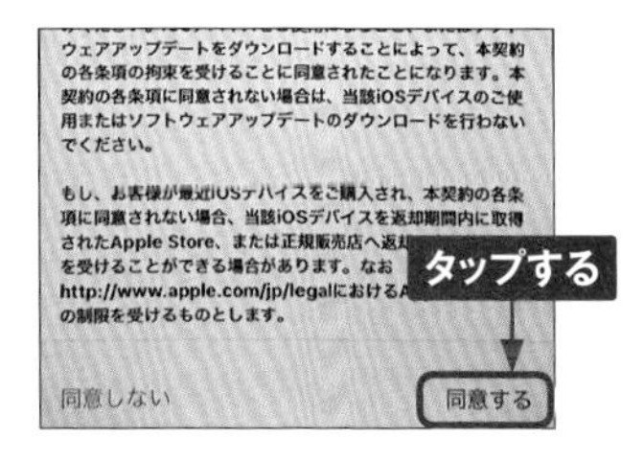

4. 「バックアップを選択」画面が表示されます。復元したいバックアップをタップします。

5. 「バックアップから設定」画面が表示されます。<続ける>をタップし、画面の指示に従って進むと、復元が開始され、iPhoneが再起動します。

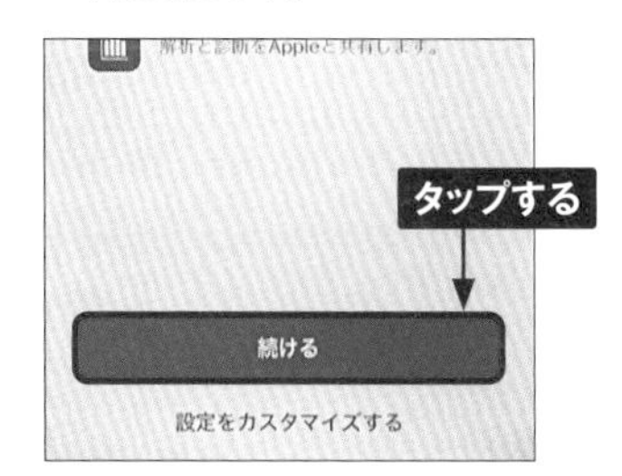

6. 再起動が終わるとロック画面が表示されます。パスコードを入力すると、復元が完了し、ホーム画面が表示されます。

10

索引

数字・アルファベット

あ行

か行

さ行

た行

は行

ま・や・ら行

お問い合わせについて

本書に関するご質問については、本書に記載されている内容に関するもののみとさせていただきます。本書の内容と関係のないご質問につきましては、一切お答えできませんので、あらかじめご了承ください。また、電話でのご質問は受け付けておりませんので、必ずFAXか書面にて下記までお送りください。
なお、ご質問の際には、必ず以下の項目を明記していただきますようお願いいたします。

1 お名前
2 返信先の住所またはFAX番号
3 書名
（ゼロからはじめる iPhone SE 第2世代 スマートガイド au 完全対応版）
4 本書の該当ページ
5 ご使用のソフトウェアのバージョン
6 ご質問内容

なお、お送りいただいたご質問には、できる限り迅速にお答えできるよう努力いたしておりますが、場合によってはお答えするまでに時間がかかることがあります。また、回答の期日をご指定なさっても、ご希望にお応えできるとは限りません。あらかじめご了承くださいますよう、お願いいたします。ご質問の際に記載いただきました個人情報は、回答後速やかに破棄させていただきます。

■ お問い合わせの例

FAX

1 お名前
技術　太郎
2 返信先の住所またはFAX番号
03-XXXX-XXXX
3 書名
ゼロからはじめる
iPhone SE 第2世代
スマートガイド au 完全対応版
4 本書の該当ページ
39ページ
5 ご使用のソフトウェアのバージョン
iOS 13.4.1
6 ご質問内容
手順3の画面が表示されない

お問い合わせ先

〒162-0846
東京都新宿区市谷左内町21-13
株式会社技術評論社　書籍編集部
「ゼロからはじめる iPhone SE 第2世代 スマートガイド au 完全対応版」質問係
FAX番号　03-3513-6167
URL：https://book.gihyo.jp/116

ゼロからはじめる iPhone SE 第2世代 スマートガイド au 完全対応版

2020年6月20日　初版　第1刷発行
2021年1月　7日　初版　第2刷発行

著者……リンクアップ
発行者……片岡　巌
発行所……株式会社　技術評論社
東京都新宿区市谷左内町21-13
電話……03-3513-6150　販売促進部
03-3513-6160　書籍編集部
編集……リンクアップ
担当……渡邉　健多
装丁……菊池　祐（ライラック）
本文デザイン・DTP……リンクアップ
本文撮影……リンクアップ
製本／印刷……図書印刷株式会社

定価はカバーに表示してあります。

落丁・乱丁がございましたら、弊社販売促進部までお送りください。交換いたします。

ISBN978-4-297-11456-5 C3055

Printed in Japan